本套丛书由中国逻辑学会符号学专业委员会、中国语言与符号学研究会、北京大学出版社、天津外国语大学语言符号应用传播研究中心共同策划。

# 赵毅衡形式理论文选

赵毅衡 著

中国当代符号学名家学术文库

总主编 王铭玉

北京大学出版社
PEKING UNIVERSITY PRESS

**图书在版编目 (CIP) 数据**

赵毅衡形式理论文选 / 赵毅衡著 . —北京：北京大学出版社，2018. 12
ISBN 978-7-301-29811-4

Ⅰ . ①赵… Ⅱ . ①赵… Ⅲ . ①形式逻辑—文集 Ⅳ . ① B812-53

中国版本图书馆 CIP 数据核字 (2018) 第 187468 号

| | |
|---|---|
| **书　　名** | 赵毅衡形式理论文选<br>ZHAOYIHENG XINGSHI LILUN WENXUAN |
| **著作责任者** | 赵毅衡　著 |
| **责任编辑** | 李　娜 |
| **标准书号** | ISBN 978-7-301-29811-4 |
| **出版发行** | 北京大学出版社 |
| **地　　址** | 北京市海淀区成府路 205 号　100871 |
| **网　　址** | http://www.pup.cn　　新浪微博：@ 北京大学出版社 |
| **电子信箱** | 345014015@ qq. com |
| **电　　话** | 邮购部 010-62752015 发行部 010-62750672 编辑部 010-62759634 |
| **印 刷 者** | 北京飞达印刷有限责任公司 |
| **经 销 者** | 新华书店 |
| | 720 毫米 ×1020 毫米　16 开本　24.25 印张　498 千字 |
| | 2018 年 12 月第 1 版　2018 年 12 月第 1 次印刷 |
| **定　　价** | 68.00 元 |

---

# 总　　序

“中国当代符号学名家学术文库”即将问世了，这是中国符号学界的大事，甚至对世界符号学界也是一件值得关注的大事，因为毕竟集中为多位符号学家结集出版符号学专论恐怕在世界范围内也是首次。

符号学在20世纪上半叶并不被人看好，许多人甚至称其为“玄学”，但时至今日情形大变，得到诸多学科青睐。符号学作为一门认识论和方法论学科逐渐热络起来，成为大家喜爱的“显学”。

**认识符号学首先应从符号概念谈起。**

20世纪德国哲学家卡西尔（E. Cassirer）在《人论》中明确指出，从人类文化的角度来看，“符号化的思维和符号化的行为是人类生活最富有代表性的特征”[①]，可以把人定义为符号的动物。的确如此，人类从远古时代起就努力寻找能够帮助他们协同行动的手段，为此人类在发展的早期阶段就想出了交换各种符号的方法。初民最先使用的是手势、表情、含糊不清的叫声等最简单的符号，然后依次出现了口头言语和书面语。由于符号媒质的介入，人类对外界刺激的反应就不再是本能的、被动的，而是积极的、自觉的、主动的。原因在于，符号系统可以使人从已有的情景中解放出来，与现实保持一定的距离，主动地进行思考，

---

① 卡西尔：《人论》，甘阳译：上海：上海译文出版社，2004年，第38页。

延迟做出反应。这样，人就不但可以根据经验和直接需要来生活，而且可以根据想象与希望来生活。借助符号系统，转瞬即逝的感觉印象被组织化和条理化，思维中的操作才有依托，才能在操作中渗入以往的经验和对未来的想象。[①] 无论从整个人类的文化进化来看，还是从个体的成长来看，能够意识到任何事物不仅是自身而且可以是潜在的符号，符号所代表的是不同于本身的他物含义，确实是一个了不起的进步，也是一件相当困难的事情。可以说，人类经过了漫长的岁月才自觉地摆脱了实物性操作的束缚，进展到用符号思维的符号操作。[②]

那么，究竟什么是符号呢？古往今来，众多学者对符号给出了各自不同的定义。古罗马哲学家圣·奥古斯丁（St. Augustine）认为，符号是这样一种东西，它使我们想到在这个东西加诸感觉的印象之外的某种东西。美国哲学家、符号学家皮尔斯（C. S. Peirce）认为，符号是在某些方面或某种能力上相对于某人而代表某物的东西。美国哲学家、符号学家莫里斯（C. W. Morris）认为，一个符号代表它以外的某个事物，并从行为科学的角度，对符号做过更为精确的表述：如果任何事物 A 是一个预备刺激，这个预备刺激在发端属于某一行为族的诸反应序列的那些刺激-对象不在场的情况下，引起了某个机体中倾向于在某些条件下应用这个行为族的诸反应序列做出反应，那么，A 就是一个符号。意大利符号学家艾柯（U. Eco）认为："我建议将以下每种事物都界定为符号，它们依据事先确立的社会规范，可以视为代表其他某物的某物。"法国符号学家巴尔特（R. Barthes）对符号的看法较为特殊：自有社会以来，对实物的任何使用都会变为这种使用的符号。日本符号学家池上嘉彦（Yoshihiko Ikegami）认为，当某事物作为另一事物的替代而代表另一事物时，它的功能被称之为"符号功能"，承担这种功能的事物被称之为"符号"。苏联语言符号学家季诺维耶夫（A. A. Зиновьев）认为，符号是处于特殊关系中的事物，其中没有、而且也不可能有任何思

① 王铭玉：《语言符号学》，北京：高等教育出版社，2004年，第4页。

② 同上书，第3—4页。

想的东西……符号的意义因而并不表现在它本身上，而是在符号之外。苏联心理学家列昂季耶夫（A. H. Леонтьев）认为，符号既不是真实的事物，也不是现实的形象，而是概括了该事物功能特征的一种模式。

可见，符号的定义是多种多样的，不同学术背景的学者定义符号时虽关注的角度并不相同，但总体而言大同小异。我们认为，所谓符号，是指对等的共有信息的物质载体。符号成其为符号，必然具备4个方面的重要特征。其一，符号具有物质性。任何符号只有成为一种物质符号，才能作为信息的载体被人所感知，为人的感官所接受。当然，物质符号可以是有声符号，如古战场上的击鼓与鸣金、欢迎国宾时的礼炮、各种有声语言等；物质符号也可以是光学符号，如各种体系的文字、手势语、哑语以及各种书面语言的替代符号（数码、电报、速记、信号、标记、公式等）。其二，符号具有替代性。任何符号都能传递一种本质上不同于载体本身的信息，代表其他东西，从而使自身得到更充分的展开，否则就没有意义，不成其为符号。这种新的信息，可能是另外的事物或抽象的概念，如用镰刀和锤子表示工农政党力量，用V字形代表胜利。这样就可以用符号代替看不见、听不到的事物、思想，从而超越时间、空间的限制，使抽象的概念能以具体事物作为依托。其三，符号具有约定性，传递一种共有信息。符号是人类彼此之间的一种约定，只有当它为社会所共有时，它才能代表其他事物。至于约定的范围，可以是全人类的，也可以是一个国家或一个民族、一个团体，甚至只限于两个人之间；这种约定的时效，则可以通过继承人、中继人的传递，跨越一个相当漫长的时期。其四，符号具有对等性。任何符号都由符号形式与符号内容构成，形式与内容之间是“对等”的关系。在这种关系中，形式与内容不是前后相随，而是联合起来，同时呈现给人们。举一束梅花为例。可以用梅花表示坚贞，这时，这束梅花就是符号形式，坚贞就是符号内容，梅花当然不等于坚贞，用梅花表示坚贞，绝不能解释为先有梅花，而后引起坚贞，恰恰相反，两者被联合起来，同时呈现给人们。符号形式与符号内容之间对等、联合、同时呈现的关系，就使这束梅花变成了一个符号。①

---

① 王铭玉：《语言符号学》，北京：高等教育出版社，2004年，第14—15页。

从符号到符号学经历了一个漫长的历史时期。

符号一词，最早出自古希腊语 semeion，该词的词义与医学有关。据说，当时人们认为各种病症都是符号。医生诊病时，只要掌握这些符号，便可推断出病因。因此古希腊名医希波克拉底（Hippocrates）被公认是“符号学之父”。[①] 对符号问题的研究最早始于哲学领域，如柏拉图（Plato）、亚里士多德（Aristotle）都曾论及符号问题。在柏拉图的各种对话录中就包括一些有关语词和符号问题的片段，如《克拉底鲁篇》就反映了关于事物与名称之间相互关系问题的争论。这里柏拉图介绍了两派观点，一派认为名称是由事物的本质决定的，另一派则认为是约定俗成的结果。例如，赫拉克利特（Heraclitus）认为，词是大自然创造的；他的学生克拉底鲁（Cratylus）说，每一个事物，大自然都赋予它一个专门的名字，就像把专门的知觉赋予每一个被感知的物体一样。德谟克利特（Demokritos）则持相反观点，认为词和事物之间没有“自然的”联系，名称是根据人们的习惯规定的，并根据现实中存在的同音词、同义词以及专有名词的改名现象来论证自己的看法。[②]

古希腊哲学的集大成者亚里士多德也探讨了语言符号问题。他在《诗学》《修辞学》中提出区分有意义符号和无意义符号的主张。在其逻辑著作《工具论》中以较大篇幅讨论语言问题。例如《范畴篇》讨论了同音异义词、同义词、引申词以及各种范畴问题；《解释篇》讨论名词、动词、句子的定义以及各种命题之间的关系，等等。后人是这样评价亚里士多德在语言符号问题上的贡献的：“亚里士多德在他的逻辑中分析了语言形式，分析了与它们的内容无关的判断和推理的形式结构。这样，他所达到的抽象和准确的程度，是希腊哲学在他之前所未曾知道的，他对我们的思想方法的阐明和建立思想方法的秩序做出了巨大贡献。他实际上创造了科学语言的基础。”[③]

---

① 苟志效：《符号学的由来及其发展》，《宝鸡师院学报（哲社版）》1993 年第 1 期，第 55 页。

② 肖峰：《从哲学看符号》，北京：中国人民大学出版社，1989 年，第 13 页。

③ 同上。

亚里士多德之后，斯多葛学派、伊壁鸠鲁学派以及怀疑论者都在各自的学科中，对符号问题做过大量的描述性研究。如斯多葛学派明确指出要区分对象、符号、意义三者的不同。他们主张对象和符号都是可感知的具体存在物，而意义则是纯主观性的东西。[①] 伊壁鸠鲁学派的《论符号》也是这方面的专著。

罗马时期对符号的讨论主要是在修辞学框架内进行的。这一时期符号研究的特点是偏于技术性和科学性。李幼蒸先生指出，这一倾向正是自然科学逻辑的前身。[②] 当罗马时代修辞学和记号逻辑学与基督教神学结合后，对符号的讨论大幅度转向语义学方向。这一时期，即中世纪前期，奥古斯丁在符号方面的研究对后人的影响是非常重要的。他认为"符号（signum）是这样一种东西，它使我们想到这个东西加之于感觉而产生的印象之外的某种东西。"[③] 由此可知，符号既是物质对象，也是心理效果。李幼蒸先生指出，这一区分直接影响了索绪尔的符号观。[④] 虽然奥古斯丁的绝对真理论、信仰论、善恶论和认识论在现代西方思想界均为批评的对象，但是他的思想方式对于符号学思想的进步却具有特殊意义。他在向内思考的过程中，对心理对象和价值对象意义关系问题，首次做了较彻底的探讨，并第一次将语言问题与时间意指问题相连。

在经院哲学时期，一些学者围绕唯名论与唯实论展开了争论，语词符号问题便成为两派论争的焦点之一。唯实论者认为，名称即一般概念都是实在的、客观的，并且是先于物质的，先于事物的思想是神的内在语言。而唯名论则认为，只有具有独特品质的事物才是实在的，名称是事物的一般概念。作为事物的概念永远产生于事物之后。例如唯名论者奥卡姆（Occam）认为，存在于人心之外的是个别事物，存在于"心灵

---

① 苟志效：《符号学的由来及其发展》，《宝鸡师院学报（哲社版）》1993年第1期，第55页。

② 李幼蒸：《理论符号学导论》，北京：社会科学文献出版社，1999年，第65页。

③ 何欣："索绪尔符号理论对跨文化交际研究的启示"，《语言与符号学在中国的进展》，成都：四川科学技术出版社，1999年，第172页。

④ 李幼蒸：《理论符号学导论》，北京：社会科学文献出版社，1999年，第67页。

和语词中”的是关于这些事物的“符号”，不能把它们看作在个体之外或先于个体事物而独立存在的东西。这里唯名论对符号与事物的关系做出了本体论上的正确回答。

在近代西方思想史上，培根（R. Bacon）、洛克（J. Locke）、霍布斯（T. Hobbes）、贝克莱（G. Berkeley）、莱布尼茨（G. Leibniz）等人都曾论及符号问题。这其中成果较为突出的当推洛克和莱布尼茨。洛克在其著名的《人类理解论》中将人类知识分为自然学、伦理学和符号学3类，并用专门1卷共11章的篇幅，论述了作为符号的语词。对语言符号的本性进行了分析，对语言符号的类型及其与不同类型观念的关系问题进行了阐发，还对语言文字的缺陷及其滥用进行了论述。尤其是他提出了关于符号意义的“观念论”，成为时至今日仍为欧美分析哲学所十分关心的意义论研究的先导。洛克之所以对语言问题如此关心，是因为他认识到，在深入考察认识论问题时，必然要涉及符号问题。

继洛克之后，莱布尼茨也对符号问题给予了极大关注。一方面，他在《人类理智新论》中用同样的篇幅逐章逐节地对洛克在《人类理解论》中的观点一一进行了反驳。另一方面，莱布尼茨还潜心于数理逻辑的开创性研究，力图创造一种比自然语言“更精确”“更合理的”通用语言，将其引入逻辑推理中，从而消除自然语言的局限性和不规则性。因此，莱布尼茨被公认为数理逻辑的创始人，这也是他在符号研究中一个崭新领域的突破性贡献。

莱布尼茨之后，康德（I. Kant）在他的《实用人类学》中提出了符号的分类这一研究课题。按照康德的观点，符号可以划分为艺术符号、自然符号、奇迹符号。康德对这几种符号进行了详尽的探讨。黑格尔（G. W. Hegel）在他的《美学》中则认为，建筑是用建筑材料造成的一种象征性符号，诗是用声音造成的一种起暗示作用的符号。

**符号学思想并非西方文化所独有，我国对符号现象的关注也由来已久。**

春秋战国时期各派哲学家围绕“名实之争”所形成的名辩思潮，是中国哲学史上对符号问题进行哲学探讨的高峰时期。当时的一些重要哲学家、思想家几乎都参与了名实之争，从各自的立场和观点提出了所谓

"正名"的要求。这里，名就是名称，与今天意义的"符号"大致相同。对"名实关系"的争论往往成为对于概念与事物（即思想与存在）的关系的争论，成为对于哲学基本问题的回答。[①] 孔子是最先提出"正名"主张的。当时旧制度（礼）正加速崩溃，"实"越来越不符合周礼之"名"，出现了"名"存"实"亡或"名"存"实"变的局面。孔子认为"实"的变化是不应该的，因而要用"名"去纠正已经改变或正在改变的"实"。因此孔子说："名不正则言不顺，言不顺则事不成，事不成则礼乐不兴，礼乐不兴则刑罚不中，刑罚不中则民无所措手足。"我们看到，孔子的"正名"观点带有较浓重的政治和社会伦理色彩。

参与"名实"讨论的先秦诸子中能够称得上"名"家（即符号学家）的有邓析、尹文、惠施和公孙龙。其中对"名"的问题讨论得最深入的当属公孙龙，他的许多著作中都含有丰富的符号学思想。李先焜认为，其著作的价值不亚于某些古希腊符号学家的著作。[②] 公孙龙在著名的《名实论》中对"名"下了这样的定义："夫名，实谓也。"就是说，名是对实的称谓或指谓。换言之，名就是表述、称谓事物的名称，也就是一种符号。公孙龙认为，名的使用也存在一个行不行、可不可、当不当的问题。如果一个符号只能称谓某个特定的对象，这样使用名是可行的，反之则不可行。用今天的话说，公孙龙所谓的"名正"，就是要求"名"的精确性。名必须与实相符的这个观点体现了一定的唯物主义因素。但是，名实如何相符呢？在公孙龙看来，不是以实来正名，而是用名来纠实。这样他又倒向了唯心主义一边。

对名实关系做出唯物主义阐发的，首推后期墨家。《墨经》首先肯定"实"是第一性的，"名"是第二性的，名说明实，主张以名举实，要求所运用的名词概念必须正确反映客观事物。《墨经》还把名分为三类："名：达、类、私。"达名是最高的类概念或名词，如"物"这个词，包括了所有的物；类名是一般的类概念或名词，如"马"，所有的

---

① 肖峰：《从哲学看符号》，北京：中国人民大学出版社，1989年，第8页。

② 李先焜：《公孙龙〈名实论〉中的符号学理论》，《哲学研究》1993年第6期，第62页。

马都包括在“马”这个词里；私名是指个别事物的概念或名词，专指某一事物，相当于专名。

作为战国时期杰出的思想家，荀子在名实关系问题以及符号的其他一般问题上，做出了相当深刻的分析。荀子积极参加了当时的名辩争论，并建立了自己正名论的逻辑思想体系。他首先提出了正名的必要性，认为人们在交流思想、区别事物时，必须有适当的名词概念作为工具，否则会造成语言和思想上的隔阂和混乱，分不清事物之间的贵贱同异等差别。因此，必须使名实相符。特别值得关注的是荀子关于名词“约定俗成”的思想，即什么名代表什么实，并非一开始就是固定的，而是“约定俗成”的，是人们在长期交流思想的习惯中形成的。而一经约定，习俗已成，什么名指什么实，什么实用什么名，就能为社会成员所接受和通晓，这时名就不是个人所能任意改动的了。荀子对名实关系的精辟阐述，几乎可以说是中国哲学史上对符号本质认识上所达到的最高水平。

尤其值得一提的是，我们的祖先早在东周时期便开始了对汉民族独特的语言符号系统——汉语、汉字的研究，并在两汉时期达到了空前的繁荣，产生了《说文解字》这部解释古汉语文字的不朽之作。[①] 从现代符号学观点看，《说文解字》中蕴藏着丰厚的符号学思想：把汉字作为一个符号系统来理解和阐释是《说文解字》中体现的语言文字思想的核心。《说文解字·叙》是许慎的汉字符号学理论纲领。其中，对汉字的符号性质、汉字符号的来源与演变、汉字的形体结构特点及其发展变化、字形与字义的关系以及构字写词的方法与条例，等等都有明确的阐述。可见，符号，尤其是语言文字符号的重要特征和意义，也早已被我们中华民族的先哲们所认识。

**那么符号学到底是什么？符号学的边界究竟在哪里？**

客观地讲，从现代符号学的角度看，符号学作为一门科学，主要还

---

① 高乐田：《〈说文解字〉中的符号学思想初探》，《湖北大学学报（哲社版）》1997年第2期，第53页。

是西方学术思想的产物。符号学通常有两种表示法：semiotics 和 semiology，前者是美国逻辑学家、哲学家、自然科学家皮尔斯在 19 世纪 60 年代提出来，后者则源于现代语言学奠基人、瑞士语言学家索绪尔（F. de Saussure）在 19 世纪末 20 世纪初提出的 sémiologie。这两位学者在该领域的相关研究和相关思想随之成为现代符号学思想发展的源头。

皮尔斯和索绪尔先后独立地提出了符号学的构想，两人各自不同的哲学和文化背景使两人在符号学术语的使用、符号学基本概念的理解方面处于对立的状态。索绪尔设想的符号学是“研究社会生活中符号生命的科学；它将构成社会心理学的一部分，因而也是普通心理学的一部分；我们管它叫符号学。它将告诉我们，符号是由什么构成的，受什么规律支配。因为这门科学还不存在，我们说不出它将会是什么样子，但是它有存在的权利，它的地位是预先确定了的。语言学不过是这门一般科学的一部分，将来符号学发现的规律也可以应用于语言学，所以后者将属于全部人文事实中一个非常确定的领域”[①]。皮尔斯理解的符号学是“关于潜在符号化过程所具有的根本性质及其基础变体的学问”，这里的符号化过程是指“一种行为，一种影响，它相当于或包括三项主体的合作，诸如符号、客体及其解释因素，这种三相影响，无论如何，不能分解为偶对因素之间的行为”[②]。皮尔斯在《皮尔斯哲学著作》中认为：“逻辑学，我认为我曾指出过，就其一般意义而论，只不过是符号学的另一种说法而已，符号学是关于符号的几乎是必然的和形式的学说。在把这门学科描述成‘几乎是必然’或形式的学科的时候，我注意到，我们是尽了我们之所能来观察这些特征的，而且，根据这些观察，并借助我愿称之为抽象活动的一种过程，我们已经到了可以对由科学才智使用的各类符号的特征进行十分必要的判断的时候了。”[③] 显然，索绪尔注重符号的社会功能和语言功能，而皮尔斯注重符号的逻辑功能。

---

① 索绪尔：《普通语言学教程》，高名凯译，北京：商务印书馆，1996 年，第 37—38 页。

② 艾柯：《符号学理论》，卢德平译，北京：中国人民大学出版社，1990 年，第 17 页。

③ 向容宪：《符号学与语言学和逻辑学》，《贵阳师专学报（社会科学版）》1998 年第 1 期，第 13 页。

索绪尔的符号学定义认为能指和所指间的关系奠定在规则系统的基础之上，这种规则系统相当于“语言”，换言之，一般认为索绪尔大体上只把背后有明确代码的符号体系看作符号学的对象，就此而言，索绪尔的符号学似乎是一种刻板的意指符号学。然而将符号学视为交流理论的人基本上仰仗于索绪尔的语言学，这一点绝非偶然。那些赞同索绪尔的符号学概念的人，严格区分开有意图的人工措施（他们称之为“符号”）和其他自然或无意的表现形式，后者严格讲不适用这样一种名称。而皮尔斯认为，符号就是“在某些方面或某种能力上相对于某人而代表某物的东西”，与索绪尔不同的是，作为符号定义的组成部分，它并不要求具备那些有意发送和人为产生的属性。[①] 一般认为，索绪尔的符号学定义看重符号的社会性，而皮尔斯则看重符号一般意义的逻辑。[②] 按照穆南（G. Mounin）的说法，索绪尔的符号学是以基于代码的传达为对象的“传达符号学”，皮尔斯的符号学则是以语义作用本身为对象的“语义作用符号学”，而“有效的传达”和“创造性的语义作用”被认为是语言符号两个方面的典型特征。俄罗斯语言学家乌斯宾斯基（Б. А. Успенский）认为，索绪尔和皮尔斯的符号学理论体系分别归属于作为符号系统的语言的符号学（семиотика языка как знаковой системы）和符号的符号学（семиотика знака），两者确定了符号学的两个主流方向：语言学方向和逻辑学方向。

由于对“什么是符号学？”这一本源性问题的模糊认识，符号学在现阶段正承受着本体论上的巨大压力：综观符号学家的研究，符号学几乎渗透到了人文科学和社会科学，甚至自然科学的所有领域。斯捷潘诺夫（Ю. С. Степанов）指出：“符号学的对象遍布各处：语言、数学、文学、个别文学作品、建筑学、住房设计、家庭组织、无意识过程、动物交际和植物生命中。”[③] 而研究对象的无限扩张对于一门学科来说则是一种致命的打击。在这方面，美国逻辑学家和符号学家莫里斯认为符

① 艾柯：《符号学理论》，卢德平译，北京：中国人民大学出版社，1990年，第17页。

② 乐眉云：《索绪尔的符号学语言观》，《外国语》1994年第6期，第15页。

③ Степанов Ю. С. : Семиотика. Радуга, 1983, с: 5.

号学是关于所有符号的科学，认为符号学不仅提供了一种丰富的语言来统一关于某个主题领域的知识，而该领域的现象一直是多种特殊的学科片面地加以研究的；还提供了一种工具来分析所有特殊科学的语言之间的关系。在此意义上，莫里斯甚至赋予了符号学以统一科学的使命，认为符号学既是科学统一中的一个方面，又是描述和推进科学统一的工具。[①] 意大利当代符号学家艾柯基于其一般符号学立场，认为符号学所关心的是可以视为符号（即从能指角度替代他物的东西）的万事万物，并根据符号学所涉对象的广泛性确定了符号学研究的政治疆界、自然疆界和认识论疆界，符号学研究因而面向整个社会文化领域、自然现象领域和人类思维领域。这样看来，“由于我们在社会生活最为广泛的领域，在认知过程、技术研究、国民经济，甚至在生物界的现象中都能接触到符号系统，因此符号学的对象及其作用的范围是足够宽泛的。”对于这种现象，尼基京（М. В. Никитин）不无忧虑地指出：“符号学试图将下述所有领域都扣上符号性的帽子：心理学和心理分析，精神病学和性学理论，知觉、暗示、愉悦理论；女权论和男性化理论；个性、交往和个体相互作用理论，交际理论和意义理论；通灵术和占卜术（意识形态、神话学和宗教），语言学，文学批评，艺术理论（电影、戏剧、绘画、音乐等），诗学，结构主义，相对主义，形式主义，象征主义和其他一般性或个别性的不同层级上的众多现象。……以此各不相同的广阔领域为学科覆盖的范围，符号学的意义最终只能归于使用能指和所指的术语来对所有这些现象进行无谓的范畴化。”[②] 正是看到了符号学理论繁多而学科地位不明的现状，杰米扬延科（А. Ф. Демьяненко）指出，对符号学对象研究的态度的多样性和符号本身的多面性是理论多样性和繁杂性的原因。要想避免这种繁杂性的局面，只有进一步弄清符号学科学的特征、它在学科体系中的位置及其理论基础。

虽然也有学者试图为符号学建立合理的边界，为其作为一门正式学

① 莫里斯：《指号，语言和行为》，罗兰、周易译，上海：上海人民出版社，1989年，第268—269页。

② Никитин М. В.: Предел семиотики. ВЯ, 1997 (1), с: 3.

科的地位正名，但到目前为止，这些努力收效甚微。莫里斯认为，符号在符号系统中的生命是由三个向度确定的：符号体是如何构成的以及由何种实体表现；意思指的是什么；最后，产生了何种影响（符号的使用引起了什么样的效果）。莫里斯认为存在着关于符号的完整的科学，它有清晰确定的研究范围。但事实上，莫里斯将所有的符号均纳入符号学的疆域，而不管它是动物的或人的、语言的或非语言的、真的或假的、恰当的或不恰当的、健康的或病态的。此外，他看到了符号学对于科学知识的统一（系统化）的特殊的重要性，并甚至试图赋予符号学以统一科学的使命。因此，我们很难说他已达到了清晰界定符号学研究范围的目标。艾柯把符号定义为基于业已成立的社会习惯，能够解释为代替其他东西的所有东西，认为符号学与其说有自己的对象，不如说具有自己的研究领域；符号学的中心问题是符号关系、符号替代某种其他事物的能力，因为这与交际和认知的认识论重要问题密切相关。他认为，符号学的研究对象是人类社会各个领域内使用的符号系统，它研究这些符号系统构成和使用的共性规律、为解决确定的认知和实践任务而编制人工符号系统的途径和方法。列兹尼科夫（Л. О. Резников）从认识论角度出发，认为（一般）符号学的实际任务应包括：符号的本质；符号在认知和交际过程中的角色；符号的种类；符号与意义、符号与事物、符号与形象间的相互关系；语言符号的特点；符号在科学知识形式化过程中的作用，等等。苏联科学院控制论科学理事会的符号学研究室致力于从控制论和信息论角度为符号学研究设定清晰的边界，其理解的符号学大致体现在以下几个方面：为数字机器创建抽象的程序语言；构建、研究和运用科学和技术的人工语言；研究从一种自然语言到另一种自然语言的机器翻译问题；研究作为符号系统的自然语言，特别是数理语言学和结构语言学。但很显然，符号学的这些分支方向除了表现出莫斯科学派一贯的科学传统外，符号学的边界问题仍然没有得到有效的解决，人工语言的无限广泛性是不言而喻的。尼基京面对这种状况，认为符号学是有关符号和符号系统，符号系统的功能和相互作用，事物、事件符号化及其意义规约化、词典化的科学，并从寻找符号的科学定义入手来限定符号学的疆域。他认为符号应包括三个方面的构件：意图（интенция）、发出者（отправитель）、从发出者到接收者规约性的意义转换器（конвенциональный транслятор значения от отправителя к получателю），缺一不可。但即使这样，符号和符号学的范围仍然广大得无法把握。

与此同时，许多研究者认为，符号学更多的是一种体现一定思维风格和提出及解决问题方式的研究方向。如斯捷潘诺夫就认为："很可能，符号学路径（семиологический подход）的特点更多的是体现在方法，而不是对象上。"[①] 事实上，尽管符号学边界问题时至今日仍然是一个无法精确把握的问题，但符号学的方法论和认识论彰显出独特的魅力，在各个学科的研究中发挥着重要的作用，如文学批评、建筑、音乐、电影、民俗文化等。"无论是在以科学性为己任的结构主义这条线索中，还是在唤起读者的阐释主体意识为特征的现象学、阐释学和接受美学这一线索中，甚至在马克思主义的意识形态生产理论这条线索中，符号学都可以作为一门无所不及的边缘学科扮演其他学派所无法扮演的角色。"[②] 将符号学的一般原理应用于各个具体的符号域的研究中产生了社会符号学、法律符号学、电影符号学、音乐符号学、宗教符号学、心理符号学、建筑符号学、服装符号学、广告符号学等多个部门符号学，显示出应用符号学研究的勃勃生机。格雷马斯（A. J. Greimas）20世纪70年代"在语义学和叙事学研究的基础上提出了将符号学作为人文科学认识论和方法论基础的宏伟构想"[③]。

针对这种情况，李幼蒸教授指出："符号学作为专门科学领域的较弱地位和符号学作为人文科学分析方法的较高功效间的对比，不仅反映了符号学本身的内在学术张力的存在，而且反映了它所从属的人文科学全体构成的特点，从学术思想史上看，符号学也有着类似的处境，学科

---

① Степанов Ю. С.: Методы и принципы современной лингвистики（2-е изд.）. М.: Эдиториал УРСС. 2001：15

② 王宁：《走向文学的符号学研究》，《文学自由谈》1995年第3期，第137页。

③ 张光明：《关于中外符号学研究现状的思考》，《外语与外语教学》1995年第5期，第4页。

身份的不明与实质影响的深刻互不一致。”[①] 看到了符号学对于科学的双重身份之后，莫里斯强调：“如果符号学——它研究那些起着符号作用的事物或事物的性质——是一门和其他的诸科学并列的科学，那么，符号学也是所有科学的工具，因为每一门科学都要应用指号并且通过指号来表达它的研究成果。因此，元科学（关于科学的科学）必须应用符号学作为一种工具科学。”[②]

**虽说现代符号学在西方得到了更充分的研究，但中国学者对现代符号学的贡献同样值得书写。**

纵观国内符号学相关史料与文献，中国现代符号学的萌芽期应确定在中华民国期间，在西学东渐浪潮的推动下，中国学界逐渐自觉地建立了现代学科意识，主动地引进和结合国外语言学思想，开展相对自主的符号研究。[③] 较早关注符号学研究的是胡以鲁先生，他于1912年写作《国语学草创》，阐述语言符号观、符号任意性、符号的能指与所指关系等语言符号问题；之后有乐嗣炳先生，他于1923年出版了《语言学大意》，认为语言的结构由“内部底意义、外部底符号”构成；但真正提出“符号学”这个中文词的是赵元任先生，他于1926年在他自己参与创刊的上海《科学》杂志上发表了一篇题为《符号学大纲》的长文，他指出：“符号这东西是很老的了，但拿一切的符号当一种题目来研究它的种种性质跟用法的原则，这事情还没有人做过。”[④] 在文章中他大胆地厘定了符号之本质与界限，提出了符号学称谓——symbolics 或 symbology（或 symbolology），阐述了符号指称关系和构成要素，并试图确立符号学之研究框架。可惜，赵元任之后，此词在中文中消失了几十年。“符号学”的再次出现由于政治生态问题而呈现出了断续的情况，先是周熙良在1959年翻译的波亨斯基（I. M. Bohenski）《论数理逻

① 李幼蒸：《理论符号学导论》，北京：社会科学文献出版社，1999年，第3页。

② 杨习良：《修辞符号学》，哈尔滨：黑龙江教育出版社，1993年，第23页。

③ 贾洪伟：“1949年以前中国的符号学研究”，《语言与符号》第1辑，北京：高等教育出版社，2016年。

④ 吴宗济、赵新那编：《赵元任语言文学论集》，北京：商务印书馆，2002年，第178页。

辑》中提及了符号学问题，接着是1963年贾彦德、吴棠在《苏联科学院文学与语言学部关于苏联语言学的迫切理论问题和发展前景的全体会议》翻译文章中固化了“符号学”一词。而真正把符号学当作一门单独的学科来讨论，是我国著名东方学家金克木1963年在《读书》第五期上发表的《谈符号学》。

中国现代符号学研究的春天来自改革开放。从此时起到21世纪初，中国符号学研究大致可以分为以下三个阶段：一、1980—1986年——起步阶段（发表论文约45篇，年均不足7篇）。自20世纪80年代初起，中国学者开始参与国际符号学学术活动，及时地向国内传达、介绍国际符号学研究动态。从研究内容上看，这个阶段的研究重点是对国外各符号学家主要思想的引介、对符号学基本理论的总体论述以及文艺理论及其研究方法。如赵毅衡的《文学符号学》、俞建章与叶舒宽的《符号：语言与艺术》、肖峰的《从哲学看符号》、杨春时的《艺术符号与解释》等。此外，我国在这一时期也引进并翻译了一些关于符号学、语言符号学、经典文艺理论符号学方面的著作，如索绪尔的《普通语言学教程》、池上嘉彦的《符号学入门》、霍克斯的《结构主义与符号学》、卡西尔的《人论》、朗格的《情感与形式》、巴尔特的《符号学美学》等。二、1987—1993年——增步阶段（发表论文约87篇，年均12余篇）。从1987年开始，我国的符号学研究重心逐渐发生转移。第一，从对符号学、语言符号学基本理论的总体的、粗线条的论述转而开始对符号学具体理论的更细致、更深入的分析研究。例如，对符号的线性、任意性的讨论，对各符号学家理论的比较研究。第二，符号学作为一门方法论及崭新的学说开始被应用于具体的语言学研究中，如语义学和语用学的研究。第三，符号学研究开始涉及语言学以外的如文学、翻译和艺术等领域，如从符号学角度看翻译、用符号学观点来阐释文学作品的语言艺术。第四，有一些学者开始挖掘中国传统文化中的符号学思想，例如对公孙龙、荀子等名家著作中符号学思想的论述。在此阶段，具有重要影响的中国学者著作有：王德胜的《科学符号学》、李幼蒸的《理论符号学导论》、杨习良的《修辞符号学》、丁尔苏的《超越本体》、苟志效的

《意义与符号》、陈治安等的《论哲学的符号维度》等；译作有艾柯的《符号学理论》、巴尔特的《符号帝国》《神话——大众文化诠释》《符号学原理》、格雷马斯的《结构语义学——方法研究》等。可以说，中国的符号学研究渐成气候，尤其值得一提的是1988年，中国社会科学院首次召开了京津地区部分学者参加的符号研讨会，会后，中国逻辑学会和现代外国哲学研究会分别成立了符号学研究会。三、1994年—21世纪初——全面展开阶段（至2000年发表论文约280篇，年均40余篇）。1994年之后，符号学的研究明显地上了一个台阶，符号学的探索在各个领域全面展开。这一阶段的符号学研究有以下几个特点：(1) 除了继续对一般符号学和语言符号学理论进行深入的探讨外，还注重引进诸如叙述符号学、社会符号学、电影符号学、话语符号学和主体符义学等其他部门符号学思想。(2) 对语言符号学的研究进入了一个更高的层次，问世了丁尔苏的《语言的符号性》、王铭玉的《语言符号学》等重要论著。(3) 符号学向各个学科的渗透进一步加强，符号学作为一门方法论已被应用于越来越多的领域和学科的具体研究中，符号学的应用范围进一步扩大。可以说，符号学研究在语言学、哲学、文学、文化、艺术、传播学、民俗学等各个领域已全面展开。(4) 对非语言符号的地位、功能开始予以关注，如对体语符号交际功能的探讨和研究。(5) 对中国传统文化、历史典籍中符号学思想的挖掘和研究工作进一步深化，尝试用符号学方法阐释中国的历史文化现象。在这个阶段，学术研讨蔚然成风。1994年在苏州大学召开了首届全国语言与符号学研讨会，并成立了对中国符号学研究起到重要推动作用的“中国语言与符号学研究会”，1996年在山东大学、1998年在西南师范大学、2000年在解放军外国语学院、2002年在南京师范大学分别召开了第二、三、四、五届全国语言与符号学研讨会，这标志着中国的符号学研究已步入正轨。

研究表明，中国的符号学研究历史虽短，但进步较快，到了新旧世纪交替之时，在符号学的诸多领域里我们已经基本上追赶上了国际研究潮流。而且可以说，中国符号学运动，就规模而言，已经达到世界之最：中国已经成为符号学运动最为活跃的国家，符号学在中国已经成为一门跨学科的显学。

**当代中国符号学正在把西学与东学结合起来，一个新兴的符号学第四王国逐渐走进世界符号学的中心。**

相当长的一段时间内，在世界符号学界法国、美国、俄罗斯被誉为“符号学三大王国”。法国是世界符号学研究的滥觞之地，以巴尔特、格雷马斯为代表的巴黎学派对符号学的启蒙与发展做出了很大贡献，其研究有三大主要特点：一是鲜明的语言方向；二是极强的文学性倾向；三是跨学科和应用符号学研究趋向。美国是目前世界上符号学研究最活跃的国度，其研究起源于皮尔斯的符号研究、莫里斯的行为主义研究和古典语言学研究，以卡尔纳普（Rudolf Cornap）的逻辑实证结构研究、米德（George Herbert Mead）的社会学研究和华生（J. B. Watson）的行为心理学研究、卡西尔的象征主义研究、雅各布森（Roman Jakobson）带有语言符号学倾向的诗学研究、西比奥克（Thomas A. Sebeok）带有生物符号学倾向的全面符号学研究等为典型代表。而俄罗斯符号学走过了理论准备期（19世纪后半叶至20世纪初）、发展期（20世纪初至十月革命前）、成型期（十月革命至20世纪中叶）、过渡期——雅各布森与巴赫金（M. M. Бахтин）的研究（20世纪中叶前后）、成熟期——莫斯科-塔尔图符号学派的研究（20世纪60年代至1993年）和后洛特曼时期（1993年至今）等6个阶段。100多年来，各种专业背景、各个研究方向的俄罗斯符号学学者对语言、文学、建筑、绘画、音乐、电影、戏剧、文化、历史等符号域纷繁复杂的符号/文本现象进行了深入的分析和探索，并能时刻将符号学的历史对象研究与现实对象研究紧密联系起来、将符号学一般理论研究与具体领域的应用符号学研究有机结合起来，形成了形式主义学派、功能主义学派、莫斯科-塔尔图学派等各种流派和方向，发掘出了大量具有共性的符号学规律，这些规律涉及符号/文本的生成、理解、功用等各个领域，涵盖了社会思想、民族文化、人文精神等各个方面。

从前述可以看出，中国学者对符号学进行有意识研究的历史并不算长。但伴随着国家的飞速发展，中国符号学高点起步，换挡加速，成果不断，一个符号学第四王国的雏形展现在世人的面前。仅以最具标志性的论文为例，如果以2010年为限前推三十年，“我们可以看到第一个十年总共有符号学论文约2000篇，第二个十年大约发表论文近6000篇，而且每一年都在加速，到第三个十年终了的2010年，中国一年发表以‘符号学’为主题的就有近1000篇，而题目中有‘符号’两字的有近万篇，这也就是说，目前中国学界每天刊出讨论符号学的论文近3篇，每天涉及符号讨论的论文近30篇。”[①] 符号学在中国的迅猛发展已经引起国际符号学界的高度关注，他们已有预感：符号学的重心有可能向东方迁移。

此时，我们应该想哪些问题？做哪些事情？已然构成了中国当代符号学的首要任务。著名学者金克木曾说过：“为什么不可以有中国的，在辩证唯物主义指导下的符号学和诠释学研究呢？我看我们不是不具备突破西方人出不来的循环圈子的可能。20世纪的世界思潮已经显出西方大受东方的影响。……21世纪为什么不可以是中国思想对世界思潮更有贡献的世纪呢？”[②]

首先，中国符号学者应该理性融合中外。毋庸置疑，中国符号学的出现对世界人文科学合理化和现代化构想带来了新的思考方向。中国符号学问题的科学意涵远远超出了一般比较文化研究而涉及了符号学、哲学、人文学术传统和世界人文科学理论等各个重要方面。[③] 中国符号学的重要意义，当然还不能仅仅从尚处于发展阶段的中国符号学研究成果中体现出来，但是我们已可从上述多个相关方面分析其理论潜力。中国知识界有两大优良传统。一是学者乐于对本国学术传统进行批评性的研究，对封建时代学术成果进行科学性检讨，自“五四”以来在中国即具有当然之义，学者们勇于对本民族文化学术传统进行改造，促其进步，而非对其进行功利性的利用和膜拜。二是拥有日益丰富的西学知识的当代中国学者没有西方学术中心主义的历史局限，从而能够更有效地、更客观地对西方人文学术进行批评性的研究，并参与和促进其变革。符号

---

① 赵毅衡：《中国符号学六十年》，《四川大学学报（哲学社会科学版）》2012年第1期，第4页。

② 金克木：《比较文化论集》，北京：生活·读书·新知三联书店，1984年。

③ 李幼蒸：《略论中国符号学的意义》，《哲学研究》2001年第3期，第47—53页。

学作为意识形态色彩最少的语义结构和学术制度的分析工具，在创造性的比较学术研究中可发挥有力的推动作用。而中国符号学在新的世界学术格局中将成为世界新人文知识的客观评价者、共同组织者和认真推动者。按照跨学科和跨文化方向，这一努力将既包括对西方学术的更广泛深入的学习和研究，也包括对本国学术的更富科学性的探讨。中国符号学的努力虽然只是全体学术世界的一小部分，但由于其特殊的观察角度和知识背景，将在世界人文科学结构调整的全球事业中，对认识论和方法论起到关键性的推动作用。

其次，我们要对中国人文学术传统充满自信。李幼蒸先生认识到："总体而言，西方人文科学的主流和理论方向绝对是西方中心主义的，西方理论一般也被认为是研究非西方人文学术的方法论基础。然而，在人文学术跨学科发展的新时代，未来世界人文科学整合与合理化的趋势不能简单地理解为将西方理论直接扩充应用于一切非西方学术界。非西方人文科学传统，特别是内容丰富和历史悠久的中国人文学术传统，将在全球人文科学交流中扮演越来越重要的和独立批评的角色。"① 的确，在文学、艺术、思想史、宗教史诸领域内，中国文化传统在比较文化研究中的不可替代的作用已渐趋明显。就理论层次的研究而言，在一些当代重要的人文科学领域里，中国学术的积极参与将有可能实质上改变人类人文科学整体的构成。当然，中国人文学术传统参与世界学术交流，不是指将中国传统人文学术机械地纳入现代人文科学理论系统，而是指在中国学术积极参与国际学术对话之后，有关学术理论将不可避免地发生相应的变化或调整。在此同一过程中，中国传统学术也会因而自然地经受现代化的改革。为了推进这一对话过程，比较研究学者必须对两个学术传统同时进行深入的探索，以形成科学性更高一级的学术理论综合。中国学者的长期任务将不再只是弘扬本国历史文化学术，同时也会自然地包括推动世界文化学术。

再次，只有中国学者才能担起中国符号学研究的大任。近些年来，

① 李幼蒸：《略论中国符号学的意义》，《哲学研究》2001年第3期，第47—53页。

已有越来越多的中青年学者对符号学产生兴趣，这充分反映了新一代中国学者，特别是研究中国古典的学者热心追求人文科学现代化、理论化和科学化的兴趣。与此同时，国外一些学者和研究者有关中国语言和文化的先天知识不足，这就是西方的中国文史哲研究，尤其是中国符号学研究难以提升到现代化层次的历史社会性原因。反之，中国学者过去三四十年来对现代西方文史哲理论的了解日益深入，加上他们在掌握本国文史哲知识上具有的先天优势，今后中国传统人文学术现代化的工作必将以中国为中心。同理，中国符号学研究自然也会首先兴起于中国，而非兴起于一般来说学术较先进的西方。与西方的中国人文科学研究不同，中国符号学的任务是双向的：促进中国传统人文学术现代化和中外人文理论交流，继而丰富世界人文科学的理论构成。今日的中国人文学术的任务已不只是借助西方科学方法来改造中国传统学术，而且是进而参与世界人文科学现代化的全球努力。这就是说，中国学术界的任务将不会仅以发展本国人文学术传统为满足；作为世界一分子，其任务还将包括参与人类共同的社会科学和人文科学的建设。中国人已经成功地在世界科技领域积极参与人类知识创造，中国人更应有资格在本民族历史上原本擅长的人文领域中对全人类做出创造性的贡献。[①]

最后，创建适合东方思想的"合治"观。西方现代符号学看似流派纷繁杂呈，实则归属于两大派别：索绪尔符号学和皮尔斯符号学。前者与现代西方哲学的人本主义思潮相近，以康德先验主义哲学和结构主义思想为基础，其显著特点是人本主义倾向和社会交流性，符号学的主旨在于意指和交流；后者与现代西方哲学的科学主义思潮接近，以实用主义哲学、范畴论和逻辑学为基础，其显著特点是科学主义倾向、经验主义、生物行为主义、认知性和互动性，符号学的主旨在于认知和思维。[②] 中国符号学学者在多样化的符号学观念面前往往彷徨不定，对两大流派也多是偏执于一端，这对中国符号学独立地位的确定是不利的。

---

① 李幼蒸：《略论中国符号学的意义》，《哲学研究》2001年第3期，第47—53页。

② 郭鸿：《现代西方符号学纲要》，上海：复旦大学出版社，2008年，第41—55页。

我们认为，中华文化的特质需要一种“合治”的符号学学术观，借此可以彰显中国符号学的主体尊严和人文精神。“合治”观是中国学者应该选择的第三条路线，它并不是对西方两大学派的模糊折中或简单综合，而是一种在汲取西学营养基础上针对中国传统文化特点提出的符号观。其核心思想有：一、在符号本体问题上，坚持以理据性为主，兼顾约定性；二、在符号主客体关系问题上，坚持以符号主体的“动机理据”为基础，强调主体对客体的阐释力和创造力；三、在研究态度方面，坚持修辞理性和实践理性原则，避开符号学意识形态批判和求真意志的理论冲动，专注于各种符号事物的创意和阐释活动；四、在理论指向方面，坚持语言形式论传统和真值逻辑实用主义传统，即形式化加实体化；五、在思维取向方面，坚持类符号思维加意象性原则。

现代符号学在经过近百年的历史发展之后，已经成为一门比较成熟而系统的学科，受到学界的高度关注和推广。虽然西方符号学界成绩斐然，但当代中国符号学界并不甘于落后，而且在学习的同时走了一条智慧之路：摒弃“鹦鹉学舌”，大胆批评与探索，勇于用中国传统的符号学遗产补充符号学理论体系，在符号学发展前沿上提出新的体系。正因为如此，中国符号学充满了希望，中国符号学应该充分尊重自己学者的成果与贡献，世界符号学也会期待着倾听中国符号学的声音，把它纳入世界符号学的大家庭之中。

创建“中国当代符号学名家学术文库”的初衷就在于此，让我们共同期待和珍视它！

中国逻辑学会符号学专业委员会　主任委员

中国语言与符号学研究会　会长

王铭玉

2018 年国庆节于天津

# 前　言

整整40年前，1978年，终于出现了允许读书的局面，大家终于都明白了读书用功对国家、对人民不会是件坏事。对我来说，这种允许来得晚了一些，但是只要抓紧时间，不会一事无成。我有幸考上了中国社会科学院研究生院，师从卞之琳先生攻读莎士比亚研究。

但是一年过后，卞之琳先生就发现我的思想方式有点问题：我对形式中的逻辑联系过于感兴趣，不太会满足于欣赏式的解读。于是卞先生就断然建议我放下已经做得热火朝天的莎学，转而攻读形式论，从新批评读起，沿着整个形式论的历史，一直整理到后结构主义。其中的原因我后来明白了。卞先生想起20世纪30年代中国学界的形式论热：叶公超、曹葆华、朱自清、李健吾（刘西渭）、朱光潜、李安宅、方光焘、高名凯、钱锺书等一批学者已经开启的，并且一直在用曲折的方式坚持的形式论研究。实际上，也是卞之琳在清华大学《学文》杂志上刊登的艾略特《传统与个人才能》的第一篇中译文，开启了这个浪潮。

卞先生的敏感，使我找到了这条在中国尚是无人问津的水道，不久我就发现这是一条支脉广阔、风景森列的巨流。至今整整40年过去了，我一直在这个水系漂流。这条形式论大河，实际上是围绕着意义问题伸展的，因此它应当流经符号学、风格学、修辞学、叙述学、现象学、阐释学等各种重大的分支。在这里没有坐标灯塔，还是会迷路的，而我的坐标就是符号学，符号学是这个庞大水系的主流。这本文选是从我40年来的思考中抽取的一些文字，可以看到我的航线是沿着符号学，走向叙述学，走向艺术学。为什么能如此走？因为它们都围绕着意义流淌。

什么是意义？意义就是人的意识面对世界（物、文本、他人）产生的关联，人依靠获得意义解读意义，才能作为人存在于世。

所有的意义需要载体，不然无从获得。这载体就是符号，符号是“被认为携带着意义的感知”，符号必定承载意义，意义必须靠符号承载，没有无意义的符号，也没有无需符号的意义。因此符号学就是意义学。

那么，什么是叙述？叙述就是有情节的符号文本，因为任何文本不是陈述，就是叙述。我讨论的是广义的叙述，从足球赛，到法律庭辩，到预言算命，到小说电影，到行为艺术。如何寻找它们共同的规律？试一下。

最后，什么是艺术？艺术肯定是意义的载体，但是它给出的是最复杂最不好捉摸的意义。我认为艺术是“从形式上给接收者以超脱庸常感觉的符号文本”。

所有这些领域，都有点难，但越是难就越是证明值得做。当然我也反复提醒自己，我的建议只是建议，肯定漏洞百出，不仅论辩的空间很大，留下的问题很多，而且多半会被推翻。所以我在教学中，在与同行朋友讨论时，在“指导”学生时，反反复复叮嘱：我的意见只是你们的靶子，我高价收买挑战。

我也以同样的话结束这篇前言：凡是读到这本书的人，我最希望听到的，是你们的批评，称之为商榷，是客气；称之为批驳的，是实话。无论何种批评，一律欢迎，一律感激，我会把你们鄙夷的眼光，看作最火热的褒奖。为什么？因为我不相信这些人类意义活动之谜会轻易地得到解决，这是一代学者的任务。如果你们让我在孤独中陪伴一得之见，那就是让我的一生坚持，落个自言自语。亲爱的读者，你们不会如此残酷吧？

赵毅衡

二零一八年八月八日

# 目　录

## 第一部分　符号学、符号现象学

## 第二部分　叙述学、叙述哲学

## 第三部分　艺术学、艺术风格学

# 第一部分

## 符号学、符号现象学

# 第一章　重新定义符号与符号学

**【本章提要】**　无论中西的符号学书籍，都把符号定义为“一物代一物”，把符号学定义为“对符号的研究”。这两个关键性定义，前者不恰当，后者同义反复。但是这两个定义是整个学科的出发点。本章试图重新定义之：符号是被认为携带意义的感知；意义是主体与世界万物的联系，包括与另一个主体或另一个符号的联系，也是一个符号可以被另外的符号解释的潜力；而符号学就是研究意义活动规律的学说，简单说就是意义学。本章进一步检查了 symbol 这个兼指“符号”与“象征”的西方语言词汇在西方符号学界造成的混乱，以及次混乱如何延伸到中国学界。

## 一、什么是符号？

为什么要花力气仔细定义“符号”？因为现在“符号”这个词在网络上，甚至日常生活中越用越多。经常可以看到如此之类的说法：“这只有符号意义”（意思是“无真实意义”）；“简单的 GDP 总量排名只有符号意义”（意思是“无实质意义”）；“她不是一个符号性的艺人”（意思是“低调而实干”），甚至知识分子都经常这样用。如果现在不加辨义，很可能会有来越多的人用错，以至于最后“符号”成为“华而不实”的同义词，甚至把符号学看成“纸上谈兵”或“弄虚作假的研究”。

所有以上这些说法都从根本上误用了“符号”二字：人类文化中任何意义都要用符号才能表达，所有的意义都是符号意义，“非符号意义”没有可能存在。而且，“符号意义”范围很广，很可能是极为实质性的，甚至是可用金钱或其他方式度量的：祭献朝贡、拍卖收藏、判定生死，甚至是否打一场战争，都可能是符号考量的结果。因此，“韩寒成了一个符号”这样的说法，学术上严格的用语应当是“韩寒成了一个特殊符号”，或“韩寒成了一个象征”。

“符号”一词的混乱用法，不能完全怪学界外的使用者，因为中西符号学界对这门学问的基础概念“符号”，至今没有确立清晰的定义。符号学发展一百多年的历史，无数名家一生投入，思索良苦，使符号学成为一门成熟而精密的学科，被称为人文社科的数学。符号学涉及的许多重要概念，如意义、系统、象征、文化、艺术、价值、意识形态，等等，每个术语都苦于定义太多太复杂，唯独最根本的“符号”与“符号学”却没有大致认同的定义。

西方著作给“符号学”的定义一般都是：“符号学是研究符号的学说。”(Semiotics is the study of signs.)[①] 这个定义实际上来自索绪尔，索绪尔一百多年前建议建立一个叫作“符号学”的学科，它将是“研究符号作为社会生活一部分的作用的科学”[②]。索绪尔并不是下定义，而是在给他从希腊词根生造的 semiologie 一词作解释，用一个拉丁词源词（sign 来自拉丁词 signum）解释一个同义的希腊词源词（semiotics 来自希腊词 semeîon）。然而索绪尔这句话现在成了符号学的正式定义。在中文里这句话是同词反复；在西文中，如果能说清什么是符号，勉强可以算一个定义。

但是“什么是符号?”是一个更棘手的难题。论者都承认符号不应当只是物质性的符号载体（亦即索绪尔的“能指”，或皮尔斯的“再现

---

① Paul Cobley, “Introduction”, *The Routledge Companion to Semiotics*, New York: Routledge, 2010, p. 3.

② Ferdinand de Saussure, *Course in General Linguistics*, New York: McGraw-Hill, 1969, p. 14.

体”），符号应当是符号载体与符号意义的连接关系。但是这个定义又太抽象，使符号失去了存在的本体特征。[①] 因此，很多符号学家认为，符号无法定义。符号学家里多夫为定义符号写了几千字后，干脆说：“符号学有必要给‘符号’一个定义吗？众所周知，科学不必定义基本术语：物理学不必定义‘物质’，生物学不必定义‘生命’，心理学不必定义‘精神’。”[②] 但是符号学作为一种对普遍意义活动规律的思索，目的就是为了理清人类表达与认识意义的方式，因此不能不首先处理这个基本定义问题。严肃的讨论毕竟要从一个定义划出的界限出发。

笔者愿意冒简单化的风险，给符号一个比较清晰的定义，作为讨论的出发点：**符号是被认为携带意义的感知**。意义必须用符号才能表达，符号的用途是表达意义。反过来说：没有意义可以不用符号表达，也没有不表达意义的符号。这个定义，看起来简单而清楚，翻来覆去说的是符号与意义的锁合关系。实际上这个定义卷入了一连串至今难以明确解答的难题，甚至可以得出一系列令人吃惊的结论。

首先，既然任何意义活动必然是符号过程，既然意义不可能脱离符号，那么意义必然是符号的意义，符号就不仅是表达意义的工具或载体，符号是意义的条件：有符号才能进行意义活动，意义不可能脱离符号存在。因此，为了定义符号，我们必须定义“意义”。

要说出任何意义，必须用另一个意义；判明一个事物是有意义的，就是说它是引发解释的，可以解释的。而一切可以解释出意义的事物，都是符号，因此，意义有一个同样清晰简单的定义：**意义就是一个符号可以被另外的符号解释的潜力**，解释就是意义的实现。

雅各布森说：“指符必然可感知，指义必然可翻译。”（The signans must necessarily be perceptible whereas the signatum is translatable.）[③]

---

① Winfred Noth, *Handbook of Semiotics*, Bloomington: Indiana University Press, 1990.

② D. Lidov, “Sign”, in Paul Bouissac (ed.), *Encyclopedia of Semiotics*, Oxford: Oxford University Press, 1998, p. 575.

③ Roman Jakobson, “A Reassessment of Saussure's Doctrine”, in Krystyna Pomorska, Stephen Rudy (eds.), *Verbal Art, Verbal Sign, Verbal Time*, Minneapolis: University of Minnesota Press, 1985, p. 30.

这个说法简练而明确："可译性"指"用另一种语言翻译"，或是"可以用另一种说法解释"，也是"可以用另一种符号再现"。"可译"就是用一个符号代替原先的符号。这个新的符号依然需要另外一个符号来解释，例如用汉语"符号"解释英语 sign，这个"符号"依然需要解释。"需要解释"不是解释意义的缺点，相反，如果解释"一步到位"了，反而会有根本性的缺陷，例如说"符号学是研究符号的学说"，实为不作解释。解释的题中应有之义，就是需要进一步解释。

因此，上面的定义可以再推一步：意义必用符号才能解释，符号用来解释意义。反过来：没有意义可以不用符号解释，也没有不解释意义的符号。这个说法听起来很缠绕，实际上意思简单：一个意义包括发出（表达）与接收（解释）这两个基本环节，这两个环节都必须用符号才能完成，而发出的符号在被接收并且得到解释时，被代之以另一个符号，因此，意义的解释，就是一个新的符号过程的起端，解释只能暂时结束一个符号过程，而不可能终结意义。正因为每个延伸的解释都是"被认为携带意义的感知"，符号就是这种表意与解释的连续带。

## 二、什么是符号学？

由此，我们可以回答本章开始时提出的问题：什么是符号学？这不仅是一个抽象的学理问题，也是一个在当代中国文化中如何定位符号学的具体问题。文化，我的定义是："一个社会相关表意活动的总集合。"而一些西方学者把符号学变成一门文化批判理论（cultural criticism），这在西方语境中是合适的，因为西方学院的文化责任就是批判，布尔迪厄与博得里亚用符号学作尖锐的社会文化批判，是切合已经充分"后现代化"社会的需要的。在原第三世界国家，具体说在中国，符号学的任务是对文化现象的底蕴作分析、描述、批判、建设，符号学必须帮助社会完成建设现代文化的任务。

我们面临的任务，是建立一个"不仅批判而且建设的符号学"，为此，我们还是必须建立符号学的一个切实的定义。西方学者自己也极不满意“符号学是研究符号的学说”这个通用定义。钱德勒那本影响很大的《符号学初阶》，开头一段试图用这种方式定义符号学，接着说，“如果你不是那种人，定要纠缠在让人恼怒的问题上让大家干等，那么我们就往下谈……”[1] 此话强作轻松，细听极为无奈。艾柯的新定义“符号学研究所有能被视为符号的事物”[2]，几乎没有推进；另一个意大利符号学家佩特丽莉说符号学“研究人类符号活动（semiosis）诸特点”，亦即人的“元符号能力”，[3] 这依然没有摆脱“符号”的同词重复。

笔者在1993年就把符号学定义为“关于意义活动的学说”，笔者认为，从上一段对符号的定义出发，说符号学是研究意义活动的学说是可以成立的。为什么如此简明扼要，言之成理的定义，没有被广泛采用？先前的符号学者当然朝这个方向想过，例如在19世纪末与皮尔斯一道建立符号学的英国女学者维尔比夫人（Lady Victorian Welby）就建议这门学科应当称为sensifics，或significs，即有关sense或significance的学说，也就是“表意学”。她言简意赅的名言是：“符号的意义来自意义的符号”（The Sense of Sign follows the Sign of Sense），[4] 可惜维尔比夫人的成就一直没有得到很好的整理，最近才有佩特丽莉的千页巨著，详细讨论并整理了维尔比夫人的资料。

后来的符号学家没有采用此说，可能是考虑到有关意义的学说太多，例如认识论、语意学、逻辑学、现象学、解释学、心理学等。某些论者认为符号学的研究重点是“表意”（Bronwen and Rinham，2006：119），即意义的发出（articulated meaning）。福柯在他1969年关于认识论的名著《知识考古学》中说：“我们可以把使符号‘说话’，发展其

---

① Daniel Chandler，*Semiotics for Beginners*，http：//www.aber.ac.uk/media/Documents/S4B/ semiotic.html，2011年3月4日查询。

② Umberto Eco，*A Theory of Semiotics*，Bloomington：Indiana University Press，1976，p.7.

③ Susan Petrilli，“Semiotics”，in Paul Cobley（ed.），*The Routledge Companion to Semiotics*，New York：Routledge，2010，p.322.

④ Susan Petrilli，*Signifying and Understanding*：*Reading the Works of Victoria Welby and the Signific Movement*，Berlin & New York：Mouton de Gruyter，2009，p.109.

意义的全部知识，称为阐释学；把鉴别符号，了解连接规律的全部知识，称为符号学”[①]。他的意思是符号学与阐释学各据意义活动的一半，相辅相成。福柯这个看法是基于20世纪60年代占主导地位的索绪尔符号学，实际上现在符号学已经延伸到意义的接收端，覆盖与意义相关的全部活动。近年来皮尔斯的符号学代替了索绪尔的符号学，相当重要的一个原因是皮尔斯注重符号的意义解释，他的符号学是重在认知和解释的符号学，他的名言是："只有被理解为符号才是符号。"（Nothing is a sign unless it is interpreted as a sign.）[②] 这本是符号学应有的形态。

怀海德的意见与福柯相仿："人类为了表现自己而寻找符号，事实上，表现就是符号。"[③] 这句话说对了一半：没有符号，人不能表现，也不能理解任何意义，从而不能作为人存在。没有意义的表达和理解，不仅人无法存在，"人化"的世界无法存在，人的思想也不可能存在，因为我们只有用符号才能思想，或者说，思想也是一个产生并且接收符号的过程。因此，认识论、语意学、逻辑学、现象学、解释学、心理学，都只涉及意义活动的一个方面，而符号学是对意义的全面讨论。因此把符号学定义为"意义学"是能够成立的，也是有用的。

这样讨论的目的，是确定符号学涉及的范围。很多人认为符号学就是研究人类文化的，实际上符号学研究的范围，文化的确是最大的一个领域，但是符号学还研究认知活动、心灵活动、一切有关意义的活动，甚至包括一切有灵之物的认知与心灵活动。人类为了肯定自身的存在，必须寻找存在的意义，因此符号是人存在的本质条件。

中国人实际上参与了符号学的创立："符号学"这个中文词，是赵元任在1926年一篇题为《符号学大纲》的长文中提出来的，此文刊登于上海《科学》杂志上。他在这篇文章中指出："符号这东西是很老的

---

① Michel Foucault, *The Order of Things: An Archeology of Human Sciences*, London: Routledge, 2002, p. 33.

② C. S. Peirce, *Collected Papers*, Cambridge, Mass.: Harvard University Press, 1931—1958, Vol. 2, p. 308.

③ A. N. Whitehead, *Symbolism: Its Meaning and Effect*, Cambridge: Cambridge University Press, 1928.

了，但拿一切的符号当一种题目来研究它的种种性质和用法的原则，这事情还没有人做过。”[①] 他的意思是不仅在中国没人做过，而且在世界上还没有人做过，赵元任应当是符号学的独立提出者。赵元任说与“符号学”概念相近的英文词，可以为 symbolics，symbology。[②] 西方没有人用过这些词，可见赵元任的确是独立于索绪尔、皮尔斯、维尔比提出这门学科。因此，赵元任用的词应当是这个学科的第五种称呼方式：日文“记号论”是翻译，中文“符号学”不是。

符号与意义的环环相扣，是符号学的最基本出发点。笔者上面的说法——符号用来解释意义，意义必用符号才能解释——听起来有点像一个“解释循环”，事实上也的确是一个解释循环：表达符号释放意义以吸引解释符号，解释符号追求意义以接近表达符号。艾柯看出文本与解释之间有个循环，与我说的这个意思相近。他说：“文本不只是一个用以判断解释合法性的工具，而是解释在论证自己合法性的过程中逐渐建立起来的一个客体。”也就是说，文本是解释为了自圆其说（“论证自己的合法性”）而建立起来的，文本的意义原本并不具有充分性，解释使文本成为必然的存在。艾柯承认这是一个解释循环：“被证明的东西成为证明的前提。”[③] 有解释，才能构成解释的对象符号；有意义，才造成意义的追求。

## 三、象征是一种特殊的符号

“符号”一词的用法中，最令人困惑的是与“象征”的混淆。汉语和西方语言中都出现了此种二词混淆，但是原因各有不同。

象征是一种特殊的符号，但是各种符号修辞格中，最难说清的是象征。讨论如何区分象征与符号的论著，在中文中很多，越讨论越糊涂，

---

① 赵元任：《赵元任语言文学论集》，北京：商务印书馆，2002 年，第 178 页。

② 同上书，第 177 页。

③ 翁贝托·艾柯：《诠释与过度诠释》，王宇根译，北京：生活·读书·新知三联书店，1997 年，第 78 页。

而在西方语言中，symbol 与 sign 这两个词更加容易混用，不少符号学家用了整本书试图澄清之，常常只是把问题说得更乱。惠尔赖特讨论象征主义诗歌的名著，对"象征"的定义却难与符号区分："一个 symbol 指向自身之外，超越自身的意义"[①]；再例如茨维坦·托多洛夫《象征理论》（托多洛夫，2004）把两个意义的 symbol 合在一起讨论，越讨论越乱。本来这个问题应当可以用符号学来澄清，也只有对意义特别专注符号学才能澄清之。但恰恰是在西方语言的符号学著作中，这个问题弄得比其他学科更乱，这是因为在西方语言中，symbol 一词为"象征"，但也意为"符号"：一词双义，使西方符号学自身成为混乱的原因。

古希腊语 symbolum 语源意义是"扔在一起"，表示合同或约定的形成过程。在当代西方语言中，symbol 有两个非常不同的意义。《简明牛津词典》（*The Concise Oxford Dictionary*）对 symbol 一词的定义是两条：（1）一物习俗上体现了，再现了，提醒了另一物，尤其是一种思想或品质（例如白色是纯洁的 symbol）；（2）一个标志或字，习惯上作为某个对象、思想、功能、过程的符号（sign），例如字母代替化学元素、乐谱标记。可以清楚地看到，前一定义，对应汉语"象征"；后一定义，与 sign 同义，对应汉语"符号"。但是二者为同一词，写法读法一样，乱从此出。

简单地说，象征是一种特殊的符号，是指向一种复杂意义或精神品质的符号。象征能获得这样的能力，主要靠在一个文化中的反复使用，累积了"语用理据性"。例如荣格说的"原型"，就是在部族的历史上长期使用，从而指向了某种特殊的精神内容。

索绪尔对此错乱倒是很清醒，他清楚地声明："曾有人用 symbol 一词来指语言符号，我们不便接受这个词……symbol 的特点是：它不是空洞的，它在能指与所指之间有一种自然联系的根基。"[②] symbol 作为

① P. Wheelwright, *The Burning Fountain: A Study in the Language of Symbolism*, Bloomington: Indiana University Press, 1954, p. 17.

② Ferdinand de Saussure, *Course in General Linguistics*, New York: McGraw-Hill, 1969, p. 114.

"象征"与意义的关联并非任意武断，因此不符合他的"符号"定义。应当说，索绪尔对符号的"无自然联系"要求，是不对的，许多符号与意义对象的联系可以"有根基"。但是他在讨论符号学的基础时拒绝使用 symbol 以避免混淆是对的。可惜他无法纠正每个西方学者的用法：皮尔斯用的 symbol 恰恰就是任意武断的"规约符号"。至少在这一点上，索绪尔比皮尔斯清楚。

应当说，在汉语中，"象征"与"符号"这两个术语本不会混淆，混乱是在翻译中产生的：西方人混用，翻译也只能在"象征"与"符号"中摇摆。影响所及，中国学界也不得不被这种混乱吞噬：中国学者自己的书，也弄混了本来清楚的汉语词汇。稍看几本中文讨论符号与象征的书，就会看到：我们让西方语言之乱乱及汉语，这真是令人遗憾的"中西交流"。本节的目的，是把汉语的术语"象征"与"符号"区分清楚。在可能情况下，帮助西人整理一下他们弄出的混乱。澄清这个问题，有助于我们认识究竟什么是"符号"。

有国内学者认为 symbol 一词，"用于逻辑、语言及符号学心理学范畴时，多译作'符号'；而用于艺术、宗教等范畴时，则译为'象征'"[①]。这句话实际上是说汉语中"象征"与"符号"也是同义：两者都与 symbol 对应，只是出现于艺术学和宗教学之中是"象征"，出现于逻辑、语言及符号学心理学，是"符号"。这种"按学科"处理术语，恐非易事。

钱锺书对这个纠葛看得一目了然。他在《管锥编》第三册中说，符号即 sign，symbol。[②] 钱锺书的处理原则是：西方语言中 symbol 意义对应汉语"符号"时，译成"符号"；对应汉语"象征"时，译成"象征"。一旦弄清原文究竟是符号还是象征，就以我为主处理，不必凡是 symbol 都译成"象征"，这样汉语能反过来帮助西方语言理清这个纠结。

---

① 贺昌盛：《象征：符号与隐喻》，南京：南京大学出版社，2007 年，第 5 页。

② 钱锺书：《管锥编》第三册，北京：生活·读书·新知三联书店，2007 年，第 1864 页。

西方学者由于两词意义接近，每个人提出了一套自己的理解，经常互不对应。有些学者认为“符号是浅层次的，象征是深层次的；符号是直接的，而象征是背后的潜在意义。”[①] 持这种看法的主要是某些人类学家，他们思想中的“符号”，看来只是某种类文字的“记号”(notation)。弗洛姆说：“符号是人的内心世界，即灵魂与精神的一种象征。”[②] 这话的意思是符号范围比象征小，是象征之一种。本章上面已经说过：符号的外延应当比象征宽得多，象征是符号的一种。

大部分中文翻译，把西文每一处 symbol 都译为“象征”。巴尔特的《符号帝国》，说日本民族是个 symbolic system[③]；桑塔亚纳说，“猿猴的声音变成 symbolic 时，就变得崇高了”[④]；弗赖说 symbol 是“文学作品中可以孤立出来研究的任何单位”[⑤]。这些人说的都应当是“符号”，但是中译竟然一律译为“象征”。拉康给他的关键术语 Symbolic Order 下定义时说：“Symbolic Order 即符号的世界，它是支配着个体生命活动规律的一种秩序”。按他自己说的意思，Symbolic 即“符号”，从导向“秩序”角度考虑，因此，Symbolic Order 应当译成“符号界”才正确。艾柯对此解释说：“拉康称作‘Symbolic Order’，说是与语言联系在一起，他实际上应当说‘符号界’（Semiotic Order）。”[⑥] 但是偏偏中文翻译或讨论拉康，都称之为“象征界”。

还有一些西方理论家的用法更加不清楚。卡西尔《人论》一书的名句，“人是 animal symbolicum”，现在一般译成“人是使用符号的动物”，但是也有人译成“人是使用象征的动物”。卡西尔在这几个术语上

---

① M. Bruce-Mitford and P. Wilkinson, *Signs & Symbols, An Illustrated Guide to Their Origins and Meanings*, London: Dorling Kindersley, 2008, p. 2.

② 埃里克·弗洛姆：《被遗忘的语言》，北京：国际文化出版公司，2001 年，第 31 页。

③ Roland Barthes, *Empire of Signs*, New York: Hill & Wang, 1982, p. 5.

④ G. Santayana, "Human Symbols for Matter," in *The Idler and His Works*, New York: George Braziller, 1957, p. 67.

⑤ Northrop Frye, *Anatomy of Criticism: Four Essays*, Princeton: Princeton University Press, 1957, p. 34.

⑥ Umberto Eco, *Semiotics and the Philosophy of Language*, Bloomington: Indiana University Press, 1984, p. 203.

用法比较特殊：他把 sign 理解为动物都会有的“信号”，而把使用 symbol 看成人的特点。[①] 即使照他这个意思，他用的 symbol 也必须是“符号”。卡西尔的研究者谢冬冰，特地写了一章“符号还是象征”，仔细考察了卡西尔著作的历年中译处理方式，对照了卡西尔自己的解说，结论是：“从其整体的认识论来看，他的哲学是符号哲学，而不是象征哲学，但是全面地看，在讨论艺术与神话的发生时，很多地方，symbol 一词应理解为象征。”[②] 这话有道理，但是要处处辨别卡西尔是否在讨论艺术与神话还是别的意思，恐怕不可能。这个总结，是承认卡西尔的整个“象征秩序”哲学体系游移于“符号”与“象征”之间，实际上无法翻译。

布尔迪厄著名的术语 symbolic capital，不少学者译成“象征资本”，也有一些译者翻译成“符号资本”，[③] 中文论者两者混用。按布尔迪厄的本意，恐怕应当译成“符号资本”。布尔迪厄把这个概念与“社会资本”“文化资本”“经济资本”对列：“symbolic capital 是其他各种资本在被认为合法后才取得的形态”（Bourdieu，1986：241—258）。既然是各种资本的转换的结果，当以“符号资本”为宜。“象征资本”似乎是“象征性的空虚资本”，这正是布尔迪厄所反对的。

但是也有不少西方理论家刻意区分 symbol 与 sign，此时几乎个人有一套说法。克里斯蒂娃的理论围绕着“符号的”（semiotic）与“象征的”（symbolic）两个层次展开，“符号的”，是“前俄狄浦斯的”（pre-Oedipal）；当一个孩子获得了语言，就不得不臣服于“象征的”，即后俄狄浦斯的符号系统（sign system）。这是她独特的用法，我们无法整理，只能依样画葫芦地翻译。[④]

---

① Ernst Cassirer. *An Essay on Man*, New Haven: Yale University Press, 1944.

② 谢冬冰：《表现性的符号形式：卡西尔-朗格美学的一种解读》，上海：学林出版社，2008 年，第 47—54 页。

③ 例如皮埃尔·布迪厄、华康德：《实践与反思：反思社会学导引》，李猛、李康译，邓正来校，北京：中央编译出版社，1998 年；又如陶东风译：《文化与权力：布尔迪厄的社会学》，上海：上海译文出版社，2006 年，第 9 页。

④ 高亚春：《符号与象征——博德利亚消费社会批判理论研究》，北京：人民出版社，2007 年，第 6—9 页。

鲍德里亚认为现代性是从“象征秩序”推进到“符号秩序”，因此，在他的思想中，“符号”与“象征”是决然对立的。在1972年的名著《符号政治经济学批判》中他举了一个简明的例子：结婚戒指是“一个特殊的物，象征着夫妻关系”：而一般的戒指并不象征着某种关系，因此一般的戒指是“一种他者眼中的符号”，是“时尚的一种，消费的物”。而消费物必须摆脱“象征的心理学界定”，“最终被解放为一种符号，从而落入时尚模式的逻辑中”。[①] 这段话的意思是，象征有心理意义，是传统的；而符号则有时尚意义，是“现代性”的。实际上，戒指都是携带意义的符号（除非用来切割玻璃），也都是意指“思想家或品质”的象征。既然鲍德里亚有自己明确的独特定义，我们只能按他的用法介绍他的理论。

的确，sign与symbol这两个词，在西方语言中是从根子上混乱了，每一个论者自己设立一套定义，更加剧了混乱。符号学奠基者皮尔斯，把这两个关键性的关键词说得更乱。他使用symbol一词，指符号三分类之一的“规约符号”，即与像似符号（icon），指示符号（index）对立的，靠社会规约性与对象关联的符号，他这是在symbol的复杂意义上再添一义。但是他又花了很长篇幅，把他的这个特殊用法解释成“与其说这是赋予symbol一种新意义，不如说并返回到原初的意义”：

> 亚里士多德认为名词是一个symbol，是约定俗成的符号。在古希腊，营火是symbol，一个大家都统一的信号；军旗或旗子是symbol；暗号（或口令）是symbol；证章是symbol；教堂的经文被称为symbol，因为它代表证章或基督教原理考验用语；戏票或支票被称为symbol，它使人有资格去接受某事物；而且情感的任何表达都被称为symbol。这就是这个词在原始语言中的主要含义。诸位考验判定他们是否能证实我的声明，即我并没有严重歪曲这个

① 让·鲍德里亚：《符号政治经济学批判》，夏莹译，南京：南京大学出版社，2009年，第47—49页。

词的含义，并没有按我自己的意思使用它。[1]

皮尔斯这话是说symbol与对象的关联向来都是约定俗成的，因此象征就是规约符号。但是象征与非象征的区别并不在是否约定俗成，而在于象征的对象是一种比较抽象的“思想或品质”。就用他自己举的例子来说，“教堂经文代表基督教原理”，的确是象征；营火、军旗、证章、旗帜、支票，都是靠规约而形成的符号；至于“情感的任何表达”，例如表情、手势、身体动作，则是以像似符号成分居多：皮尔斯也承认大部分符号几种成分混合。皮尔斯一定要说他用symbol作“规约符号”之义，是“回到希腊原意”，在西方学界可能是为创立符号学辩护的好策略。但是这种自辩，无法为他的symbol特殊用法提供古典根据。皮尔斯自己生造了几十种符号学术语，在这个关键概念上，他完全没有必要用此旧词。

事到如今，最好的办法是西方语言取消symbol的词典第二义，即不让这个词再作为“符号”意义使用，全部改用sign。这当然不可能：语言问题无法由学界下命令解决，况且这是学界自己弄出来的严重混乱。中西语两者本来就不对等，意义混淆的地方也不一样，翻译时必须仔细甄别：什么时候在谈的哪一种定义的symbol。西方人可以交替使用symbol与sign，虽然引起误会，至少使行文灵动。西方人的用法，不是我们处处把symbol译成象征的理由：在汉语中，象征只是一种特殊的符号，象征与符号不能互相替代。

幸好，本章并不企图代西方符号学界澄清西语的混乱，本章只讨论汉语中的符号或象征。当代汉语的日常与学术用语中，也必须分清“符号”与“象征”。例如本章一开始举出的一些例子：学者们在讨论“为什么‘超女’是当代文化的符号?”这个问题的措辞是错误的，因为任何一个电视节目的名称，都携带着一定意义，本来就都是符号。“超女”

---

① 此段引自涂纪亮：《皮尔斯文选》，北京：社会科学文献出版社，2006年，第292页。涂纪亮先生把皮尔斯文中的symbol一律译为“象征”，现将该词归原为symbol，以便讨论其复杂意义。

作为符号是不言而喻的，根本无需讨论。讨论这题目的人，是想说“超女”节目已经变成一种有特殊“思想或品质”意义的符号，因此问题的提法应当是“为什么‘超女’是当代文化的象征?”

中国符号学完全可以幸免于乱，只要我们拿出定力，不跟着西人的乱局到处跑，我们应当像赵元任在20世纪20年代那样，完全明白他建议建立的symbology学科，是“符号学”，而不是“象征学”。

## 四、意义理论、符号现象学、哲学符号学

### (一) 意义理论

人生活在意义世界中。自在的物世界是不以人的意志为转移的客观存在，意义世界却是人类的意识与事物交会而开拓出来的，反过来，意义也造就了意识，意识是人类存在的根本原因和根本方式。这点极为重要，因为意识是人之所以为人的基本立足点，是人区别于动物或人工智能体的根本点。

动物是可能的意识载体，对他们的意识之研究至今太零碎，近年各种认知实验报告让有关讨论更为具体而紧迫。如果动物在某种程度上分享人的某些意义能力，那就可以证明人的这些意义能力是先天的，而不是经验学习所得，因此对动物心智研究的进展，不得不十分重视。

人工智能是正在产生的另一种可能的“意识”，对此课题的前景我们只能乐观且谨慎地等待。为了不让讨论漫无边际，在讨论人的意识与世界的关系（例如讨论“意义共相”，讨论“符号升级”与“元符号”）时，或许会用笔者对人工智能的有限理解作对比。但是这个领域进展太快，任何预言都太冒险。

现代之前，人的梦魇天敌是动物怪兽，现代化以后，人的噩梦是机器控制人类，为什么？它们身体能力上可能远超过人类（所以有蝙蝠侠、汽车变形金刚），在意义能力上却只能做人的奴隶，一旦它们获得人类的意义能力，世界就换了主人。幸好，至今为止，动物把所有时间

用来觅食生殖，机器总得等待人来按按钮。

这就是为什么讨论意识的构成是如此重要，因为它是人类脱离动物界的原因，也关系到人类的未来的诸种可能。在符号中展开的意义活动，不是一种自然活动，符号学的思考并不是为了解释自然，而是为了解释意识如何借意义而存在于世。

那么用什么来讨论意义的哲学呢？这样一门学科应当叫什么呢？它的目标是清晰的，名称却让人煞费踌躇。一名之立，却极为重要，它画出了与前贤思想的承继关系，也明确了这门学科在当代思想中的具体位置，不仅仅是一个可此可彼的说法或自我标榜，以下试讨论三种称呼的利弊。

现代思想界有一系列学科，以意义为核心课题：分析哲学、心理学、认识论、认知学等。符号学则是其中最集中地处理意义产生，传送、解释、反馈各环节的学说。不过，“意义理论”（the Theory of Meaning）这个术语，一直是分析哲学的专门领域。风靡英美一个多世纪至今不衰的分析哲学，集中处理的是语言与逻辑，分析哲学中的“意义理论”实际上就是研究语言表述诸问题。所有的分析哲学家都在讨论“意义”，有的哲学史家把他们细分为“语义学派”，包括弗雷格、罗素、蒙塔古，以及“可能世界”诸论者；“基础学派”，包括戴维森、乔姆斯基、格赖斯、路易斯等；以及介于两派中间的蒯因、克里普克、维特根斯坦等。[①] 但是语言分析哲学家讨论的，大都是命题语句（proposition）的意义，这种“意义”，只是符号学讨论的许多种“意义”中的一种。

本节讨论的是广义的符号的意义，使用“意义理论”就容易产生误会。所以笔者不用此专门术语，而是一般地讨论关于意义的各种理论。语言分析哲学的“意义理论”当然极其重要，语言是人类的符号体系中最重要、最完善、最复杂的一个，在很多符号学家（例如索绪尔）看来，语言是人类其他符号体系的基础。洛特曼称之为“初始（primary）模塑体系”，其他符号体系是从中派生的。但是当皮尔斯的理据性理论

---

① Jeff Speaks，“Theory of Meaning”，*Stanford Encyclopedia of Philosophy*，https://plato.stanford.edu/cgi-bin/encyclopedia/archinfo.cgi?entry=meaning，2017年4月8日查询。

成为符号学的基础，而且当“符用理据性”越来越占据我们的注意力后，当代符号学离语言分析模式渐行渐远。

实际上分析哲学讨论的“意义理论”，之所以只盛行于英美，在欧陆应者寥寥，很大原因是英文的 meaning 一词，在法语和德语中很难找到对应词。这个词在西方语言中的歧出多义，给意义理论的发展平添很大的困难。[①] 在英文中，meaning 有“目的”的意图含义，significance 则有“重要性”的评价含义，而 sense 这个词则有“感觉”的本能含义；法语中没有与英文 meaning 相当的词，但法语 sens 与 signification 的界限更为模糊。德文中的近义词歧义也相当严重，弗雷格的核心术语 Bedeutung 应当与英文什么词相当，引发了一个多世纪的争论。因为这是分析哲学的最重要概念，1970 年，英国著名学术出版社，牛津的 Blackwell 为如何翻译此词，召集英语世界的德国哲学研究者召开了一次专门的学术会议，争论激烈却议而未决。为避免理论及翻译中各说各话，最后竟然采取投票方式，决定在英文中**妥协地**共同译为 meaning。[②]

所有这些西方语言词汇与现代汉语词“意义”，不完全同义[③]，应当说，现代汉语“意义”的歧解还少一些。最大众化的《互动百科》定义“意义”为：“意义是人对自然或社会事务的认识，是人给对象事物赋予的含义，是人类以符号形式传递和交流的精神内容。”[④] 此定义用词不严谨，不够学术，但是在意义的产生（“人给对象事物赋予的含义”）、意义与符号的相互依存（人类以符号形式传递和交流的精神内容），以及意义的本质（“精神内容”），这三个关键点上，倒是说得出乎意料地接近到位。海德格尔指出：“意义就其本质而言是相交共生的，是**主客体的契合**。”[⑤] 笔者认为可以把意义定义为“意识与事物的关联方式”。

---

① 1923 年奥格登与瑞恰慈列出 22 种意义的定义，见 C. K. Ogden & I. A. Richards, *The Meaning of Meaning*, New York: Harcourt, Grace Janovich, reprinted 1989。

② Michael Beaney (ed.), *The Frege Reader*, Oxford: Blackwell, 1997, pp. 36－46. 又参见迈克尔·比内：《关于弗雷格 Bedeutung 一词的翻译》，《世界哲学》2008 年第 2 期。

③ 可以把“意义世界”译为 Meaning World 或 World of Meaning，英文学界这两种说法都有。

④ http://www.baike.com/wiki/意义，2016 年 3 月 20 日查询。

⑤ 同上。

## (二) 符号现象学

符号学集中研究意义的产生和解释的，现象学关注意识是如何产生并“立义”的。这二者研究的实际上是同一个意义过程，只不过符号学更专注于意义，而现象学更专注于意识。由于专注点的不同，使符号学向形式论和方法论倾斜，而现象学以本体论和形而上学为主要的理论方向。但是它们的论域重叠如此之多，可以说，无法找到不讨论意识诸问题的符号学，也找不到不讨论意义诸问题的现象学（包括受现象学影响的阐释学与存在主义）。

符号现象学这个思路，是皮尔斯奠定的，称之为“现象学”也是皮尔斯的用语。皮尔斯有时自称“显象学”（paneroscopy），据他说目的是避开现象学这个“黑格尔用语”。但是在皮尔斯的许多手稿中，依然用“现象学”（phenomenology）一词。皮尔斯的现象学，是符号学的哲学支撑，他从二十多岁哲学生涯开始时，就在符号学范围内思考现象学问题。皮尔斯明确声明：“就我所提出的现象学这门科学而言，它所研究的是现象的形式因素。”因此，皮尔斯的现象学是关于意义形式的理论。

皮尔斯不知道的是，与他基本同时代的胡塞尔发展了一个体系更完备的现象学，而他到晚年才听说胡塞尔其人，在笔记中仅仅提到胡塞尔的名字。施皮格伯格说皮尔斯“很熟悉胡塞尔的逻辑学”[①]，他没有提出文献根据。在皮尔斯晚年的笔记中，可以查到两次提到胡塞尔的名字，[②] 对胡塞尔的学说却没有任何引用。[③] 皮尔斯的现象学，是他的符

---

① 赫伯特·施皮格伯格：《现象学运动》，王炳文、张金言译，北京：商务印书馆，1998年，第52页。

② C. S. Peirce, *Collected Papers*, Cambridge, Mass.: Harvard University Press, 1931—1958, Vol. 4, p. 7; Vol. 8, p. 189.

③ 施皮格伯格说“皮尔斯甚至责备胡塞尔在《逻辑研究》第二卷中坠入心理主义”，笔者没有找到此言何所据，从此书注释中所引皮尔斯《文集》卷号，无法找到此说。不过施皮格伯格说“（皮尔斯）毫不妥协地拒绝哲学中的心理学方面，在这方面他甚至超过了胡塞尔”，此比较倒是观察敏锐。（参见施伯特·施皮格伯格：《现象学运动》，王炳文、张金言译，北京：商务印书馆，1998年，第53页。）

号学体系的思辨基础，主要集中在所谓“三性”问题上，即现象是如何通过感知为意识所理解的。这的确是个典型的现象学问题，即如何处理事物的感性显现问题。只是皮尔斯的现象学与胡塞尔的现象学没有互相借鉴之处，两人的重点完全不同，可以说在现象学主流中，皮尔斯的现象学体系相当特殊。今日我们关于意义理论的哲学讨论，却无法孤立地处理二位开拓者的理论。笔者沿着皮尔斯思想的方向展开对意义形式的思考，也沿着胡塞尔的方向考量意向性与直观如何形成意识的本质。

实际上20世纪许多学者看到了符号学与现象学的紧密关系，从而致力于建立“符号现象学”这样一门学科。开其先河的是第二次世界大战后梅洛-庞蒂的“生存符号学”；海德格尔的存在主义在现象学传统中独开一系，他比胡塞尔更强调讨论意义问题；德里达的著作《声音与现象：胡塞尔现象学中的符号问题》对胡塞尔的符号理论提出了质疑。近年朝向建立符号现象学努力的学者，有美国的拉尼根、瑞典的索内松等，意大利的西尼强调意义是“现象符号学”的根本问题，他称意义为“形式的内容”（the content of the form）[①]。但是至今学界并没有形成一个清晰的符号现象学学派，没有这样一个论辩体系，甚至未能清理出一个大家同意的基本论域。

笔者认为，符号现象学应当如皮尔斯所考虑的那样，是符号学的奠基理论。今天我们关心这个问题，是从符号学（不是现象学）运动的已有成果出发，回顾并丰富皮尔斯的符号现象学。在个别问题上，皮尔斯的现象学，似乎与胡塞尔现象学有所分歧，实际上只是论域不同。符号现象学不应当有任何重写现象学的企图，也没有任何“反驳”胡塞尔的想法，只是设法更多地沿着皮尔斯的方向，开拓一个独立的领域。

从胡塞尔开始，不少讨论符号的现象学者，强调区分事物与符号，因为他们把符号看作得到意义后，传送此意义所用的工具。胡塞尔认为

---

① 西尼说：“发音‘house’，书写成斜体，写成大写，像孩子一样画一所房子：这些声音、记号、图画、意义都是相同的，哪怕说 maison，或是说 casa 也一样，都有一个相同的词或思想的形式，使它们意指房子。” Carlo Sini, *Ethics of Writing*, Albany: State University of New York Press, 2009, p. 3.

符号是本质直观之后需要表达出来时才出现的，并非初始的，并不是意识获得的感知必然携带的。他认为“直观行为”与“符号行为”二者不同，取决于“对象究竟是单纯符号地，还是直观地，还是以混合的方式被表象”[①]。也就是说对象可以不借助符号被“表象”，这点恐怕是很值得质疑的。[②]

反过来，他又提出“每个符号都是某种东西的符号，然而，并不是每个符号都具有一个含义，一个借助于符号而表达出来的意义”[③]。根据“是否具有含义”，胡塞尔将“符号”分为两类：指号和表达。前者没有含义，“在指号意义上的符号不表达任何东西，如果它表达了什么，那么它便在完成指示作用的同时还完成了意指作用。”[④] 后者则是“作为有含义的符号”[⑤] 的“表达”。对胡塞尔这种区分有意义符号与无意义符号的论说，德里达的评语是点中要害的：“从本质上讲，不可能有无意义的符号，也不可能有无所指的能指。”[⑥]

的确，没有不承载意义的符号，也没有无须符号承载的意义，把符号局限于再现，使符号的外延范围严重缩小，这是皮尔斯的符号现象学与胡塞尔现象学的最大分歧。而且，在某些具体例子中，会无法自圆其说。胡塞尔讨论过“蜡像”例子，他说乍一看，蜡像馆中蜡像（符号）与真人（事物）难以区别，他说：“一旦我们认识到这是一个错觉，情况就会相反。”[⑦] 从符号学角度，在初始获义阶段，究竟“被解释成携带意义的感知”来自一个真人，或是来自一堆蜡，其实无法分辨，在这个阶段，作为符号表现意义时，也无需分辨。只有如皮尔斯所要求的那

---

① Carlo Sini, *Ethics of Writing*, Albany: State University of New York Press, 2009, p.52.

② 参见赵毅衡：《形式直观：符号现象学的出发点》，《文艺研究》2015年第1期，第18—26页。

③ 埃德蒙德·胡塞尔：《逻辑研究》第二卷上编第一部分，倪梁康译，上海：上海译文出版社，1998年，第31页。

④ 同上书，第31页。

⑤ 同上书，第39页。

⑥ 雅克·德里达：《声音与现象：胡塞尔现象学中的符号问题导论》，杜小真译，北京：商务印书馆，1999年，第20页。

⑦ 埃德蒙德·胡塞尔：《逻辑研究》第二卷上编，倪梁康译，上海：上海译文出版社，1998年，第491页。

样“累加符号行为”，作进一步探究（例如触摸真人与蜡像，或观察到神态僵硬），我们才会进入深入一步的意义。

但是，如果如胡塞尔之说，真人不是符号，只有蜡像（再现）才是符号，那就与艾柯的“符号撒谎论”命意正好相反。艾柯说：“撒谎理论的定义应当作为一般符号学的一个相当完备的程序”，他的理由是，“不能撒谎就不能说出真知”。[①] 因此，艾柯也承认真假在符号表意的起始阶段是无法分清的，否则一切“伪装”都无从谈起，符号起作用，恰恰是因为它“可以为真”。因此，事物与媒介再现有什么区别，必须等意义活动累积对照才能辨明。哲学符号学关心意义的生成，而在以形式直观获取意义时，事物与符号无区别（因为在形式直观时，二者尚无从区别），在这个意义的出发点上，符号学与现象学的确很不相同。

## (三) 哲学符号学

或许“哲学符号学”这样一个名称，比“符号现象学”更为贴切一些，也不容易引起误会。这里有几个原因。

第一个原因上面已经再三说了，是为了避免与主流现象学产生过多的争论。哲学符号学并没有把自身置于现象学的对立面，很多观点和术语与现象学类似，在许多地方也依靠某些现象学者的观点。但是既然符号学的现象学与主流现象学不同，而且不同之点一清二楚，就应当在讨论一开始时就说明：符号现象学的目标，不是把胡塞尔现象学扩展到一个新的领域。

第二个原因可能更重要，就是符号现象学的目的是为符号学本身正本清源。西方学者给符号学下的定义“符号学是对符号的研究”，在中文中是同词反复，在西方语言中也只是用一个希腊词源词，解释一个拉丁词源词。无怪乎符号学一直被当作一种方法论，它的绰号“文科的数学”就是因为它强大的可操作性，但是这个绰号造成很多误会，尤其是

① Umberto Eco, *A Theory of Semiotics*, Bloomington: Indiana University Press, 1976, pp. 58—59.

把符号学只当作一种工具。

哲学符号学解释意识与世界的联系是如何产生的，而且如何取得三种效果：意义活动如何构成意识，意义活动如何在个人意识中积累成经验，意义活动如何在社群意识中沉积为文化。所有的符号都是用来承载与解释意义的，没有任何意义可以不用符号来承载与解释，一句话：符号学就是意义学。

人类文化本是一个社会符号意义的总集合，因此不奇怪，符号学成为研究人类文化的总方法论。艾柯说过："（应用符号学于某学科）一切**可以**从符号学角度来探索，只是成功程度不一。"[①] 他很有自知之明。有些学者认为符号学能应用于几乎所有的文化问题，证明符号学"思想深度不够"。其实，现象学也被应用于文科的各种学科，应用于文学和艺术经常很有说服力，应用于各种文化与传播活动效果有时差强人意。这个局面可能与符号学正相反，或许是因为现象学并不聚焦于形式规律，而任何文化意义活动的形式变化多端。

我们要解决的问题是：符号学难道真的只是一种方法论吗？符号学能不能处理"形而上"的哲学问题？笔者个人认为符号学的根基奠定在一系列哲学思考上。在《符号学：原理与推演》一书中，笔者有意加入了一些哲学问题的讨论，例如文化标出性，例如主体与自我，例如文化演进的动力与制动等。符号学作为意义形式的哲学，必须回答某些重要的（当然远不是所有的）哲学根本问题。

作为一个中国学者，或许我们可以对哲学符号学发表一些独特的见解。先秦时中国就萌发了极其丰富的哲学符号学思想，从《易》，到先秦名墨之学，到汉代五行术数；从别名"佛心宗"的禅宗，到陆王（陆九渊、王阳明）"心学"。这条宏大深邃的思想脉络，紧扣着意识面对世界生发意义这一根本问题。

如果说至今哲学符号学论著不多，那只是因为符号学运动在这方面

---

① Umberto Eco, *A Theory of Semiotics*, Bloomington: Indiana University Press, 1976, p. 27.

的努力（本书中有大量引用介绍）不如符号学的方法论给人印象深刻。幸好，符号学与哲学的历史并不在我们这里终止。我们没有做到的，不等于后来者做不到。

在意义世界中，意识面对的现象，可以粗略地分成三种：

第一种经常被称为“事物”，它们不只是物体，而且包括事件，即变化的事物；

第二种是再现的、媒介化的符号文本；

第三种是别的意识，即其他人（或其他生物或人工智能）的意识，包括对象化的自我意识。

这三种“现象”形成了世界上各种意义对象范畴，但是各种学派对如何处理它们的意义，立场很不一样。一般的现象学的讨论，只把上面说的第二种（再现）视为符号。一般的符号学的讨论，只承认物质媒介化的符号，对无物质形体的心像颇为犹疑。至于第三种中的“动物或机器”的意识，将是我们讨论人类意识的关键对比物。

应当再次强调说明，哲学符号学把上述三种现象（事物、再现、他人意识）都看成符号，因为它们都符合“被认为携带意义的感知”这条符号基本定义。[①] 在笔者的详细讨论中，可以看到上述这三种“对象”，边界并不清晰：在形式直观中，物与符号无法区分；在经验与社群经验的分析中，文本与他人意识很难区分；在意义世界的复杂构成中，事物、文本、经验、社群综合才构成主体意识存在的条件。因此，哲学符号学既是意义形式的方法论，也是意义发生的本体论。

说一句非常粗略的总结：现象学的关注中心是意识；符号学的关注中心是意义；而哲学符号学，关注意识与意义的关系，换句话说，即意识中的意义及意义中的意识。在讨论这个关键问题时，“哲学符号学”可视为与“符号现象学”基本同义。

不过，无论讨论任何问题，意义与意识，是我们须臾不离的两个核心概念。可以说，哲学符号学，是以符号如何构成“意义世界”为主要

---

① 赵毅衡：《符号学：原理与推演》第3版，南京：南京大学出版社，2016年，第1页。

论域的符号现象学。笔者坚持称这种探讨为“哲学符号学”（Philosophical Semiotics）而不称为“符号哲学”（Semiotic Philosophy），是因为这种探讨不可能讨论所有的哲学问题，而只是关于意义和意识关系问题的探索。至少在笔者目前有限的视野来看，符号学远不是传奇大盗手中能开千把锁的“万能钥匙”，要想解开每个有关意义的课题之谜，都要求研究者殚精竭虑地努力，而且风险很大，极需谨慎。

# 第二章　形式直观：符号现象学的出发点

**【本章提要】**　意义是许多当代思想学派共同关心的问题，符号学集中探研意义的形式规律。符号学与现象学有相当大的结合部，“意识”与“意义”紧密相连，胡塞尔的现象学详细讨论符号问题，而皮尔斯试图将符号学建立于一种现象学基础之上。正由于此，它们在一系列要点上类似，例如意向性、对象与观相、意义对意识的作用等；但也在一些问题上出现分歧，尤其是符号与事物的区别。符号现象学试图回应这两个学派主要理论家的观点，把现象学的某些方法应用到符号学的论域中，以“形式直观”为中心，解剖意义的初始产生过程，以重新整理符号学的理论基础。

## 一、何为“形式直观”？

意义问题，意义与符号的关系，是20世纪初以来的各批评学派共同关心的课题，可以说是当代思想的核心问题，符号不仅是意义传播的方式，更是意义产生的途径。符号学作为集中探研意义的学问，更关注意义的形式问题。意义必用符号才能承载（产生、传达、理解），符号只能用来承载意义。德里达说：“从本质上讲，不可能有无意义的符号，也不可能有无所指的能指"[1]，没有不承载意义的符号，也没有无需符号承载的意义。本章讨论的"形式直观"问题，目的是回答意义是如何产生的：意识面对的"事物"是如何变成意义对象，又如何进一步变成意义载体，也就是意向性是如何把对象变成符号的。这个过程，在本章中称为"形式直观"。因为它直接卷入了意识、意向性、事物、对象，它在意义活动中的基本功能，是符号现象学首先要解决的问题。

皮尔斯从 19 世纪后半期就在符号学论域内思考现象学问题，他到晚年才知道胡塞尔，只是在笔记中提了胡塞尔的名字，实际上胡塞尔的现象学比皮尔斯晚出。施皮格伯格说皮尔斯"很熟悉胡塞尔的逻辑学"（见施皮格伯格：《现象学运动》，王炳文、张金言译，北京：商务印书馆，1998 年，第 52 页），他没有提出根据。皮尔斯晚年的笔记中两次提到胡塞尔的名字，但是对胡塞尔的学说没有任何说明。[2] 由于皮尔斯集中于思考符号学理论，他的现象学体系相当特殊，他的讨论基本局限于描述符号范畴的"三性论"，[3] 他甚至在"现象学"（phenomenology）与"显象学"（phaneroscopy）等学科名称上摇摆不定。[4]

最早结合两个学派的是第二次世界大战后梅洛-庞蒂的"生存符号学"，近年在这个方向努力的有拉尼根和索乃森等[5]，但是至今学界并没有形成一个清晰的符号现象学论辩体系，甚至未能清理出一个基本的论域。笔者认为，符号现象学应当如皮尔斯所考虑的那样，是符号学理论的一部分，是从当今的符号学（而不是现象学）运动的需要出发，回顾皮尔斯，重建符号学哲学基础的努力。看起来本章与现象学有所异

---

① 雅克·德里达：《声音与现象：胡塞尔现象学中的符号问题导论》，杜小真译，北京：商务印书馆，1999 年，第 20 页。

② 见 C. S. Peirce, *Collected Papers*, Cambridge, Mass.: Harvard University Press, 1931—1958, Vol. 4, p. 7; Vol. 8, p. 189.

③ 参见纳桑·豪塞："皮尔斯、现象学和符号学"，见保罗·科布利编：《劳特里奇符号学指南》，周劲松、赵毅衡译，南京：南京大学出版社，2013 年，第 98—110 页。

④ 皮尔斯：《皮尔斯：论符号》，赵星植译，成都：四川大学出版社，2014 年，第 8 页。

⑤ 参见 Richard L. Lanigan, "The Self in Semiotic Phenomenology", *The American Journal of Semiotics*, Issue 1/4, 2000, pp. 91—111; Goran Sonesson, "From the Meaning of Embodiment to the Embodiment of Meaning: A Study in Phenomenological Semiotics", in Tom Ziemke & Jordan Zlatev (eds.), *Body, Language and Mind*, Berlin: Mouton de Guyter, 2007, pp. 85—127。

议，实际上只是吸收了现象学的一些基本概念与方法，试图回顾并丰富皮尔斯的符号现象学，而没有任何重写现象学的企图，也没有任何“反驳”胡塞尔的想法。在个别问题上，例如在符号与事物的关系上，似乎与现象学有所争论，实际上是论域不同。

意向性，就是意识寻找并获取对象意义的倾向，是意识的主要功能，也是意识的存在方式。意识的“形式直观”，是意识获得意义的最基础活动。形式直观的动力，是意识追求意义的意向性。意识把“获义意向活动”（noesis）投向事物，把事物转化成“获义意向对象”（noema），在这个过程中获得意义。

这一对源出希腊文的术语，中译歧出极多，有“意识活动-意识对象”；“意向活动-意向对象”；“意向性活动-意向性对象”等。对 noema 的翻译，又有“对象”与“相关项”之分，所谓“相关项”，即是“意义”的另一种说法。“对象”并不等于“意义”，二者应当区别。这对词的希腊词根 nous，指的既是“心灵”（mind），又指“认识”（intellect），这些译法的分歧，来自原概念的多义性。

事物面对意识的意向性压力，呈现为承载意义的形式构成的对象，以回应此意向，意义就是主客观由此形成的相互关联。本章把 noesis 称为意识的“获义意向活动”，而把 noema 称为“获义意向对象”（为行文简洁，本章经常会称作“获义活动”和“获义对象”），长了一些，或许更清楚明了：由于意识对意义的追寻，才出现这一对关键范畴。

本章把获得意义的初始过程，称为“形式直观”（建议英译 formal intuition）。所谓“初始”，就是第一步，即皮尔斯所谓“第一性”（firstness）。皮尔斯认为符号意义活动普遍必有三个阶段：符号的“第一性”即“显现性”，是“首先的，短暂的”，例如汽笛的尖叫；当它成为要求接收者解释的感知，就获得了“第二性”（secondness）；然后出现的是“第三性”（thirdness），只有到那时，“我们会对于我们所看到的事物形成一个判断，那个判断断言知觉的对象具有某些一般的特征"[1]。意义活动不会停留在初始阶段，意义的积累、叠加，构成第二性的认识记忆；意义的深化，构成第三性的理解与筹划。

本章只讨论意义活动的初始发生，也就是说，只局限于形式直观所涉及的第一性阶段。皮尔斯明确声称："就我所提出的现象学这门科学而言，它所研究的是现象的形式因素。"[2] 形式直观也是一种直观，但与胡塞尔现象学的出发点"本质直观"不同。二者相似的地方只在于对"意向性"和"直观自明性"的理解，胡塞尔说："在直观中原初给予我们的东西，只应如其被给予的那样，而且也只在它在此被给予的限度内被理解。"[3] 意识之"形式直观"之所以成为意义活动的根本性出发点，原因有二。第一，"直观"的动因是自明的，意识的"追求意义"本性，是获义意向活动之源；第二，作为直观对象的"形式"，如皮尔斯的定义，是"任何事物如其所是的状态"[4]，即对象最基本的无可遮蔽的显现。

胡塞尔现象学讨论的关键点是"本质直观"（essential intuition），即"观念直观"（ideation）。本质直观中被给予的不仅有感性个体，而且有关系范畴，及本质观念。究竟直观是否能通过观念化抓住事物本质？符号现象学并不讨论这个问题，因为符号学关心的是意义的生成和解释，由此获得的意义是否为事物本质，不可能在形式直观中考虑。皮尔斯建议把符号现象学直观的范围，缩小到对象初始的形式显现："关于现象学的范畴和心理事实（脑或其他事件）之间的关系，它又极其严格地戒绝一切思辨。它不从事，而是小心翼翼地躲避进行任何假定性解释。"[5] 他建议把对事物的进一步理解，推迟给形式直观之后的经验认

---

① 科尼利斯·瓦尔：《皮尔士》，郝长墀译，北京：中华书局，2003年，第25—27页。

② C. S. Peirce, *Collected Papers*, Cambridge, Mass.: Harvard University Press, 1931—1958, Vol. 1, p. 284.

③ 埃德蒙德·胡塞尔：《纯粹现象学通论》，李幼蒸译，北京：商务印书馆，1992年，第84页。

④ Form is "that by virtue of which anything is such as it is". Max Fisch (ed.), *The Writings of Charles Sanders Peirce*, Bloomington: Indiana University Press, 1981—1993, Vol. 1, p. 371.

⑤ C. S. Peirce, *Collected Papers*, Cambridge, Mass.: Harvard University Press, 1931—1958, Vol. 1, p. 287.

识累积去解决。这不是符号现象学“有意扭曲”现象学。作为意义理论基础的符号现象学，只是回顾并吸收现象学的一些方法，应用于符号学的基础建设。它与现象学在一系列关键性问题上，看法可以不同，因为各自的论域很不同。

意识的这种初始获义活动是一种直观，是因为意识的题中应有之义，就是寻求意义。为什么意识寻找意义？这一点无需辩护，甚至无须证实，因为它是意识主体存在于世之必需，皮尔斯称之为心灵与“真相”天生的亲近[①]。意识的存在不可能不追求意义，因为人生存于一个由意义构成的世界之中，只要意识功能尚在，就不可能一刻停止意义的追寻。意识的获义活动能否如意地获得“真相”，则是另一回事，需要另外讨论，但是追寻意义的活动本身，是意识存在于世的方式。

因此，形式直观作为初始获义活动，是自我澄明的。也就是说，主体意识产生获取意义的意向性，这个需要，以及这种能力，是自我的内在明证性的立足点，也是符号现象学的起点根据：获取意义的意向活动，无需他物作为其根据。与之正成对比的是：对象给出意义回应，不是自发的，而是获义意向施加压力的结果。

只有追寻意义的意识，才是不变的出发点。一旦人的意识不追寻意义，意识就中断，因为意识就是追寻意义的精神存在。《孟子·告子上》“心之官则思，思则得之，不思则不得也，此天之所与我者。”[②] 孟子这段话说得很清楚：感觉并不是意义的首要条件，意识（“心”）的意向性功能（“思”）才是。“思则得之”的，是对象世界，对象是“思”的产物，而意识对意义的这种追求，是“天之所与我”的本能。

并非所有的心理活动都是意识的体现，精神病患者、错觉幻觉者、失去知觉者，一旦他们的意识不再持续地追寻意义，就不具有意识。在这个意义上，睡眠的确可以被看作死亡或精神病态的预演，睡眠中断了意识对意义的追寻，只有靠梦，朦胧模糊地、断续挣扎地维持获义

---

① 皮尔斯：《皮尔斯：论符号》，赵星植译，成都：四川大学出版社，2014 年，第 15 页。

② 焦循：《孟子正义》，北京：中华书局，1987 年，第 796 页。

活动。

形式直观不可能取得对对象的全面理解，任何深入一步的理解，就必须超出形式直观的“初始获义”范围。无论什么事物，都拥有无穷无尽的观相，所谓“一花一菩提，一沙一世界”。在特定的初始获义活动中，只有一部分观相落在意向的关联域之内。例如，我们看到某人一个愤怒的表情，这个感知让我们直观到愤怒这个意义，但是此人愤怒的原因，此人如此愤怒的生理心理性格机制，却远远不是一次形式直观能解决的，需要许多次获义活动的积累，才能融会贯通理解，也很可能永远无法“正确地”理解。皮尔斯指出：认识累积，才有可能“把自己与其他符号相连接，竭尽所能，使解释项能够接近真相”[①]。认识理解，必然不再局限于初始形式直观，而需要进一步的符号意义活动。但所有进一步的理解，首先需要第一步的形式直观来启动。

形式直观是意识与事物的最初碰撞产生的火花，没有这个意义反应，就不会有此后的链式认识活动，就没有符号学的所谓“无限衍义”(unlimited semiosis)，不可能进入属于认知过程第二性的理解，更没有属于第三性的范畴分辨与价值判断。皮尔斯认为：“真相，是每个符号的最终解释项。”但是无限衍义使符号过程不可能有终结，因此“真相”只是吸引我们持续认知努力的目标，我们每一步认知能接近这个目标。对事物的认识，可以逐渐加深，逐渐扩大，甚至进而深入事物的本质，但是这些不是形式直观所能做到的。

那么，究竟什么是意义？胡塞尔一再强调：意义并不是意向对象，相反，意义总是意向性活动。因此，当自称继承胡塞尔意义理论的赫施说“一切意向性对象的一般属性就是意义”[②]，论者认为是违背了胡塞尔的原意[③]。笔者认为，意义可以定义为这样一个双向的构成物：意义

---

① 皮尔斯：《皮尔斯：论符号》，赵星植译，成都：四川大学出版社，2014年，第15页。

② E. D. Hirsch, *Validity in Interpretation*, New Haven: Yale University Press, 1967, p. 218.

③ R. 马格欧纳：《文艺现象学》，王岳川、兰菲译，北京：文化艺术出版社，1992年，第113页。

是意识的获义活动从对象中得到的反馈，它能反过来让意识主体存在于世，因此，**意义就是主客观的关联**。这样一个定义符合海德格尔的看法："在领会着的展开活动中可以加以勾连的东西，我们称之为意义。"[①] 而且"严格地说，我们领会的不是意义，而是存在者和存在"[②]。而且，意义也是主客观互相构成的方式：不仅是意识构成对象，而且意识由于构成意向对象从而被意义所构成。梅洛-庞蒂的话"景象用我来思考它自己，我是它的思维"[③]，点明了意义关系中的相互建构原则：对象必然是意识的对象，而意识也必然是对象的意识。

王阳明《传习录》的名言——"身之主宰便是心，心之所发便是意，意之本体便是知，意之所在便是物"[④] ——把意识追求意义的关键层次，说得相当清楚："身之主宰便是心"，自我的主体存在就是自我的意识；"心之所发便是意"，意识的主要功能就是发出意向性；"意之本体便是知"，这种意向性的根本目的就是获得意义；"意之所在便是物"，获义意向性的压力让事物变成对象。

很多学者注意到王阳明这段话与现象学遥相呼应，二者异同之处，也得到不少辩论。[⑤] 笔者认为这段话更适合于符号现象学的形式直观论：王阳明所说的"意"不是纯主观的"心"，而是心发出的"意向性"；"物"可以被理解成"对象"。王阳明还有一段话，支持本章这种理解："凡意之所用无有无物者，有是意即有是物，无是意即无是物矣。"[⑥] 如果没有获义意向性的压力，事物不会成为对象，而一旦有"意之所用"，即"有是物"。

---

① 马丁·海德格尔：《存在与时间》，陈嘉映、王节庆译，熊伟校，北京：生活·读书·新知三联书店，1987 年，第 185 页。

② 同上书，第 186 页。

③ Maurice Merleau-Ponty, "Cesanne's Doubt", Galen Johnson & Michael B Smith (ed. & tr.), *The Merleau-Ponty Aesthetics Reader: Philosophy and Painting*, Evanston, IL: Northwestern University Press, 1993, p. 59.

④ 王守仁：《王阳明全集》，上海：上海古籍出版社，2014 年，第 6 页。

⑤ 参见林丹：《境域之中的"心"与"物"——王阳明心物关系说的现象学分析》，《江苏社会科学》2010 年第 2 期。

⑥ 王守仁：《王阳明全集》，上海：上海古籍出版社，2014 年，第 8 页。

但是形式直观的意义定义还有个回应过程，我们可以沿着王阳明的话，再加一句，物之应意便是心。王阳明也清楚地了解，意识靠意义的回应才得以构成："目无体，以万物之色为体；耳无体，以万物之声为体；鼻无体，以万物之臭为体；口无体，以万物之味为体；心无体，以天地万物之是非为体。"[①] 对象给予获义意向性的意义回应，反过来构成意识。它们的关系形成（心灵）意识→（获义）意向→（对象事物给予）意义→（心灵）意识，这样就完成了一个意义构成主客观的循环。

## 二、获义对象是事物还是符号？

获义意向活动的对象，究竟是事物，还是符号？这是符号现象学不得不面对的一个大问题。笔者在《符号学》一书中提出符号的定义是"被认为携带着意义的感知"[②]。既然意义必须通过符号才能表现，形式直观创造的"对象"，就应当既是符号，亦是事物，更明白地说，是"以符号方式呈现的事物"。事物在形式直观中呈现为对象，就是为了提供携带意义的观相。

事物呈现为对象，对象提供感知作为符号，这过程的两端（事物与符号）在初始形式直观中结合为同一物，是意向对象的两个不同的存在于世的方式。二者的不同是：事物是可以持续地为意识提供观相，因而意识可以进一步深入理解事物，而符号则为本次获义活动提供感知，要进一步理解事物，就必须如皮尔斯说的"与其他符号结合"。因此皮尔斯非常明确地说："品质的观念是现象的观念，是单子的部分现象。它与其他部分或构成成分无关，不涉及其他东西。我们绝不考虑它是否存在……经验是生活的过程。世界是经验的反复灌输。品质是世界的单子成分。"[③] 他的意思是说，符号是个别意义活动中的存在，而事物是持

① 王守仁：《王阳明全集》，上海：上海古籍出版社，2014 年，第 108 页。

② 赵毅衡：《符号学》，南京：南京大学出版社，2012 年，第 1 页。

③ C. S. Peirce, *Collected Papers*, Cambridge, Mass.: Harvard University Press, 1931—1958, Vol. 1, pp. 310-311.

久的意义活动中的存在，事物有回应意向活动的持续性。但是，如果我们只局限于讨论特定的、一次性的初始获义活动，那么事物给出的对象观相即是符号，事物在形式直观中成为符号。

有不少讨论符号的学者，强调区分事物与符号，主要是因为他们把符号看作意义的替代，或看作得到意义后进行传送所用的工具。胡塞尔认为符号是直观之后的“非直接”意义，并非第一性的，他认为“直观行为”与“符号行为”是两种不同的表象，取决于“对象究竟是单纯符号地，还是直观地，还是以混合的方式被表象”①。他认为直观表象是“本真的”，而符号表象是“非本真的”，也就是次生的。正因如此，舍勒反对卡西尔把人定义为“使用符号的动物”，而要求“从符号返回事物，从概念的科学和满足于符号的文明返回到直观地经验到的生活”②。

有些叙述学家，也认为直接感知经验，并不是符号，例如普林斯完全否认梦是符号构成的叙述。③ 在他看来符号文本必须媒介化，能给别人看，而经验的“心像”本身，除非用其他符号表现，无法与人分享；吉尔罗也强调：“正在做的梦是经验，不是文本”，她的理由却是“（媒介）文本有边界，形成整体结构”，④ 经验的心像不构成符号文本。

但是也有论者发现这二者的区分，并没有那么清晰。文化哲学家霍尔提出：人类面对的是两套“再现体系”：“一是所有种类的物、人、事都被联系于我们头脑中拥有的一套概念或心理表象”；而第二个再现系统是符号，即“我们用于表述带有意义的语词、声音或形象的术语”⑤。霍尔实际上承认：既然“事物的概念与心理表象”，与各种符号一样，

---

① 埃德蒙德·胡塞尔：《逻辑研究》第二卷上编第一部分，倪梁康译，上海：上海译文出版社，1998年，第52页。

② 赫伯特·施皮格伯格：《现象学运动》，王炳文、张金言译，北京：商务印书馆，1998年，第400页。

③ Prince Gerald, “Forty-One Questions on the Nature of Narrative”, *Style*, Vol. 34 (2000), pp. 317—327.

④ Patricia Kilroe, “The Dream as Text, The Dream as Narrative”, *Dreaming*, Vol. 10 (2000), No. 3, p. 127.

⑤ 斯图亚特·霍尔：《表征：文化表征与意指实践》，徐亮、陆兴华译，北京：商务印书馆，2013年，第22—23页。

都是用来“再现”意义的，那么它们至少在意义活动中很难区分。

笔者认为，事物与符号，的确有本质区别，上面已经谈到，它们的意义持续性非常不同。只是在特定的初始获义活动中，二者无法区分，因为此时事物呈现为符号。对象对获义意向提供观相以构成意义，这种观相来自哪一具体事物，在形式直观阶段并不一定能区分，也并不一定要区分。一个苹果的鲜红，一个蜡像或一幅画面上的苹果的鲜红（某些人只承认后两种为符号），一样可以引向“新鲜”“可食”“可观赏”等意义；一个笑容，在人脸上，在照片上，在视屏上，都可以引向“和蔼”“可亲近”等意义。一个人醒来时听到清晨农村一天开始时的各种声音，这究竟是身处农舍听到的自然声音，还是有人在放录音，给他的意义并无二致。这不是说事物与图像这样的人工符号之间难以区别，而是说在初始形式直观中，这两者无从区别。

符号现象学与现象学的这种分歧，起源在于对符号本质的理解。主张事物不同于符号的学者，可能心底里认为符号是靠“一物代一物”（Aliquid stat pro aliquo）被用作意义替代的：有了意义，需要传送，才需要符号。这个误解从符号学形成之初就已经出现，皮尔斯曾指出：“（维尔比夫人提出的）‘表意学’（significs）比符号学的范围小了一些，因为‘表意’（signification）仅仅是符号的两个主要功能之一。”[①] 另一个主要功能就是意义的接收。大半个世纪之后，福柯对符号学的误解如初，他说：“我们可以把使符号‘说话’，发展其意义的全部知识，称为解释学；把鉴别符号，确定为什么符号成为符号，了解连接规律的全部知识，称为符号学。”[②] 福柯明显说的是索绪尔符号学，实际上在皮尔斯的理论中，符号学的重点落到意义的解释上。近年符号学的发展，重点更落在接收这一端。

---

① C. S. Peirce, *Collected Papers*, Cambridge, Mass.: Harvard University Press, 1931—1958, Vol. 8, p. 378.

② Michel Foucault, *The Order of Things*: *An Archeology of Human Sciences*, Alan Sheridan (tr.), London: Routledge, 2002, p. 33.

意义并不出现在符号之先，凡有意义时，就必然已经有符号承载意义。苹果“新鲜”的意义，并不一定在用另外的媒介（例如图像或视屏）来传送时才需要符号，苹果自身成为意识对象，就是其鲜红的观相成为符号的结果。不是一定要被“媒介”携带并传达的时候，才成为符号。实际上，当意识感知到事物的某个观相，就把事物变成了认识对象，在意识的“共现”（appresentation）中，片面性的观相，就已经成为事物的符号，这两者之间已经出现了部分指向整体的符号表意关系。既然符号的定义，是被认为携带着意义的感知，那么观相反馈意义给意识，它就是一个符号。正因如此，“真实的”苹果与苹果的蜡像或照片，在初始形式直观中，意义功能可以相同。当我们把符号学的重点从发送者移到接收者，把接收者看成面对对象的意识，事物与符号的区别，在形式直观中暂时不存在。

胡塞尔曾相当详细讨论过蜡像馆中蜡像与真人的区别，他说“一旦我们认识到这是一个错觉，情况就会相反。”[①] 因为到此时，我们才会意识到二者“质的”区别。那么，在认识到错觉之前，二者的意义是相同的。美术理论家贡布里希的下面这段论述，也在强行区分事物-符号：“植物课上使用的花卉标本不是图像，而一朵用于例证的假花则应该算是图像。”[②] 标本是真花，而这位植物课老师手里拿的是假花。但是对于课堂上学生进行的这一次获义活动而言，假花（符号）与真花（事物），如果形式相同，初始获义会有什么差别呢？除非有人已经看出形式不同，那样就是对象不同导致意义不同。

甚至，观相的明显差异，在实践的意义活动中也能因各种原因而暂时搁置，条件是主观上忽视差异点：花卉画能让鸟糊涂；美人画能让柳梦梅坠入情网（这是感情引发的超常识认同）；听到曹操说“梅子”，见到梅子的画，闻到梅子的味道，与看到梅子，尝到梅子，意义效果也会

---

① 埃德蒙德·胡塞尔：《逻辑研究》第二卷上编第一部分，倪梁康译，上海：上海译文出版社，1998年，第491页。

② E. H. 贡布里希：“视觉图像在信息交流中的地位”，见范景中选编：《贡布里希论设计》，长沙：湖南科技出版社，2001年，第111页。

很相似；在现场看足球，与看电视现场直播，甚至看重播（只要不事先知道比分），所获得的意义是相同的。有人可以说二者很不同，电视上感觉不到现场的气氛，但是电视也给我们现场看不到的细部，现场与转播如果提供的观相相同（例如在我这种“伪球迷”眼中），形式意义就相同。

因此，事物与符号，在形式直观中，没有根本性的区别。奥格登与瑞恰慈在讨论意义的定义时指出：“我们的一生几乎从头到尾，一直把事物当作符号。我们所有的经验，在这个词最宽的意义上，不是在使用符号，就是在解释符号。”[①] 胡塞尔其实也清楚事物与符号在意义活动中潜在的同一性：“最终所有被感知之物，被虚构之物，符号性地被想象之物和荒谬，都是明证地被给予的。”[②] 德里达在批评胡塞尔的符号理论时指出：“如果把符号看作一种意向运动的结构，那符号不就落入一般意义上的物的范畴?”[③] 而德勒兹的声明更为明确：“事物本身与事物被感知其实是一回事，呈现同一个形象，只是各自被归为两种不同的参考系统。”[④] 这种“归于参照系统”，需待形式直观后的进一步认识。

意义必然是符号的意义，符号不仅是表达意义的工具或载体，符号也是意义产生的条件：有符号才能出现意义活动。意义形式直观所面对的事物，在这时候也让有关的观相呈现为符号，让自己成为符号所指的意义。在意识的获义活动中，事物与符号无区别，原因非他，因为落在获义活动中的对象，已经非事物本身，而是获义活动所需意义的提供者。

---

① C. K. Ogden & I. A. Richards, *The Meaning of Meaning*, New York: Harcourt, Grace & World, 1946, pp. 50—51.

② 埃德蒙德·胡塞尔：《纯粹现象学通论》，李幼蒸译，北京：商务印书馆，1992年，第53页。

③ 雅克·德里达：《声音与现象：胡塞尔现象学中的符号问题导论》，杜小真译，北京：商务印书馆，1999年，第30页。

④ 吉尔·德勒兹：《电影Ⅰ：影像运动》，黄建宏译，香港：远流出版公司，2003年，第126页。

## 三、形式还原

所谓“还原”，就是简化成最基本的要素。意识要获得意义，意向活动必须排除所有与获义活动无直接关联的因素。上面已经说过，事物在获义意向性的压力下，被还原为提供意义的观相所组成的对象。形式还原的第一步就是“悬搁”（epoché）：获义意向活动把事物的某些要素“放进括弧”，存而不论，排除在外。事物与符号，在形式还原中无从区别，因为意识的形式直观，首先悬搁了对象的“事物性”（thingness）。

在意义产生过程中，事物失去事物性。皮尔斯对此的解释比较清楚：“现象学与它所研究的现象，在多大程度上和实在相符合这个问题没有关系。”[①] 他在另一处进一步说明：“红色的品质取决于任何人实际上都看到了它，因此在黑暗中红色就不再是红色。”[②] 鲜红的颜色和形状说明苹果的存在，而在黑暗中，红色消失，我们知道苹果的颜色也只是在记忆中。此时形式直观只能依赖于别的观相，例如触摸圆润，嗅闻香甜。因此，在初始获义意向活动中，对象失去事物性，被形式还原成符号感知。甚至，在符号学中，关于意识是否能掌握事物本质的考虑，即“本质直观”的可能性，也在被形式还原暂时悬搁之列。

在所有的获义意向活动中，事物必须靠形式还原才能具有意义给予能力。意识中最初呈现的一切都是感知表象，皮尔斯在讨论第一性的“现象的性质”时，称之为“显象素”（phaneron），即“此时此刻在心灵里的显现”。“显象素”既是事物又是符号，因为“显现”的只是部分观相。经过这种形式还原，主体意识面对的事物，就降解成为携带意义的符号感知。获义意向活动的对象，本来就是意向性的构造物。意识要获得意义，第一步是“面向事物的形式本身”，获义意向划出事物被感知的范围，这是获得意义必要的前提。

---

① C. S. Peirce, *Collected Papers*, Cambridge, Mass.: Harvard University Press, 1931—1958, Vol. 1, p. 287.

② Ibid., p. 418.

意向活动的投出不仅有方向（投向某个对象），而且对相关的观相有所选择。这种选择“悬搁”了与本次获义活动不相关的观相，忽视不期而然落入感知的“噪音”，并且把相关观相分解成“背景区”“衬托区”与“焦点区”。事物的形式被意向性如此处理，意向性显得像个手电筒，只照亮事物形式的一部分，把它变成对象，而且聚焦于更小的一部分，在此获得最多的意义，其余都被悬搁、被当作噪音、当作背景、当作衬托。把意向性比作手电筒，过分空间化，不适用于多样化的（例如嗅觉味觉方向的）获义活动，但是它比较生动地说明了意向性如何把事物变成对象，激活出意义来，而且让对象呈现一种“非匀质”状态。

在意识追求意义的过程中，每一个事物，都有可能呈现有关观相，而成为意义的符号载体；反过来，每一个符号载体，也可以因为所携带意义消失，而降解为不携带意义的事物。由此，每一个事物，每一个符号，都是表意性与物性复合的“符号-物”双联体。哪怕是人工制造的最彻底的“纯符号”，例如言语、文字、图画、标记、纸币，等等，都有物的成分。符号的这些物成分（例如涂抹可以遮盖，纸币可以点火），一样具有物的无穷观相。既然任何物都是一个“符号-物”双联体，它就可以向纯然之物一端靠拢，完全成为物，此时它与意义活动无关；它也可以向纯然符号载体一端靠拢，不作为物存在，纯为表达意义，或更确切地说，纯为本次意义活动提供符号载体。人在付钱时，使用事物的观相携带的符号意义，纸币的物品质，例如纸币的硬度，不参与本次具体的意义活动，除非纸币过于破烂使其意义可疑。任何符号-物都在这两个极端之间滑动，因此，绝大部分物都是偏移程度不一的符号-物，其使用部分与表达意义部分的“成分分配”，取决于特定的获义意向。

从这个基本理解出发，可以看出，被形式还原成为获义活动对象的符号-物，可以有四类：

第一类是自然事物（例如雷电、岩石），它们原本不是为了“携带意义”而出现的，它们“落到”人的意识中，被意识符号化，才携带意义：雷电被认为显示天帝之怒，或预兆暴雨将至，岩石可以看作矿脉标记，或自然界鬼斧神工；

第二类是人工制造的器物（例如石斧、碗筷、食品），原本也不是用来携带意义的，而是使用物。这些事物，当它们显示“被认为携带意义”的观相时，也就是被“符号化”时，就成为符号：石斧在博物馆成为文明的证据，食品放在橱窗里引发我们的食欲；

第三类是人工制造的“纯符号”：完全为了表达意义而制造出来的事物，例如语言、表情、姿势、图案、烟火、货币、游行、徽章、旗子、棋子、游戏、体育、艺术，等等，它们不需要“符号化”才成为符号，因为他们本来就是作为意义载体被制造出来的。上文已经说过，它们在一定场合，也可以降解为物；

第四类是看起来几乎无任何物性的“纯感知”，例如心像（错觉、梦境等），“应有感知而阙如”造成的“空符号”（如沉默、无表情等），它们作为符号存在，是因为它们也是“被认为携带意义的感知”。梦中的家乡、音乐中的休止、绘画中的留白，都是携带意义的符号感知。

既然任何符号-物，都不外乎这四类，而这四类都可以变成符号来表达意义，而它们表达意义的部分都只是符号，而不是事物，那么在表达意义的时候，上面的分类中，“原先的”事物，与“原先的”符号，没有本质差别。符号现象学探究如何获得意义，要做的是“形式直观”，就不必，也无法区分这四者何者只能为物，何者只能为符号。

在形式还原时，要悬搁事物的事物性，也需要悬搁符号-物与本次的意向活动不相干的诸种观相。因此，被获义活动选择出来构成对象的，不是事物本身，而是事物的特定观相。事物不需要全面被感知才携带意义，让事物的过多观相参与对象之形成，反而成为获意的累赘，因为噪音过多。形式还原并不使符号回归事物自身，恰恰相反，符号因为要携带意义，迫使对象“片面化”，成为意义的简写式。

这种片面化，是获义活动之必须：无关品质不仅可以忽视，而且必须忽视，不然意义活动就会遇到困难。如果汽车按喇叭，你听到就必须马上躲避，甚至不去看汽车一眼，此时符号就使整个事物极端片面化，只剩下喇叭声音这一感知；而当朋友向你炫耀豪车，此时你就会注意到标牌的样式和车身的光鲜：那当然也是片面化，是另一种片面化。因此，初始获义意向活动要追寻意义，事物就只剩下与意义相关的观相组成对象。正因有这样一个意向性选择，事物在意向性压力下还原为符号。

所以符号载体不仅不是物，甚至不是感知集合，而只是与获义意向活动相关的某个或某些观相的临时显现。也正因为这个原因，同一事物，可以承载完全不同的符号。例如一个苹果，意义可以有关美味、有关水分、有关外形美，等等：同一个苹果，在被不同意向性激活后，显现的观相不同，产生的意义不同。

这就是为什么本章一再强调，事物与符号感知，在形式直观中，对意识而言是等值的。只不过事物是可供进一步认识的无穷观相的寄宿地，可以持续地回应需要意义累加才能形成的理解活动。继续沿用上面举过的乡间晨音的例子，如果我听到此“天籁”后起身，看一看、嗅一嗅、摸一摸，事物的其他观相就成为新的符号，回应我的新的获义意向活动，此时事物不同于符号的“意义持续性”就显示出来了，意识也就渐渐接近“真相”。意义一旦累加：我就可以进一步理解农村田园生活，或是进一步理解 CD 音响，到这个时候，前者被称为事物，后者被称为符号，或许才有道理。

# 第三章　身份与文本身份、自我与符号自我

**【本章提要】** 人的各种社会活动都需要身份，自我则是这些身份的集合之处。文化的表意与解释活动需要文本身份，而各种文本身份可以集合成符号自我。只要有意义表达，就必须有文本身份；只要自我卷入文化的各种意义活动，就可以集合成复杂的，有准自我品格的符号自我。这样的自我，可以在过去、现在、将来之间，在主我与宾我之间做水平位移，也可以随着表意的社会-生理品格作上下位移。因此，身份是处理意义过程的前提，而自我是符号活动的产物。

## 一、自我与身份

理想的符号表意行为发生在两个充分的自我之间：一个发送自我，发出一个符号文本，给一个接收自我。发出自我在符号文本上附送了它的意图意义，符号文本携带着意义，接收者则推演出他的解释意义。这三种意义常常不对应，但是传达过程首尾两个自我的“充分性”，使表意过程得以顺利进行。

在这里，“充分性”并不是自我资格能力的考量，而是有足够的自觉性处理意义问题，因此符号意义的传达考验自我是否成立：自我意识

并不是意义对错或有效性的标准，而是表意活动双方是否互相承认对方是符号游戏的参加者，只有承认对方，表意与解释才得以进行，而承认对方的“他者”自我，是自我确立的条件，因为只有这样才会出现表达的意向。德里达在《声音与现象》一书中说：“表述是一个自愿的，坚定的，完整地意识到意向的外化。如果没有使符号活跃起来的自我意向，如果自我没有能赋予符号一种精神性，那就不会有表述。”[①]

这样理解的自我，是相互的，是应答式的，以对方的存在作为自己存在的前提。自我并不能单靠冥思而建立：自我必须在与他人，与社会的符号交流中建立。自我是一个社会构成，靠永不停止的社会表意活动构筑自己。

理解了这一点，我们就可以区分自我与身份：身份是任何自我发送符号意义，或解释符号意义时必须采用的一个“角色”：与对方，与符号文本相关的一个人际角色或社会角色。身份不是孤立存在的，人如果面对的完全只是自己，可以把自己幻想成任意身份，那么身份就可以随意变化，但是只有精神分裂者，在自己心中，用不同身份传送并接收符号。

人一旦面对他人表达意义，或对他人表达的符号进行解释，就不得不把自己演展为某一种相对应的身份。对于一个特定的人，他有可能，或有能力，展示（或假扮）某些身份，而无法，或很难，展示另一些身份：老人不便“装嫩”，无知者很难展示学者身份，男子很难装女子身份。但是身份是有弹性的：写作时的性角色（例如女作家乔治·艾略特用男人身份写作），可以有真有假；同性恋中的性角色，就难以说是假的，因为没有“真的”性别身份：对身份，不能轻易谈真假，或者说，没有身份是“本真”的。

但是身份是表达或接受任何符号意义所必须，是表达与接受的基本条件，自我的任何社会活动，都必须依托一个身份才能进行：我们可以

---

① 雅克·德里达：《声音与现象：胡塞尔现象学中的符号问题导论》，北京：商务印书馆，1999年，第3页。

以教师身份对学生说话，以法官身份对疑犯进行审判，以观者身份迷恋一部电视剧：不可能想象不以一种身份进行社会表意或解释。面对同样一条命令，发号施令者的身份不同（父亲、长官、法官、教师），一个人就不得不采用对应的身份（儿子、士兵、犯人、学生），他的解释，也就在这个身份上建立。他可以拒绝采用这些身份，采用别样的（例如逆子）身份，这样父亲的话就失去命令的权威性，同样的符号文本，意义就会不同。因此意义的实现，是双方身份对应（应和或对抗）的结果，没有身份就没有意义。

人的任何活动都采取一种身份，人不可能以纯粹的抽象的自我进行意义活动。在表达或接受一种意义时，任何自我无法逃避采用一种身份，社会把这些符号交流身份分作很多类别范畴：性别身份、性倾向身份、社群身份、民族身份、种族身份、语言身份、心理身份、宗教身份、职业身份、交友身份，等等，随着文化局面的变化，还会有新的身份范畴出现，例如最近出现的网络身份（online identity）。

自我是各种身份的出发点，也是各种身份的集合之处。那么自我是否就是个体的各种身份之集合？有的学者似乎是如此考虑的。著名心理学家威廉·詹姆斯的描述极为通俗："自我"就是"我所拥有的一切"，例如身体、能力、房子、家庭、祖先朋友、荣誉、工作、地产、银行账户。[①] 的确在每一个"拥有"中都出现身份问题。查尔斯·泰勒也认为认同构成自我，而人的社会行为不得不不断地作认同。[②]

身份似乎是每次表意或解释的临时性安排，但是一个人有一个自我作为他的各种身份的出发点，这些身份就有了三种特征："独一性"（uniqueness），是该自我有充分自觉能力的选择；"延续性"（continuity），符合该自我的一贯性；以及"归属性"（affiliation），导致该自我的社会关系。

---

① William James, *The Principle of Psychology*, Vol. II, New York: Dover Publications, 1959, p.291.

② Charles Taylor, *Sources of the Self: The Making of the Modern Identity*, Cambridge, Mass.: Harvard University Press, 1989.

这三种关系并不真实，实际上是三种“感觉”，身份取决于感觉，是自我“觉得”如此，因此最好称之为“独一感、延续感、归属感”。自我是这些身份感觉集合的地方：一旦自我消失（例如死亡，例如昏迷，例如“随波逐流”拒绝思考自己为何采取某种身份），这些身份感觉也就无以存身。

身份与自我有明确的区分：身份必是社会性的，自我是个人性的，两者结合成社会性自我。正因为身份的社会性，它能够被偷窃借用（例如假新娘，例如双面间谍，例如假冒他人进大学）。正因如此，我们必须假定一个相对稳定的自我的个人性，不能让它随心所欲地变化：只有自我才能对一个人采取的真真假假的身份负责。

自我是如何获得这些身份的？人际互动的身份建立过程有三个步骤：第一步是“范畴化”，即是把相对于自我的他人贴上标签，要把自我定位为中产阶级，首先要把相对自我的他人贴标签为打工族；第二步是把集团与集团进行比较，例如把商界、官场、学界进行比较；最后一步是认同，把自己归于某个集团，例如归属于学界集团，决心从政，或决心向学。范畴化、比较、归属，这三步实际上都是排除：我认为我是什么人，取决于我认为我自认为不是什么人。

如此获得的身份很可能是多重的，哪怕在同一次表意/解释行为中，自我也不得不采取多重身份：例如在教研室同事聚会时，自我的身份是一个青年教师，一个思想倾向上的新左派，一个男人，一个丈夫，一个父亲，一个本地人，一个某足球俱乐部的球迷，一个喜欢喝蓝剑啤酒的人，等等。这些身份可能在同一次表意行为中出现，并且对意义起到一定作用。但是可以看到：只有在做特定意义交流时，才需要特定身份：不谈足球时，不需要球迷身份；不谈全球化进程，不需要新左派身份：因此各种身份，必然是符号身份。把某种身份用到超过对方认可的程度，所谓“三句不离本行”，往往构成交流障碍。

很多学者认为在身份理论中有本质主义（essentialism）与反本质主义（anti-essentialism）的区别：本质主义认为自我有确定的本质，例如男女、种族，因此身份有普遍性与恒常性，反本质主义认为身份随着文化条件变化而变化，因时因地而异，可以重新塑造。如果从身份的复杂性来说，的确有相对较难变动的部分（例如生理性别，例如肤色），可以变化的部分（例如性倾向，例如族群认同），以及容易变化的临时采用的身份（例如工作时、回家后、休闲时，身份不断变化）。就此而言，本质主义倾向与非本质主义倾向的身份都会出现。

正因为身份可以有非本质主义的部分，而身份累加整合成自我，自我就是一个变动不居的集合。从这个观点来看，一个相对稳定的自我是必要的，至少在一定时期一定文化环境内，不许有自我作为各种身份的依托。同时，一个自我会在它采取的身份压力之下变化，例如身份从雇员变成老板后，自我会变易。

这就是为什么本章尽可能不讨论所谓“主体”问题，首先 subject 意义过于复杂，而在任何意义上都并无“做主”的意思，相反，它是臣服。其次，“主体”一词的主动意味太强，而我们接受的许多身份经常是被动无奈的，或是无意识的，不由控制的。由各种身份集合起来的主体，不可能具有充分的“主体性”（full-fledged subjectivity）

也有的学者认为自我与身份形成互动关系，柏格森提出“深度自我”与“表演的角色”之间有张力。[①] 自我是思维自我，各种身份是其文化阐释，因此各种社会文化身份是健康的自我延伸，但是他们也能与病态自我构成冲突，形成竞争。[②] 一个带来社会责任的身份（例如父亲身份），能使一个沉溺的自我清醒一些。

应当说，除了各种身份的集合之外，自我另有一个比较抽象的能力或向度：一种关于自身的感觉与思考，或者称为对自己的身份的“自我解释”[③]：我们可以称之为“意识”，或“自觉”。有些学者认为各种身份及其文化属性，构成了自我的“第一等级”，第一等级是不自觉的，

---

① 转引自 William Ralph Shroeder, *Continental Philosophy: A Critical Approach*, Oxford: Blackwell, 2004, p. 456。

② Norbert Wiley, *Semiotic Self*, Chicago: University of Chicago Press, 1995, p. 26.

③ Fernando Andacht, “A Semiotic Reflection on Self-interpretation and Identity”, *Theory and Psychology*, Vol. 15, No. 1, 2005, pp. 51—75.

杂乱的，是康德所说的“不可知复合体”（unknowable manifold），而只有身份才能给予这些材料可知性与意义。[①]

反过来说，所谓自我，是隐身在身份的背后的意识，对他人来说不可捉摸，对自己来说也不一定容易理解：身份可以加强“自我感觉”（sense of self），对保持自我有利。这样得到的自我，虽然受制于特定的社会文化局面，但也在变动演化中取得相对稳定。在这个身份集合基础上，才能获得一定的自我意识。各种身份的选择，是从自我的认识（及上文所说的排除能力）出发的，因此自我就是对自己采用的身份做出的判断。

正因为符号意义交流才需要身份，自我也就必须在符号交流中才能形成。拉康说交流构成自我：“当发出者从接收者那里接到反方向传来的自己的信息……语言的功用正是让他人回应。正是我的问题把我构成为自我”，因此“构成自我的是我的问题。”[②] 我对我在符号交流中采取的各种身份有所感觉，有所反思，有所觉悟，自我就在这些“自我感觉”中产生。

## 二、文本身份

既然身份与符号表意相关联，是符号发送者的意图的一部分，那么符号文本本身，就被染上身份色彩，而这种身份是社会性的。符号文本，是发出者主体的抛出物。主体 subject 一词，源自拉丁文前缀 sub-（面向，接近）以及动词 jacere（抛出），[③] 即是向某个方向抛出一个携带主体意图的符号文本，反过来说，符号表意是主体性的一个延伸。

但是意义不可能被抛出，抛出的必须是一个感知，因此代替意义出

---

① 关于 Harold Garfinkel 理论，见 Norbert Wiley, *Semiotic Self*, Chicago: University of Chicago Press, 1995, p. 81。

② Jacques Lacan, *The Language of the Self*, Baltimore: Johns Hopkins University Press, 1968, pp. 62—63.

③ T. F. Hoad (ed.), *The Concise Oxford Dictionary of Word Origins*, London: Guild Publishing, 1986, p. 469.

现的是物，或空白休止这样可感知的实体，中介这个词的定义，就决定了它只是实物的替代，它们只能构成需要解释的“替代性”符号：文字、图画、影片、姿势（例如聋哑语）、物件（例如沙盘推演），景观（例如展览台）。偶尔我们可以看到“原件实物”出现在表意中，例如博物馆的“真实”文物，军事演习用实枪实弹帮助“叙述”一个抵抗入侵的战斗进程，消防演习中真的放了一把火，法庭上出示证物帮助“讲述”一桩谋杀案。这些“实物”都是替代品：手枪只是“曾经”用于发出杀人的子弹，呈交法庭作为证物时，已经不是杀人状态的那把手枪。脱离原语境的实物已经不是真正意义上的“原物”，只是一种帮助表意的提喻。

符号再现的替代原则，决定了表意的一个基本原理：即是表意本身把被表述世界（不管是虚构性的，还是事实性的）“推出在场”，表意是自我的一种带有意图的“抛出”，而符号文本则是抛出后的形态。因此，作为符号表现体的感知，并不是自在之物，并不是一个中性的形态：它是一个意义携带者，与表达意义的人一样，它必须有个身份。这一点不难理解：一支枪作为证物，作为威胁，作为自我保护的安慰，作为挂在墙上的摆设，作为非洲战乱国家儿童的“玩具”，意义完全不同，远远不是枪作为物的形态能决定的。

任何一个表意的文本，都具有某种身份：不是表意人采取的身份，而是文本具有的“文本身份”。文本身份，是符号文本最重要的社会文化联系。各种符号文本的身份，严重地影响符号的表意。从上面“各种场合的枪”的例子可以看出，文本身份与发出者、解释者的身份有关联，却并不等同于他们的身份：文本身份是相对独立的。一段文字，可以是政府告示、宣传口号、小说的对话、网上的帖子，相同的文字，意义可以有极大不同：它们的文本身份，成为发出者与接收者建立意义交流关系的关键。反过来，如果没有文本身份，任何文本几乎无法表意：没有神圣身份的经书，不是《圣经》；没有四书身份的《春秋》就缺少微言大义，只是鲁国宫廷的一些记事，王安石称为“断烂朝报”[①]；没有五经身份的《礼记》是一批杂乱的文字合集；没有指挥身份的红绿灯无法要人服从；没有学校权威的铃声无法让学生回到课堂去；没有帝王墓碑身份的“无字碑”只是因为某种原因没有刻上字的碑石，并不藏有说不尽的秘密意图。一个文化中的符号文本身份之多种多样，可能比该文化中的人能采用的身份更复杂多变。

文本身份究竟是发出者有意赋予的，还是符号文本的社会属性自然加上的？应当说，发出者的意图有相当的作用（例如一幅画，要加上发出者的意图，才成为对某个题目的宣传，例如推销某某别墅区），但是意图本身是文化范畴的产物，意图并不是完全按照自我意志行事。因此文本身份与发出者意图可能会有很大差距：文本本身是文化直接作用于符号表意的结果：一旦符号文本形成，文本身份就独立地起作用。

例如，某种广告，产品市场目标是女性，意图定点在白领女性消费者，这就规定了它的文本表达内容不得不是女性内容，迎合女性的各种喜好。但这只是它的表层身份，女性化妆品广告经常具有隐藏的男性身份：女子为取悦男性而美丽，取悦男性以后就能得到幸福。而广告表层的女性身份，与隐藏男性身份，实际上都不取决于发送者（广告设计者、广告公司、电视台），而是取决于整个文化的各种控制方式：消费主义、阶层分野、男性主宰，等等，这些都给予文本独立于发送者和接收者的身份。

文本身份是文本的社会关系的产物，同样也加入社会关系的网络中。某种身份的文本，吸引某种特定的人来接受之。而且，因为符号的媒介有时空跨度，符号文本的身份，就相对独立于原先的发出者，符号文本的身份成为它本身（而不一定是发出符号的人）与其他人构成社会的“趋同性”（togetherness）。喜欢某种电影的人，喜欢某种网上交际的人，喜欢某种麻将牌游戏的人，喜欢某种科学理念的人，他们走到一

① 《宋史·王安石传》载：“先儒传注，一切废不用。黜《春秋》之书，不使列于学官，至戏目为‘断烂朝报’。”

起的原因，是对某一类符号文本身份的认同，而不一定是对某个自我的认同。所有这些人都是符号的接收者，因此符号文本的身份，在人类文化的构成上，应当比自我所认同的各种身份更为重要。

例如歌曲有性别身份：男性歌是男对女唱的歌；女性歌是女对男唱的歌；男女之间歌，是男女互唱的歌；既男又女歌，即男女通用的歌；非男非女歌，是没有明显性别身份的歌。可以看出这些歌的性别身份，与发出者的自我意图有一定关系，因为人的性别倾向就有这五种(male，female，both sexes，intersex，non-sex)。[①] 不过我们立即可以看出两点明显的区别：一个社会上具有“既男又女”与“非男非女”性别身份的人，没有那么多；而歌曲中此类文本身份，就太多不过。再者，文本性别与创作者的性别身份，没有相应的关系：男性词作者、谱曲者、出品人，完全能写出“女性歌”，许多宋词就是男性文人“为歌女写曲”，因为歌曲演唱者（歌曲文本发出的最后环节），往往给予歌曲文本“赋形性别”身份。我们觉得宋词文本性别混乱，只是因为脱离表演把歌词当作诗来读。歌曲文本性别身份之复杂，可见一斑。

再深入一步看歌曲的文本身份：文本性别常常携带着文化对性别身份的看待方式，而这些看待方式常常是人们觉得自然而然，理应如此：女性歌往往包含着文化对女性的各种期盼、想法、偏见（例如女性必须温柔体贴、善解人意、独立而不傲慢，女性必须美丽，女性最好年轻，等等)。这些并不一定是歌曲制作集团（符号的发出者）有意为之，但是符号文本经常是社会文化的产物，其身份的处理方式，也往往是在文本产生之前就已经决定，词曲作者本人在身份上无从挑选：他们必须是对女性有偏见者，歌曲要流行就只能如此写。

如果见到的只是文本，而不知道创作者的身份，也不知道他的意图，那么如何判别文本身份呢？应当说文本本身携带着大量有关信息：歌词中有措辞、代词使用等因素；音乐中有曲调的作风、曲式的安排、

① Anne Fausto-Sterling, *Sexing the Body: Gender Politics and the Construction of Sexuality*, New York: Basic Books, 2000.

配器的种类、节奏的强弱；歌唱者有处理方式、速度的缓急，等等。除了文本风格，还有隐文本的安排：某一类歌曲的型文本，某一首名曲的次生文本，某一种典故或名字的前文本，同一张歌碟里的其他歌曲形成的超文本，等等。这些因素合起来，往往使文本身份的组成异常丰富，比我们对创作者本人的身份了解更多。

进一步说："无性别歌"（动员歌、宣传歌、公司企业歌、校歌等），不一定是真正的无性别：批评家如果对性别控制敏感，往往可以从中发掘出潜藏的性别身份："宏大叙述"往往压制了女性意识。正如性别理论专家里弗在研究儿童游戏后得出的结论：人类文明往往让"男孩子培养了扮演广义他者角色的行为能力，女孩子发展了扮演具体他者的移情能力"①。这不仅表现在男孩与女孩身上，更表现在他们热衷的游戏的"身份"上："女性"游戏身份往往是具体的阴柔，而"男性"游戏身份却往往不具有明确的性别特征。

因此，文本性别，往往比符号发出者的自我性别更具有"流动性"，更明显地形成一个从极端男性到极端女性的多样变体连续带，而且每个文本的身份，也只是在某个阶段的某个文化中相对固定，实际上漂流移动，更不容易被文化的规定性锁住。例如，"既男又女（intersex）"在社会上难以容忍，在符号文本中却相当自然，在歌中如此，在各种刊物、各类广告、各类衣装中，都很常见：人具有生理性别，往往把他们的性别身份强行决定，而文本身份却更依靠社会文化。这就是为什么对文本性别的研究具有特殊意义，而且文本身份的研究，应当构成一种独立的课题。

## 三、普遍隐含作者

上面说过身份集合，构成自我与自我；但是从文本身份构成的自

---

① Janet Lever, "Sex Difference in the Games Children Play", *Social Problems*, April 1976, p. 481.

我，并不一定真会有此自我：虚构作品、历史描述、档案积累，都能给我们足够身份材料，或是提喻性符号，来构建一个类似自我的复杂人物，一个“曹操”，哪怕从历史材料总结，也有别于真正存在过的曹操；一个福尔摩斯，一个林黛玉，都是虚构的自我。当我们把一个个特殊的身份综合进一个发生过程，我们对这些“自我”的了解甚至多于了解一个真正存在的自我，这很有点类似歌迷、影迷、球迷等，从大量零星材料建构被崇拜对象。但是这样建构出来的，毕竟不是自我，这种文本身份集合成的自我，可以称为“类人格”(quasi-personality)。

布斯提出的“隐含作者”(implied author）理论，实际上就是从文本中寻找作者身份，从而构筑一个与任务相仿的类自我，一个假定能够集合各种文本身份的出发点。布斯是在《小说修辞》这本名著中提出“隐含作者”这个概念的，至今理论界一直没能讨论清楚，却无人认为可以摆脱。布斯在提出这个概念 40 年之后，在 85 岁高龄去世前的最后一文中，依然在为此概念的必要性作自辩。[①] 其实需要的不是辩护，而是更清晰的定义。

从符号学观念来说，这个概念之有效性，并不限于小说：实际上任何符号文本都有，只要有文本卷入身份问题，而文本身份需要一个“类自我”集合，那就必须有一个“隐含作者”。一座楼房，一首歌，一组信号弹，都必须有个作为价值集合的“隐含发出者”(implied addresser)。

这种“类作者人格”，到底是否具有真正的自我性（也就是说，是否是一个真正存在过的人格)？布斯，以及至今讨论隐含作者问题的人，一直没有论辩清楚。布斯认为这个人格是存在的，他说这个类自我可以是作者的“第二自我”，也就是说，在写作这本小说时，作者的“代理自我”，就是我们能从文本中总结出来的“隐含作者”。这样一说，集合在这个类自我概念中的文本身份，就有了真实自我源头，即作者的“代理自我”。在布斯去世后出版的文集《我的多个自我》中，他一直坚持

① 韦恩·布斯：“隐含作者的复活：为何要操心？”James Phelan 等主编：《当代叙事理论指南》，申丹等译，北京：北京大学出版社，2007 年。（原书 *A Companion to Narrative Theory*, Oxford: Blackwell, 2005.）布斯于当年 10 月去世，因此这几乎是布斯一生最后一文。

文本身份集合而成的类人格（隐含作者），与文本产生时的作者自我（执行作者）重合，也就是说，隐含作者具有特定时空中的自我性，哪怕是暂时的自我性。①

施蛰存在《唐诗百话》中指出，一般批评者容易犯把文本身份与作者合一的错误，比如对武则天的《如意娘》一诗："看朱成碧思纷纷，憔悴支离为忆君。不信比来常下泪，开箱捡取石榴裙"。很多"考古者"认为，此诗是武则天写的，写的是她为唐太宗的"才人"时，与太子李治，即后来的唐高宗的感情经验。施蛰存认为："这是由于误解此诗，认为作者自己抒情。但这是乐府的歌辞，给歌女唱的。诗中的'君'字，可以指任何一个男人。唱给谁听，这个'君'就指谁。你如果把这一类型的恋歌认为是作者的自述，那就是笨伯了。"② 这里，文本身份指向的只是一个"类自我"，一个隐含作者。

因此，歌曲有"隐含歌者"，楼盘有"隐含建筑师"，服装有"隐含设计人"，广告研究者发现品牌后面的人格可以发展成"角色、合伙人、个人"③。任何符号表意，都有"隐含表意者"，他们不是真正的符号发出者，而是文本身份的价值观体现，是文本可能被解释出来的各种意义的寄身之处。正如一个人的自我，是此人所采取的各种身份的集合，"隐含发出者"是符号的"文本身份"的集合。这个人格只与符号表意有关，因此只是个"符号自我"（semiotic self），不具有超出这个范围的精神品质，也不可能具有肉体的存在。

问题在于，这个有文本身份集合起来的自我具有潜在的具体化可能，有时候也真的会具体化，一如隐含作者有与作者相互转换的潜在可能性。不能说《黑暗的心脏》与康拉德完全没有关系，康拉德的确是个保守主义者，心里有《黑暗的心脏》隐含作者的各种思想，这些思想倾

---

① Wayne C. Booth, *My Many Selves: The Quest for a Plausible Harmony*, Logan: Utah State University Press, 2006.

② 施蛰存：《唐诗百话》，上海：上海古籍出版社，1987年，第724—725页。

③ Jennifer L. Aaker and Susan Fournier, "A Brand as a Character, A Partner and a Person: Three Perspectives on the Question of Brand Personality", *Advances in Consumer Research*, 1995, 22 (1).

向在别的作品中有时也冒出来。

我们在其他符号表意中，也看到符号自我与人格自我之间部分相通的潜在可能性。例如各种交通信号的文本身份，指向了一个具有指挥权威的“隐含发出者”，这个人格有时候会以值班交警的身份冒出来，但是更多时刻只是一个隐而不显的人格。但是这个人格对我们的威慑，并不决定现身与否。福柯再三强调的“监视与惩戒”，惩戒只是一种可能使用的威胁，纪律本身就体现了社会意志：法律、政令、教育、文化习俗、社会共识。[①] 这些文本身份，都通过社会意志这无所不在的“隐含自我”建立权威。

因此，本章强调，布斯的“隐含作者”应当是个普遍概念。只要有意义表达，就必须有文本身份；只要有文本身份，就必然有符号自我；符号自我可以人格化为“隐含自我”：我们来到一个新的城市，不久就看出这个城市的建筑风格、车流交通、街头雕塑、商店布置、风俗习惯、运动会的气派、人们的谈吐行事，都指向“隐含自我”。这个人格不是一个人：不是一届甚至若干届领导，不是一代或若干代人民，但是它的确是个可以觉察到的人格，不然怎么会有《笑说上海男人》《成都女人》这样的书出现？英超足球强调身体对抗，西班牙足球强调技术流畅，脚上功夫有观赏价值，同样是足球，背后的“隐含自我”不同。阿森纳的教练温格弄错了路子，使他的夺冠梦一再破裂。这位著名法国籍足球教练，没有能与英国足球的隐含自我对上路，失败的只能是他自己。

## 四、符号自我的纵向与横向位移

很多学者把自我等同于“自觉的心灵”（the conscious mind），笛卡尔传统把这个“我思”当作自我存在的唯一依据，一种完整的自我，这

---

① Michel Foucault, *Discipline and Punish: The Birth of the Prison*, London: Allen Lane, 1977, p. 88.

个观念已经被现代自我理论否决了。但是如何能达到自觉？当一个人对自己及世界进行意义追寻的时候，自我的经验开始形成。因此，一个自觉的自我，必然也是一个符号自我，因为他思考世界的意义，反思自己的意义，寻找的是自己存在于世界上的意义。

这个过程产生了自我的感觉（sense of self），自我感觉并不是均一的，而是一系列关于自我的形象（self-image），关于自我的评价（self-esteem），关于自我的知识（self-knowledge），这些自我的成分能不能合成一个具有同一性的自我，是很可疑的。自我感觉，就是自我表达意义的感觉。

关于自我，据说定义有 12 种之多。① 自我到底是落在个人意志这一端，还是落在社会决定这一端，各家观点不一。经过许多学派的辩论，从米德的人类社会学观念，到泰勒的自由主义观念，到弗洛伊德的本我理论，关于自我的各种概念形成了一个上下延伸的连续带，一端是人内心隐藏的本能，即所谓自由无忌毫无担待的自我（unencumbered self），此时的自我可以是非理性的，“非自我的”（克里斯蒂娃称之为“零逻辑自我”[zerologic subject]）。② 而另一端可以是“高度理性”的由社会和文化定位的个人（socially-situated self），甚至笛卡尔式的世界中心自我，或是胡塞尔的负责任自我。各家定义的不同自我，落到这个轴线上下之间不同的位置上，就像我们个人意识到的自我，也是在这个轴线上移动。③ 我们的表意和解释行为，安排了许多身份，它们有不同的隐含自我。因此，自我一直在寻找它基本的符号意义定位，我们可以称之为自我的移位。

意义的追寻首先造成了“主我”（I）与“宾我”（me）的区分。符

---

① Jennifer L. Aaker, “The Malleable Self: The Role of Self Expression in Persuasion”, *Journal of Marketing Research*, 1999 (8).

② Julia Kristeva, *Stranger to Ourselves*, New York: Columbia University Press, 1994, p. 98。克里斯蒂娃是在讨论狄德罗的《拉莫的侄儿》一书时提出这个概念的，显然她的出发点是弗洛伊德心理分析的分裂自我。

③ Gordon Wheeler, *Beyond Individualism: Toward a New Understanding of Self, Relationship, and Experience*, Hillsdale, NJ: Analytic Press, 2000, p. 67.

号学家威利指出：一个人在考虑过去的经验时，找到对象自我，一个人在考虑到他的思考之后果时，面对未来自我。这样就出现了自我的水平组合：人在思考自身时构成符号自我，过去的我是这个符号的对象，未来的我是这个符号的解释项，解释项在自我思考的进一步时间延伸中成为新的自我，形成的一个符号展开过程。塔拉斯蒂也举过一个例子：一个人拿自己的血样去医院检验，他就既是自我又是对象。我从这个例子推论出时间向度：检验的对象，哪怕是自己，也是已经过去的自我；而检验的结果，既是对自己的解释，又是未来向度。整个检验，作为符号过程，要推出的意义是回答："今后怎么办"。

自我思考在时间轴上的横向展开，已经被很多论者讨论过。卡普兰总结说："经验主义着重回顾，从源头分析一个观念；实用主义展望前景，注意的不是源头而是结果，不是经验，而是尚待形成的经验"。因此皮尔斯这位实用主义开创者把自我看成"未来事件的非固定性原因"，"意义是一个理念的影响或后果"。自我与反思的对象形成阐释性对话。而社会行为主义者开创者米德（George Herbert Mead）认为自我的思索是逆向的，自我的内心对话是现在的我朝向过去的我；而科拉皮艾特罗把这两者结合起来，组成三个三联式，即当下-过去-未来，与 I-me-you 相应，也与皮尔斯的符号-对象-解释项相应。[①]

的确，自我思考的过程往往是审视过去的经验，期望未来会有某种结果：对自我这个符号的解释，总是有待未来决定是否有效。塔拉斯蒂引用克尔凯郭尔，"对于一个自我，没有比存在着（existing）更难的事了，他不可能完全是，他只能以此为目标"[②]。

自我符号的纵向位移，也有很多人讨论过：德国社会学家卢曼首先提出自我的复杂层次论。他认为社会，以及社会中的个人，都分成六个层次：一个"心理的"个人，向上成为"（人际）互动的"，"组织的"，

---

① Vincent Colapietro, *Peirce's Approach to the Self: A Semiotic Perspective on Human Subjectivity*, Albany: SUNY Press, 1989.

② Eero Tarasti, *Existential Semiotics*, Berlin & New York: Mouton de Gruyter, 2000, p. 7.

甚至“社会的”，向下可以成为“有机生物的”，最后成为“机械的”。[①]这样就有上下六层自我，它们都是自我的一部分。深受符号学影响的法国存在主义哲学家让·瓦尔（Jean Wahl）最早把超越（transcendence）分解成两种：向上超越（trans-ascendance），与向下超越（trans-descendence）。符号学家塔拉斯蒂则把瓦尔的向上超越解释为“外符号性”（exosemiotic），向下超越解释为“内符号性”（endosemiotic）。而另一位符号学家威利则把前者称为“向上还原”，把后者称为“向下还原”（所谓还原，指的是用一种更普遍的理论取代另一种理论）。实际上这些都是弗洛伊德与拉康讨论过自我的上下层次，只是卢曼等人从符号学的角度来讨论而已。

无论是向上还是向下的运动，都是自我本身的位移，都没有脱离自我符号行为本身的范围。因此，弗洛伊德和克里斯蒂娃的向下位移，承认自我可以进入非理性的范围，他们并没有否定自我，正如拉康所坚持的，无意识是“按语言方式组成的”（structured like language）[②]。我们可以进一步说，无意识是“按符号方式格式化的”（semiotically formatted）。但是如果自我继续下行，向生物和“物理-化学”方向（也就是以“信号-反应”的机械方式）过分位移，自我作为一种意识渐渐失去意义。

另一方面，向上的位移，使自我变成“他人的自我”，社会文化的自我，这使自我丰富化，理想化，充满了超越意义。但是自我的上升位移也可能有危险，有可能使自我变成纯粹理性的自我，或是让自我丧失独立性，被吸纳进社会意识形态。这正是福柯与阿尔都塞所批判的：不存在个体的自我，只有资本主义社会建构的自我。

但是符号自我的位移，至少说明了自我可以围绕心理-符号的中间上下位移，那样的话，自我本身不是受责问的对象，自我是我们处理意义的一个过程。皮尔斯提出的“人是符号”命题，就得到了当代主体符号学的支持。

---

① Niklas Luhmann, *The Differentiation of Society*, New York: Columbia University Press, 1982, p. 72.

② Jacques Lacan, *Ecrits, A Selection*, London: Tavistock, 1966, p. 166.

# 第四章　论共现以及意义的“最低形式完整要求”

**【本章提要】**　意识所能直接感知的，是对象零散而片面的呈现，只有通过共现，意识才能对对象有个最基本的意义掌握。共现是有关意义与知识的各种思考中的老问题，但是从符号学的意义观来理解，其本质可能更为清晰：意识靠意向性中的统觉压力，迫使对象的给予从呈现转向共现。从符号学的意义观来分析，共现可以有四种，即整体共现、流程共现、认知共现、类型共现。它们并非经验性的，而是意识的本能。虽然共现并没有超出形式直观的范围，但是此种基础性指示符号，能满足意识要求的意义“最低形式完整度”，因此能迫使对象以共现方式将自身实例化。

## 一、从呈现到共现

在未开始讨论前，先简要说明“意识”“意向性”“事物”“对象”“意义”，以及把它们连接起来的“形式直观”。[①] 意识之存在，目的就是追求意义，意识定义上就是“关于某物的意识”[②]：意识将获义意向

① 详见赵毅衡：《论形式直观》，《文艺研究》2015 年第 1 期，第 1—9 页。

② 倪梁康：《胡塞尔现象学概念通释》，北京：生活·读书·新知三联书店，2007 年，第 251 页。

性投向事物，以获得关于事物的意义。因此，意义是意识与意向对象之间的相互构筑而形成的关联性，可以简单地说，意义是意识与事物之间的关系。对象世界经常被误认为独立于意识之外而存在的，似乎与人的意识无关。实际上对象需要在与意识的意义关系中才能存在，对象就是事物对于意识的显现。这是本章讨论的理论前提。

对象只能通过被给予方式而对意识显示出来，然而被给予方式本身却不是那么自然而单纯。意义活动的第一步，起始于意识对事物的“形式直觉”，这是意识的初始认知。意义活动不会停留在这一步，要让整个宏大的意义世界向意识敞开，这第一步是不够的。人的意义活动，可以发展成非常复杂的形式：意义的积累、叠加，构成认识记忆；[①] 意义的继续深化，构成理解与筹划，意识的这些活动，最后构成无比复杂的意义世界。[②]

而即使在形式直观中，意识的获义意向性，只能激活对象的一部分观相。知觉中所能得到的，只是一切起点感知，它们是意义活动的基础。哪怕在形式直观这个意义活动的第一步上，纯粹的感知也是远远不够的，因为纯粹的感知，必定是非常有限的——零散、杂多、浅表、片面，受限于此刻——远远无法形成能关联并构成主客观的意义。获义意向性从对象能直接得到的，只是一部分观相的呈现，意识必须取得关于对象的意义，而不仅是对象的这点直接感知。

那么，意识是如何从零散感知，跃入对对象初步把握的？这就是本章要回答的问题。意义最初构成方式，是符号现象学的一个重要的环节。对象对意向性的回应，可以称为“实例化”（instantialization），它是意识可以立即获得的给予性。对象的被给予方式，可以分为两步，第一步是直观的、本源的、接近当下存在的，对象以个别的零星的观相。面向意识的直观。获义意向性激活事物，以呈现（presentation）对象的观相，呈现，就是事物直接而原本地给出对象观相。同时，意识又依靠

① 赵毅衡：《回到皮尔斯》，《符号与传媒》2014 年第 9 辑，第 7 页。
② 科尼利斯·瓦尔：《皮尔士》，北京：中华书局，2003 年，第 25—27 页。

意向性中的先验统觉（apperception），使呈现引发共现（appresentation），统觉是共现的直接原因，共现的意识的统觉能力的结果，这是一对同时发生在主客体上的不可分的概念。本章的主旨，就是仔细分析统觉-共现在形式直观中的作用。

以上描述的意义过程的这个初始阶段，比较容易理解。问题是：如果意识只能获取呈现的、本真的被感知的观相，那么它就不可能认知任何对象。因为能实例化的对象的观相，永远是片面的、局部的，而对象的存在方式，有一定的基本形式要求，在任何情况下都不是片面的。获义意向性必须获得满足最起码要求的意义，不然它只是一种“未实现的意向性”（unfulfilled intention），而对象如果停留于片面，就不可能是有意义的存在。在形式直观阶段，意识与对象尚未能建立起意义联系，二者都还处于未被构成的阶段。呈现是非确定的、或多或少无内容的表象，不能满足意识的获义意向性要求，所以对象必然用超越感知的被给予方式，进一步“实现”意向性。

因此形式直观必有第二步，意识的获义意向性，对事物进一步施加压力，以获得具有“最低形式完整度”的意义，只有在这些要求实现之后，意向性才可能达到最起码的实现程度。为什么意识指向对象的意向性，不可分割地包含着对意义“最低形式完整度”的要求？因为只有满足这种完整度要求，才能为意识提供具有内容的对象。康德说：“统觉的本源的统一是一切知识的可能性的根据。”[①] 因此，意识起码把握的对象，必须是面对意识呈现与未呈现的结合：意识必须通过统觉、感知未呈现的观相共现。只有到此时，意识终于能完成形式直观的整个过程。诚然，如此得到的最起码意义，并不是所谓“理性”意义，共现的对象，依然只是在形式直观中：感性意义不全是感知组成，而需要感知与共现共同组成。

用最简单的话来说，我们能感到任何有意义的事物，都是一部分靠感知，一部分靠先天的想象能力，不可能完全靠感知。

① 康德：《纯粹理性批判》，邓晓芒译，北京：人民出版社，2019年，第118页。

共现并不是未被感知的观相真正的实例化，而是它们的想象的“准实例化”（quasi-instantialization）。这种准实例化，是感性呈现的当下化引发的，二者结合，使对象的整体得以“共当下化”（com-instantialization），此时的对象，被呈现与共现合作“代现”（representation）出来。只有在这个时候，意识得到的才是一个合一的，部分摆脱了感知的片面性的对象，让事物不再只是呈现局部的观相，而是“显现为对象”。

因此，意向性的直观所激活的对象，必然由两个部分结合而成：一个部分的被给予性是直接的，另一些部分虽然没有直接被感知，却同时间接地被给予意识。意识的获义意向性，不可能满足于形式直观的片面实例化，而是要求对对象做一个具有意义的最低形式完整度的把握。对象的直接观相的纯粹呈现，不可能满足意识的把握对象的要求。只有当共现填补了直观感知留下的缝隙与空白，对象才被补充成为一个对象，而意识才获得了关于对象的最起码的意义。

## 二、经验性与先验性

这样我们不得不回答一个关键问题：共现的基础动力是什么？为什么这种能力能够把形式直观的意义推到一个能接受的圆满地步，即让意识能被对象给予最简意义，主客观双方取得一个初步的互构？简单的回答，是意识的统觉本能，统觉使对象以共现方式被给予意识。统觉有两种，一种是经验的统觉：经验是意识对此事物，或此类事物进行意义活动所积累的认识痕迹，理解则是基于在重复基础上形成的认知能力；另一种统觉是意识的先验本能，即不依靠经验的先天得之的本能。对于认知过程来说，先验统觉才是基础性的。

哲学家们一直在讨论，意识究竟如何关联事物。从笛卡尔、莱布尼茨、康德，到胡塞尔和舒茨，许多学者讨论过这个问题，各家之说层层推进，已经相当严密。但是其中的某些关键问题，各家说法很不相同，至今还有许多需要探讨的地方。

笛卡尔没有用统觉-共现这一对概念，他的理论不需要共现。在他的“我思”体系中，主观能力创造事物世界的一切，因此从事物之呈现到事物“真相”之把握：一切出于“我思”，主观能产生客观，也就可以从片面感知创造对客体的圆满掌握。因此，笛卡尔式的唯理论，认为自明的、天赋的理性是确定无疑的，是我们建立知识大厦的基础。这一理论遭到以洛克和休谟为代表的经验论者的强有力的攻击，休谟对一些公认的真理，如因果性规律的怀疑性思考，认为意识所能得到的，只是难以视为真相的感知。这就摧毁了理性论者对知识确定性的信念，指出了感知与事物之间的巨大鸿沟。

莱布尼茨最早提出并仔细讨论探究“统觉”概念，他用统觉来解释客体如何与自我产生联系，点名批判笛卡尔的唯理论。莱布尼茨指出主观与客观无法绝对区分，意识的能力最重要的表现，就是能感知到事物并未被知觉的部分。因此，统觉是意识最重要的功能。[①] 莱布尼茨认为，统觉主要依赖于心灵中已有内容的影响，通过统觉，人们理解、记忆和思考相互联合的观念，从而使高级的思维活动得以完成。因此，莱布尼茨说的是统觉，基本上是经验性，不是先验性的。

康德在他的哲学体系奠基之作《纯粹理性批判》中，明确提出统觉是先验的，也是本源的、纯粹的，以重新确定人类知识必然性的根据。康德哲学对意识的构成做出了重大的推进，把统觉推进为先验性的：经验是杂多的、分离的、有限的，而只有纯粹经验才是统一的、连续的、无限的。意识必然用先验的范畴，对感知经验进行逻辑与内在时间的梳理与有序化。意识不仅理解世界，更有构筑世界的能力。我们必须假定想象力的一种纯粹先验的综合，为任何经验之可能的根据，因此这种想象力的综合必是先于任何经验的。

康德认为：意识处理的是表象，不是笛卡尔所说的“观念”，也不

---

① Gittfried Leibniz, *The Principles of Philosophy Known as Monadology*, tr. Jonathan Bennett, p. 3, par 14, http: //www. earlymoderntexts. com/pdfs/leibniz1714b. pdf

局限于休谟所坚持的"感知"。他认为统觉能力是用先天的想象力产生的悟性，这种先验的想象力，是一种纯粹的、"生产性"的想象力，有别于后天的经验给予我们的"再生性"想象力。由此他提出一个著名的论断："无感性则不会有对象给予我们，无知性则没有对象被思维"[①]。他认为先验统觉完成三种综合：一是把直观中的杂多连接在一个单一的表象中；二是用想象力对此进行再生的综合；三是把这种表象连接在对象之中。因此，知性式的想象力综合加工感知后，才构成对象：虽然感知是被给予的，但只有先验的想象力的纯粹综合，才是知识的起源，才是人的"心灵"的根本品质。

对康德的先验统觉与共现理论推动最多的是胡塞尔。胡塞尔把他的现象学称为先验哲学，他把统觉与共现看成是构造功能。康德着重分析的是时空、整体性等的共现，而胡塞尔更注重范畴的综合：对象存在，是因为它属于存在之物的一定种或属，而这种范畴类别是在意识构造中才得以成立的。

本质结构通过"本质还原"的方法而被认识，借助于这种方法我们可以抛开事物而关注于它们的普遍规定。因为意识所感知到的对事物的把握，并非"对事物的本质把握"，只有通过共现得到的，才是事物的本质。胡塞尔指出，意识对事物的感知，"是一种真实的展示（它使被展示之物在原本展示的基础上直观化）与空泛的指示（它指明可能的新感知）之间的混合"[②]。因为"共现的东西从来不可能成为真正的在场，因而也从来不可能成为自身的感知"[③]。一个完整的对象，是意识填补了直观感知给予的间隙而建构出来的。因此，任何充分的对象，必定渗透了主体意识。"对我们来说，统觉就是在体验本身之中，在它的描述内容之中相对于感觉的粗糙此在而多出的部分。它是这样一个行为特征，这个行为特征可以说是赋予感觉以灵魂，并且是根据其本质来赋予

① 康德：《纯粹理性批判》，邓晓芒译，北京：人民出版社，2019年，第132页。

② 埃德蒙德·胡塞尔：《胡塞尔选集》下册，上海：上海三联书店，1997年，第699页。

③ 同上书，第898页。

灵魂，从而使我们可以感知到这个或那个对象之物。”① 共现给感觉以灵魂，这是一个很生动的说法。

胡塞尔提出两种统觉模式：“立义内容-立义”模式和“动感-图像”的模式。第一种统觉模式坚持了无意向性的立义内容（感觉内容）和有意向性的立义活动之间的区分，“立义”的前提是感觉材料并没有意向性，事物的共现过程，即立义活动赋予感觉内容以意义的过程；第二种统觉模式认为意识本身具有特殊的意向性，能构造动感和感觉图像的关联，通过此关联，意识从本身不具有任何意向性的感性材料中产生。② “动感-图像”标明了两种不同的状态：前者即运动感觉在时间上的流动状态，后者即感觉内容。就视觉领域而言，即视觉材料的延展状态，每一个动感在任意一个时间相位上都相应于一个感觉图像，因而一个动感序列则相应于一个图像序列。就此而言，“如果我们注意到属于动感之流动和属于显现之流动之间的关联的话，那么同时我们也将更好地理解动感和感觉材料或显现之间的动机引发联结”③。

虽然我们总结了哲学对统觉与共现的长期探研，共现实际上却是一个常识问题。有一个嘲弄迂腐哲学家的英国老笑话，生动地说明了共现问题并非玄不可及的哲学，实际上是常识。某个哲学家坐着马车上路，周围是典型的英格兰牧场，草地上有一群绵羊。邻座的乘客随口说：“这群羊刚被剪了羊毛”，哲学家仔细看了看，说：“只能断定：这群羊把剪了毛的一侧朝着我们。”如果我们坚持只有被意识当下化的观相才是真实的，就会落入这位哲学家的呆傻境地。

那么，共现的动力究竟是什么呢？无论康德还是胡塞尔，都没有指出这种先天能力背后，是有直接动因的，那就是意识必须要在意义中才能存在，意识不得不为自己的存在穿凿意义的合格条件。这样的直观就

---

① 埃德蒙德·胡塞尔：《逻辑研究》第一卷，倪梁康译，上海：上海译文出版社，1994 年，第 451 页。

② 埃德蒙德·胡塞尔：《纯粹现象学通论》，北京：商务印书馆，1996 年，第 214 页。

③ Rodolf Bernet, Iso Kern & Eduard Marbach, *An Introduction to Husserlian Phenomenology*, Evanston, Illinois: Northwestern University Press, 1993, p. 136.

不仅是感觉器官直接接收的感知，而且是意识的“心观”，是超出知觉的认知，是意识操纵形式直观形成的意义。而只有这样的意义，才是意识能够接受的意义，因为它才具有作为意义所必需的“最低形式完整度”，低于这个完整度的意义，就像一群只有侧面的绵羊，过于碎片化，不能作为意义被接收，对象也就不能被给予意识。

## 三、四种共现

共现的这种“共当下化”效果，可以有很多种。只要能满足可以称作为意义的结果，满足意义的“最低形式完整度”，就可以被意识所接受。因此，任何形式直觉的、个别的感知，都有可能引向共现结构；更重要的是，同样的形式感知，能导致的共现，也会有多种可能。在康德的三种综合，与胡塞尔的两种统觉模式基础上，我们可以比较简明而具体地总结出以下四种共现：

第一种是空间性的“整体共现”。对象可感知的观相总是片面的，空间共现主要完成对象的最低整体要求。我坐在椅子上写作，感知到椅子有坐垫靠背，并没有感知到椅子的整体。但是我的意识知道这张椅子有椅腿或其他方式撑立在地上。虽然我没有感知到（看到或触摸到）椅子的支撑部分，但是椅子的其他必要部分必然整体共现给我。这种共现不需要对椅子的经验，意识的统觉知道某种支撑方式几乎必然的存在。这是所有共现中最基本的一种：一部分的呈现引向对象整体的共现；向意识即刻呈现感知的，视觉上不可能超过半边苹果；而在意识中共现的，起码是圆形的整体苹果，不然这个苹果观相的给予，没有达到最低形式完整度，这苹果作为意识对象无法成立。

第二种是时间性的“流程共现”。对象所呈现的感性观相，很可能是运动的，或处于变化之中的，哪怕感知的即刻只有某个瞬间状态的呈现，它也可以是动态的，既非“已时间化”的过去，也非“将时间化”的未来。此时的先验统觉，就会把动态的感知呈现，或是与感知体（例如眼睛或耳朵）的相对动态位置，共现为某种时间中的运动。在获义活动最为明显而急迫的，是对运动方向的预判。哪怕即时感知到的当下性是此刻的对象状态，意识要获得的意义却不会局限于此刻，而是事物此刻状态会带来的后果。看到对象的下坠流程，会直觉地明白对象将在下一刻落下；听到急促的轰鸣声，就明白有某个重物（汽车或其他物）飞驰而来，轰鸣指向了汽车这个整体物，更指向了汽车朝我这个方向运动过来的时间关系。这种共现，实际上都是对将要出现的对象状态和位置的预判（protention）。时间性的流程共现，似乎比第一种空间整体共现少见，实际上可能更加重要。任何身体的运动，都靠这种共现来支持。喂过来的某个东西能否吃到嘴里，递过来的某个东西能否接到手里，身体动作固然需要技巧，意识的预判却是首要条件。由于流程共现，对象动了起来，组成在时空中延展的世界。

第三种是认知性的“指代共现”。这个问题比较复杂，意识所感知的，并不一定是对象的一部分，而是对象的这个观相用某种方式与意义连接，而且很可能是跨越媒介的连接。[①] 我们感知的是手指之类指示标记，共现出来的是方向感；我们感知到的是一种色调，共现出来的是温暖或寒冷；我们感知到的是打在窗上的雨珠，共现的是外面滂沱大雨；我们感知到的是事物的物理性特征，共现的往往是心理意义，例如见到的是一个人呵责的表情，共现的是他的“愤怒”；我们感觉到的是一个微笑，共现出来的是“可亲”。这最后一个例子，很容易与经验认知相混淆，实际上它是先验的：人类学家早就发现有六种表情——快乐、悲伤、愤怒、恶心、惊讶、恐惧——是全世界所有的人，不管什么文化背景或文明程度，甚至不管年龄，所普遍共有的，也就是说与生活经验无关的。[②] 人的认知过程，是一个极端复杂的意义活动体系，其中“指代共现”的范围，是最浅层次的。

第四种是集合性的“类别共现”。对个别物的感知，可以导向对象的类型。例如看到、闻到一只苹果，或者看到其图像，在该苹果的其他

---

① 唐小林：《符号媒介论》，《符号与传媒》2015 年第 11 辑，第 145 页。

② Paul Ekman, “Universal Facial Expressions of Emotions”, *California Mental Health Research Digest*, Autumn 1970, No. 4, pp. 151—158.

品质尚未能顾及之前，解释者已经得到一个类型化的理解：这是一只水果。其余暂时不相关的“事物性”依旧可以被悬搁，甚至这是何种苹果，都可以暂时被忽视，但是对一点艳红，一点香味的感知，可以直觉地引出“水果”这个范畴。“类型共现”是一种最复杂的共现，在现象学看来，这是个别性的感知可以被理解的原因，在现象学的“本质还原”中，共现起了关键作用。如果我们把范畴视为事物的“本质”，那么共现与统觉的确可以导向对此种“本质”的理解，但是意义哲学不一定必须把范畴视为本质。人的意识有类别化的本能，这种类别化不一定是经验的积累，它起到了把对象有效地归结到意义世界之中的效果：例如看到一个红艳的果子，一个幼儿不一定要有尝过苹果的经验，也能让这只苹果共现“果实”的类别，所以他才会伸手取来想咬一口。尽管类型共现保证了认知的普遍必然性，但类型不是外在于先验统觉的，它只是共现的一个可能成分，它保证意识获得的知识，在一个很有限的程度上，具有普遍性。这句话似乎是悖论，但是先验统觉引发的类型共现，只能在一个悖论的意义上存在：它只是一种满足起码意义类型要求的类型化。

上面列举的四种共现，可以分成两个集合：具体的共现、抽象的共现。第一种“整体共现”以及第二种“流程共现”是具体的共现。它们虽然是人类意识的重要能力，很可能在动物的意识中已经具有它们的萌芽状态，动物在环境中生存（例如觅食、捕猎、求偶）也需要这两种本能；后两种共现是抽象型的，即第三种“指代共现”以及第四种“类型共现”，虽然依然是先于经验的本能，高等动物也可能有一些，完整的人类心智才可能拥有高效的统觉-共现意义能力。

应当强调：这里列举的四种共现，都是意识的先验统觉的结果，也就是说，与经验无关，并不需要经验积累，也不需要从社群中学习获得。不仅幼儿会有，甚至动物都会在一定程度上具备，一个比较低级的动物，例如青蛙，见飞蚊的影子闪过而准确定位，闻异性的气味而发情，其捕食与求偶活动需要的最简单意义活动，显然依靠共现。这四种共现所能给予的意义非常有限，却是生存的基本关联所在。人类极强的经验学习能力，能形成更有效的统觉能力，在以上的四个方面，以及四个方面之外的许多方面，都会有极强大的认知能力，但是人类认识能力的基础，是这四种引发共现的方式。

这个问题似乎不容易理解，其实无时无刻不在我们的意识之中。《大学》有一段很有意思的论述："所谓诚其意者，毋自欺也。如恶恶臭，如好好色，此之谓自谦"。一般经学家的解释，都是说善恶来自内心本有。王阳明却是说这一段讨论的是人心的最基本认知与判断的来源，他说：

> 故《大学》指个真知行与人看，说"如好好色，如恶恶臭"。见好色属知，好好色属行。只见那好色时已自好了，不是见了后又立个心去好；闻恶臭属知，恶恶臭属行。只闻那恶臭时已自恶了，不是闻了后别立个心去恶。[①]

他的意思是"见好色""闻恶臭"是人心本有的认知方式：见到而"好色"是因为人心先验地"自好"了，闻到而"恶臭"是因为人心先验地"自恶"，不是"别立个心"去好去恶。好色与恶臭，二者都不是习得的认知，而是本心所必有的认知方式。王阳明坚持认为认识来自"本体"："圣贤教人知行，正是安复那本体，不是着你只恁的便罢"[②]。王阳明这一段是讨论知行关系，是因为在他的术语体系中，"一念发动处，便即是行了"[③]。应当说，"好"与"恶"，尚未落实于"行"，王阳明是在谈"知"（意义）的获得方式。王阳明说的，实际上就是本章前面说到的"指代共现"与"类型共现"，他明确指出，共现是先天的，"自好""自恶"，不是"别立个心"才得到的。

在具体的知识与意义活动中，我们经常会发现，很难严格区分先验的共现与经验的共现，但是这不能证明人类心灵中的先验共现地位已经被取代。对于几乎没有经验积累的幼儿，先验统觉形成共现，是他的基

---

① 王阳明：《传习录注疏》，邓艾民注，上海：上海古籍出版社，2014年，第10页。
② 同上书，第10页。
③ 同上书，第226页。

本意识方式；而对于经验丰富的成人，先验统觉依然是他的意识的基础部分，虽然他在认知过程中会把先验的与经验的相混。[①]

上面说过，通过共现而得到的认知往往并不精确，如果进一步观察，苹果未见到的另一半，不一定是红的；向我冲过来的物件，可能最后一刻会刹住；通过表情猜测心情，有可能是被假装的表情所欺骗；而看到的苹果，可能不是一种水果，而是一个蜡像。这样共现出来的对象，是否是事物绝对的真相，需要通过进一步的认知活动才能证实，或证伪，但那是认识活动的下一步，是符号意义活动叠加的结果，不在本章关于共现的讨论之中。基于经验地理解事物，就不能靠形式直观，而必须靠对同一事物的获义行为累加。

共现得到的意义，不一定"揭示真相"，我们只是认为另一半的苹果也是红的，实际上另一半不一定是红的。因为统觉并不是理解与推论，统觉依然是形式直观的一部分，它是意识要通过形式直观获得意义必须拥有的能力，因为能直接"当下化"的只是对象观相的极少一部分。共现所得依然是初始获义活动的一部分，依然属于第一性的感性品质范围。

精确的知识需要意义行为叠加，需要用进一步直观或证据间性互证，多次意义活动的对比，无论如何比本能的先验统觉所能得到的知识更精确，因为意识通过呈现与共现所能得到的，依然只是形式直观的初步认知。康德认为"经验之为经验，必然是以现象的可再生性为前提的"[②]。而皮尔斯指出，认识依靠符号与另一个符号在同一个意识中发生联系："把自己与其他符号相连接，竭尽所能，使解释项能够接近真相。"[③] 这种经验的共现所产生的认识，当然比前经验的共现更"精确"，但它超出了意义的"最低形式完整度"，超出了形式直观的范围。

感觉是描述性的说明，而知识是经验性的解释，这两者必须区分：

---

① 胡易容：《从人文到科学：认知符号学的立场》，《符号与传媒》2015 年第 11 辑，第 121 页。

② 康德：《纯粹理性批判》，邓晓芒译，北京：人民出版社，2010 年，第 146 页。

③ 皮尔斯：《皮尔斯：论符号》，赵星植译，成都：四川大学出版社，2014 年，第 15 页。

统觉以及由此引发的共现，依然是在感觉范围中讨论问题，经验则是通过重复，叠合多次相似获义活动，才能得到的。由一次获义活动的共现所得到的整体感、跨媒介认知、未来预判，甚至范畴，都只是初步的，最简意义水平上的。但是所有四种共现，在人的意义活动中极端重要，因为它导向跨出感知的有限性的事物整体，导向跨出媒介有限范围的认知，导向跨出此刻时间限制的对未来的预判，导向超越事物个别性的范畴。

在康德与胡塞尔前后坚持的努力中，我们看到统觉的压力造成复杂的共现。上一节我们提出的“整体共现”“流程共现”“指代共现”“类型共现”，似乎切割得过于整齐，实际上康德的三种综合，到胡塞尔的两种统觉，都已经谈到过这些问题，本章试图给出一个更清晰的整理。

## 四、共现作为符号过程

那么，感知的呈现，与统觉导致的共现，二者之间究竟什么关系呢？共现出来的因素，包括整体、流程、指代、类型等，不仅不在场，而且在意义活动中不需要在场，在场的是被感知到的观相，它们是感知所携带的意义，符合符号的最基础定义，因此，呈现与共现诸因素之间，是符号关系。共现本身，是一个典型的符号过程，因为符号就是“被认为携带着意义的感知”[①]。这一点，现象学家舒茨做了毫不含糊的确认：“共现是一个符号，它引向了属于它的另一种意义：这一点是通过创造更高一级的接近呈现参照来实现的，为了与我们迄今为止使用的术语、记号、指示、指号相对照，我们应该把这些共现参照称为符号。”[②]

符号表意的第一悖论，是意义不在场才需要符号：[③] 在场的部分，与不在场的部分，构成了一种符号意指关系。在形式直观中，事物呈现

---

① 皮尔斯：《皮尔斯：论符号》，赵星植译，成都：四川大学出版社，2014年，第1页。

② Alfred Schutz, *Collected Papers, Vol. I, The Problem of Social Reality*, The Hague: Martinus Nijhoff, 1973, p. 256.

③ 赵毅衡：《符号学》，南京：南京大学出版社，2012年，第46页。

的观相造成的感知，指向事物不在场的共现部分，最后联合形成的“代现”，携带着满足最低形式完整度要求的意义。

有一种常见的误会，认为符号必是“一物代另一物”（Aliquid stat pro aliquod），符号发送者有了关于另一物的意义，需要传送，才用上此物作为符号。正是因为此种看法，胡塞尔才认为“符号行为”与“直观行为”，是两种不同的意识活动，他认为直观表象是“本真的”，而符号表象是“非本真的”。[①] 而本章认为，既然本章对于共现的详细讨论，证明了意识获得意义，靠的是感知的呈现部分，导向未感知的共现部分，对事物的认知，知识的来源，也就是一种符号活动。任何意义，包括认知所得的意义，也必须用符号才能承载。因此，本章认为，符号与直观意识同时出现，而不是胡塞尔所说的直观意识第一性，符号是次生的。认知符号学认为：“意识总是包括符号功能，没有符号化就没有意识。在意识充分发展前，符号化已经存在。”[②] 所谓在意识充分发展前，也就是在只能作直观的婴儿头脑中。

而且，这并不是一种异常的、特殊的符号，意识的这种底线获义活动，实为一种三种符号中经常见到的所谓“指示符号”（index）。在场的，被感知的部分，引发了对未感知的不在场部分的认知。例如任何照片，都是一部分指向整体：教堂的尖顶代替整个教堂，书架一个侧面代替整个书架，市场的一角代替整个市场，人的一部分代替整个人。

皮尔斯对“指示符号”的定义是：“它指示其对象，是因为它真正地被那个对象所影响。”[③] “它的动力对象，凭借着与他的那种实在联系，从而决定着这一符号。”[④] “指示符与它的对象有一种自然的联系，他们成为有机的一对”。也就是说，被感知的符号，与它所指的对象之间，并没有品质上的像似，也没有社会文化的连接规定，它们之间的关

---

① 埃德蒙德·胡塞尔：《逻辑研究》第二卷上编第一部分，倪梁康译，上海：上海译文出版社，1998年，第52页。

② Patrizia Violi, “Semiosis Without Consciousness? An Ontogenetic Perspective”, *Cognitive Semiotics*, Issue 1, Fall 2007, pp. 65—68.

③ 皮尔斯：《皮尔斯：论符号》，赵星植译，成都：四川大学出版社，2014年，第55页。

④ 同上书，第57页。

系是“实在的”“自然的”“有机的”：四种共现——部分指向整体、瞬间指向过程、邻接指向认知、个别代替类型——都是指示性的符号关系。指示符号的意义活动，实为人的意识构成最基本的方式。这样人就不仅仅是“使用符号的动物”，人的存在是符号意义的存在。因此可以做一个大胆的结论，人的符号意识活动的起点，是指示性（indexicality）。

在这一点上，笔者不得不对皮尔斯的一个最基本观点提出商榷。皮尔斯再三指出：人类符号活动的基础部分，也就是第一性部分，是像似性。他明确地声称：“像似符是这样一种再现体，它的再现品质是它作为第一位的第一性。也就是说，它作为物所具有的那种品质使它适合成为一种再现体。”[①] “可以用像似符、指示符即规约符的这三种次序来标示一、二、三的这种常规序列。”[②] “作为第一性的符号是他的对象的一个图像。”[③] 而本章认为：如果把形式直观的呈现-共现过程看成意义活动的基础，那么最基础的符号活动是指示性。像似性是可以分析的，应当而且必须分析的，因为它诉诸意识中的经验记忆，一个像似符号指向另一个像似对象，必须依靠某种经验积累。像似性是经验积累的基础，因为经验依靠多次的直观，要求意义主体的同一性（不一定是同一个意识，例如可以是一个研究团队），与意向对象的持续同一性（哪怕变化了也可以算作同一个对象）的结合，才能把意义活动累加并排序成经验。经验通过像似性的累积变换，取得相关对象群的基本意义。

而指示性不同：一个部分观相，指向不在场的诸观相，依靠的只是统觉引出的共现。而统觉的基本面，如康德所指出的，是先天自明的，不依靠经验而在人的意识中存在的，是人作为人的本质性意义方式与存在方式。因此，人的最基础意义活动，人的先天意义综合能力，甚至意识对意义的“最低形式完整度”要求，都明确要求呈现与共现之间的指示符号关系。指示性是符号活动的基础性关联，是符号现象学的第一性。

① 皮尔斯：《皮尔斯：论符号》，赵星植译，成都：四川大学出版社，2014年，第52页。

② 同上书，第63页。

③ 同上书，第53页。

关于指示性的符号基础性质，有的论者有点接近笔者的结论：有些社会符号学家指出：口音语气等指认性别和权力等社会特征的符号，靠的是“前意义”的，最基础的指示性；[①] 从生物进化的角度来看，动物的意识最早获得的与事物的关联方式，不是像似性的，而是指示性的。动物符号学家马蒂奈利指出：“在动物符号学研究中，指示性比人类符号学重要，尤其是因为人类文化的逻各斯中心本质，对规约符号与像似符号表现了更大的兴趣。从某种意义上说，人造的文化的符号体系之创立，使符号摆脱指示性，而倾向于像似性和规约性。”[②] 甚至有论者指出机器人的人工智力，其最根本关联方式也是指示性的。[③] 但是对指示符号的基础性问题，迄今没有学者提出一个斩钉截铁的结论。

皮尔斯是符号学的奠基者，他的三性顺序理论，是他的符号现象学的出发点。但是在共现的符号本质这个问题上，本章不得不遵循本章探索的逻辑，提出不同看法，与古人商榷，也是与今天的世界符号学界商榷。笔者非好辩或标新立异，但是思考的痛苦，就是无法回避将论证推向一个必然的结论。

---

① Elinor Ochs, “Indexicality and socialization”, in James W. Stigler, Richard, A. Shweder, and Gilbert Herdt (ed.), *Cultural Psychology: Essays on Comparative Human Development*, Cambridge: Cambridge University Press, 1990, pp. 287—308.

② Dario Martinelli, *A Critical Companion to Zoosemiotics: People, Paths, Ideas*, Berlin: Springer, 2010.

③ Yves Lespérance & Hector J. Levesque, “Indexical Knowledge and Robot Action—A Logical Account”, *Artificial Intelligence*, Volume 73, Issues 1-2, February 1995, pp. 69-115.

# 第五章　认知差：意义活动的基本动力

**【本章提要】**　意义的流动形成理解、表达、交流等，这种流动可以从事物或文本流向意识主体，也可由一个意识主体流向其他意识主体，所有这些意义流动，都来自意识主体感觉到的“认知差”。接收认知差，迫使意识向事物或文本投出意向性以获得意义，形成“理解”；表达认知差，促使主体向他人表达他的认知，形成传播，并在回应中得到交流。认知差是一种主观体验，却造成切实的“认知势能”，使意义得以流动。而且，认知差并不是完全无法客观化的，文本间的经验对比，主体间的交流反应与取效功能，使认知差在社会实践中得到验证。

## 一、认知与认知差

意义理论中有一系列关键术语，如“经验”“理解”“认识”，都有过程（例如“经验”某事）与状态（有某种“经验”）两个意义，“认知”这个术语也一样：一是相对的认知状态，指的是意识主体对某一问题在某一刻达到的认知；二是指动态的意义流动，是意识对意义的内化方式，即注意、记忆、判断、评价、推理、认识等过程。本章讨论的“认知差”，指的是从第一个状态引导出第二个状态的动态过程，也就是说，任何认知意义流动，源自认知状态之间的差别。

认知就是意义占有状态，而意义就是主观意识与对象世界的联系。认知实体可以是具有某些意识能力的动物，具有意识的人类个体，具有集体人格的意义探究社群，也可能是有认知能力的机器。[①] 这几种认知实体都可以产生需要理解与表达这两种不同方向的意义流动，本章为了把基本问题说清楚，暂且只讨论人类个人主体意识的意义活动。理解，是人的意识面对事物，或面对媒介再现的文本，对它们的意义进行认知；表达，是人的意识面对他人，解释他已经拥有的认知。

理解与解释方向正好相反，获取意义，与表达意义，其基本动力却是一致的，即意识主体感觉到他的认知状态，与对象之间有一个落差需要填补。中西认知学界尚没有讨论过这个课题，笔者建议称之为“认知差”（或可英译为 cognition gap）。对任何问题，主体意识感觉到自身处于相对的认知低位或认知高位，这种认知的落差是意义运动的先决条件。

任何运动都来自某种势能关系：气流来自空气团之间的气压差；电流来自电压差；水流来自水压差，造成意义流动的根本原因是认知差。当意识面对一个未知事物，或事物的某个未知方面，或面对一个陌生的符号文本时，意识主体感觉自身处于“认知低位”，可以采取获取意义的姿态；反过来，当意识主体感觉处于认知高位时，例如面对可能认知不如己的他人时，意识主体会有意愿传送出意义，形成表达。虽然本章最后会尝试讨论认知差的“客观化”方式，认知差只是一种主观感觉，并不总是客观上可度量的客观存在。

以上的说法，听起来未免抽象，一旦我们分析认知差的几种基本状态就会发现，认知差非常实在，对意识来说须臾不可离，实际上，意识存在于世的最基本方式，也就是明白自身的认知与世界之间有认知差，需要意义流动来填补。很多学者已经感觉到这种推动意义运动的力量，

---

① George A. Miller, “The Cognitive Revolution: A Historical Perspective”, *Trends in Cognitive Science*, Vol. 7, No.3, March 2003, p. 214.

皮尔斯认为："（表意形式）并无既定的存在物，而实际上是一种'力'"(power)；[①] 塞尔称之为"语力"(force)；[②] 心理学家迈克尔·约翰逊提出"语力-格式塔完形"对意识的压力，[③] 而认知符号学家塔尔米近年提出"语力-动势"说。[④] 本章提出这个"认知差"概念，是在延续并推进各家的讨论，试图更清楚地回答：意义的流动靠的是什么样的动力？

## 二、第一种认知差：意识面对事物

意识的最基本的认知，是在意识观照事物时产生的。所谓事物，不一定是物体，还包括他人，包括事件，包括周围世界中出现的一切。意识的存在，必须时刻从环境中的事物获得意义，只有当意识处于休眠状态，暂时停止如晕厥，永久停止如死亡，这种获义活动才会停止。甚至睡眠与精神错乱都不会让意识停止追求意义，只不过此时意识功能不全，得到的是由局部意识获得的混乱意义。意识存在的目的是获取意义，反过来，意义的获得是意识存在的明证。

为什么事物会对意识施加这种认知压力？意识的获义意向性，是进化成熟的人的意识的本质功能，意识需要追捕意义，就像身体需要觅食。然而，为什么意识要选择朝向此事物，而非别的事物，来投射其获义意向性，并从此对象获取意义？这里必有原因，而原因就是认知差：意识感觉到此事物拥有的意义给予性，超出意识对此事物的认知，因而此事物有意识所需要的意义，成为能回应意向性的意义源。用平常的话来说，既然此人已经观照到此事物，觉得还没有认识，或没有充分认识此事物，就会感到理解的需要。

---

① Richard S. Robin, *Annotated Catalogue of the Papers of Charles S. Peirce*, Amherst, MA: Massachusetts University Press, 1967, p. 793.

② 约翰·塞尔：《心灵、语言和社会：实在世界中的哲学》，李步楼译，上海：上海译文出版社，2006年，第135页。

③ Michael Johnson, *The Body in the Mind: The Bodily Basics of Meaning, Imagination and Reason*, Chicago: University of Chicago Press, 1987, p. 34.

④ Lionel Talmy, *Toward a Cognitive Semantics, Typology and Process in Concept Structuring*, Cambridge, MA: MIT Press, 2000, p. 126.

意识面对世界万物，认知差总是接收性的，也就是说，对象是意义的给予者（虽然它是在意向性的压力下才能给予意义），意识是接收意义的一方。面对世界的万事万物，意识总是处于意义索取与承接状态。这无关于此人品格是否谦虚好学，认知差不是个心理问题，而是由意识与事物两种不同的存在方式所决定的：意识面对世界的获义主动性，使它成为意义产生的原因，也成为意义流向的目标。有了渴求意义的意识，世界万事万物才成为提供意义的源头，如果我不想理解某块石头，这块石头不会对我成为意义源。

事物相对于意识的认知差，实际上是由事物本身的意义源头地位所决定的。此时，意识面对事物，感到的是一种“接收性认知差”，它迫使事物转化为意义给予者。此种意义流动，是在回答意识的一个基本问题：“这是什么？”面对一件物体，要认出它是个水果；面对一个水果，要理解它是苹果；面对一个苹果，要理解它是一个可食的、新鲜的，或是具有任何属性的苹果，如此等等。此种意义接受，尚待经验与记忆累积成为理解。但面对事物的永恒理解冲动，是意识最根本的功能。

无论一个人如何博学，或如何对某物有深刻充足的认知（例如一个苹果专家），意识面对事物时，依然会对自己提出“这是什么？”因为意识与世界的关系靠此询问才能建立。此问题可以有无穷无尽的复杂变体，例如“这是某个新品种苹果吗？”或“这是何种转基因方式培育的苹果？”任何事物的最根本品质，是细节无限，经得起无穷探究，一个苹果能给予我们的认知永远无法穷尽。在这个问题上，人与动物或智能机器有根本的区别，即一个健全的意识，面对事物永远会感到有接收性认知差，而且永远在把这种认知差转化为获义活动，而动物，或是人工智能，会在某个预定的节点停下来。

因此，为什么意识要从事物取得意义？因为这是“意识”的题中应有之义，意识自我澄明无需证明的本质，就是面对事物寻求其意义，以回答“这是什么？”这个永远会出现的问题，实际上与事物的种类与状态无关。面对某些事物时，自觉到有认知差，需要获得意义来填补，是主体拥有意识而存在于世的最根本特征。

## 三、第二种认知差：意识面对文本

面对媒介化所形成的文本时，意识自问的问题，就从面对事物的“这是什么?”变成“这文本在表达什么意义?”而这意义，不一定是符号文本的发出者的意图意义，符号文本本身具有意义，不然它不成其为文本。塞尔说：“一般来说，为了解意向，我们可以问‘这个行为者想干什么?’那么，他作一个声言时想干什么？他想用再现某物为某态，来造成此物为某态。”[①] 文本再现某物的某态，是为了让别人通过理解此文本而理解处于某态的某物。哪怕此人的意识非常熟悉此种文本（例如一位幼儿园教师看一幅苹果的儿童画），她依然必须首先回答问题“此文本表达什么意义?”只不过面对熟悉的程式化文本，理解会自动而迅疾。

此处有一个意义理论上的难点：意识如何知道面对的是一个事物还是一个文本？这是由意识主体主观决定的：如果觉得被感知之物是被灌注了媒介化的意义，那就是文本，不然就是一件物。任何物，本来就都是意义性滑动的“物-符号”二联体。[②] 例如，田地里一块石头，可以被当作一个物件（石块），或是一件媒介化的文本（例如田界），甚至某种艺术文本（例如假山），这不完全是由这块石头的品质决定的，在很大程度上取决于文化对此事物的展示范畴，以及意识设定的理解范畴。

一旦意义活动累加，事物与文本的区别就凸显出来：事物由于作为事实的存在，造成与意识之间的认知差，而文本由于它的表意本质，在被理解之前，与意识对此文本的“尚未理解”状态之间，必定存在认知差。文本与事物一样，在直观上，对意识始终是处于认知高位的。而且，与事物一样，任何符号文本理论上都可以催生无穷的理解。说不尽

---

① John R. Searle, *Intentionality: An Essay in the Philosophy of Mind*, Cambridge, MA: University of Cambridge Press, 1983, p. 172.

② 参见赵毅衡：《符号学：原理与推演》第3版，南京：南京大学出版社，2016年，第29页。

的《红楼梦》，说不尽的莎剧，似乎是因为它们特别杰出；《诗经》中的民歌作为阐释的对象，几千年至今新的意义解释没有穷尽，是因为被奉为经典。其实任何貌似简单的符号文本，与任何事物相同，理论上都是意义的无穷之源。

那么，对所有的符号文本，意识是否会感到同样的“接收性认知差”？面对愚蠢或智慧的、熟知或新奇的文本，意识难道会感到同样的理解压力？应当说，面对不同文本，认知差的强度会有极大不同，但认知差是一定会有的，原因是意识总是接收者，而文本从定义上说就是提供意义的符号集合。面对任何文本，意识都必须先回答根本性问题：“这文本在表达什么意义？”在理解了这个意思之后，才有可能进行意义活动的累加，才能提出进一步的判断，例如此文本是否愚蠢。

同样情况出现在面对难以理解，甚至完全无法理解的文本时，“不可解”作为一个判断，只能出现在理解活动累加考量之后。任何符号，既然被接收者承认为符号，就必然是有意义的。德里达说过，“从本质上讲，不可能有无意义的符号，也不可能有无所指的能指”[①]，没有不承载意义的符号，也没有无需符号承载的意义。万一完全“不懂”，即意识主体无法理解一个符号，猜不出一个谜语，读不懂一首诗，认为本来此文本对他是无解，这时认知差还存在吗？应当说，一旦意识感知到面对的是文本，这是一则谜语，一首诗，就是认定这个是符号文本，而符号必定有解释的可能，虽然这种可能性不一定能在本次解释中实现。解释者感到认知差没有能填补，或没有填补到令他自己满意的程度，前提当然是承认这个认知差。

至于理解是否符合所谓意图意义，或符合“文本原意”，或让解释者自己满意，不是解释是否成立的标准。听梵语或巴利语念经，听藏语唱歌，听意大利语唱歌剧，大部分人也不能理解。不理解，恰恰是某种理解努力的结果，接收者认为这符号文本携带着意义，才得出他不理解

---

① 雅克·德里达：《声音与现象：胡塞尔现象学中的符号问题导论》，杜小真译，北京：商务印书馆，1999年，第20页。

的结论。他的初步理解努力（例如觉得有一种“神秘感”）促成一个“不足解码”，得到“神秘”“悲伤”“欢快”之类的模糊解释。任何理解都是一种理解，它至少部分填补了认知差。

因此，意识面对文本，认知差是绝对的，认知的“落差势能”，即填补这个认知差的难易程度，才是相对的。接收性认知差绝对必然地存在。当然，解释者可以对此文本提出挑战、补充、修正，甚至否定，那是意义活动累加之后下一步的工作。

## 四、第三种认知差：意识面对他人的认知

“面对他人”的认知差，卷入了主体间关系。这种认知差是个别的表达行为出发点，也是人类社会大规模传播或交流行为的最基本驱动力。米德认为：“个体通过扮演他人的角色，已经超出了他的有限的世界，因为通过以经验为基础、以经验为检验的交流，他确信，在所有这些场合，世界全都呈现着同一面貌。”[①] 意识面对个别的或社群性的他人，确信他人可以分享他的认知，这就是所有意义表达的根本动力。

上文谈的两种认知差，是个体意识生存于世的方式，这第三种却是意识的人际与社会性存在方式：当我与某个人（或某些人）交往时，我告诉对方某种意义，即我关于特定事物或文本的认知。我要传送这些意义，是我认为对方对此事物或此文本，没有或不如我所拥有的认知，也就是说，因为我在某个特定问题上认知较多，主体之间有个认知差需要填补。

人际认知差，是表达的动力，人类社会必须依靠意义表达与交流才能形成。前面说的面对事物与文本的认知差，虽然在人性上更为根本，却不如这种人际认知差造成的表达交流对人类社群的塑形作用大。三种认知差互相促进，有交流表达的欲望和需要，人认识和理解事物与文本

① 乔治·H. 米德：《心灵、自我与社会》，赵月瑟译，上海：上海译文出版社，1992年，第23页。

才更为迫切。因此，表达性认知差，转变成填补接收性认知差的动力、我们的人际性与社会性表达需要，可以推动我们的求知欲。

表达性认知差，也是意识的一种感觉，并不一定已经切实存在。穴居人在岩洞壁上画野牛，正是因为他觉得他了解野牛的某些方面，或体态之美，或神秘信息，其他人（同伴、后代）并不了解；电视台连线地震转播现场，记者急切地介绍情况，他认为他在现场所亲眼目睹的局面，全体电视观众都不了解；开会演讲的人，必然预先估量了他与听众在此题目上的认知差，相信自己拥有值得大家倾听的认知。

这是否就是说：凡是向他人送出意义的人，必定自认为是比他人高明？这是很容易产生的误解，因为表达性认知差，只是来自表达主体在某个特定问题上感觉到的认知优势。孩子央求母亲让他吃苹果，因为他认为，在他内心对苹果的食欲这个问题上，他比母亲知道得多；男生向女生求爱，是因为在关于他的内心的爱意这个特定问题上，“你不知道我的心”；甚至学生向老师承认回答不出一个问题，是因为在自己的无知这一点上，他的认知比老师多。对于个人表意与表达的欲望来说，只要主观假定在这一点上比对方所知多一些，就出现了足以驱动表达的认知差。

人际的表达性认知差可以触动交流，此时言者的表达性认知差，与听者对他的表达文本的接收性认知差互相配合形成传播，表达性认知差，就是文本接收性认知差的镜像。听你解释或表达的人，面对你传送出来的文本，认为自己有所不知，有个认知差需要填补，才会听下去。哪怕只有一人说一人听，也必然需要交流的势态，即认知差的互动。

## 五、认知差强度与认知差势能

认知差是一种主观感觉：某事物应认识，某文本可理解，在某特定问题上与某人的认知差距可用交流填补，这些“应该”都是主观设定。同样，认知差的强度也是一种主观设定。认知差强度在人的意义活动中关系重大：人们面对“熟悉之物”，与面对“陌生之物”，认知的态度很

不一样；面对“容易的文本”与“难解的文本”，理解的方式也很不一样；面对比自己认知能力低得多的“愚人”或“无知者”，与面对“智者”或“师长”，表达的态度也会很不一样。哪怕需要理解或解释的是同一件事物，迫切程度也会很不一样。压力不同，理解与表达的紧迫性大不相同，意义的流动有可能是蜿蜒的缓流，也有可能是轰然而下的巨瀑。

这个认知差强度，可以称作“认知势能”，虽然这种“落差”究竟有多大，依然是一种主观感觉，但是它决定了理解和表达的方式和迫切性。物体居于高位，就具有“势能”，也就是具有做功的可能，却因受阻不一定会实现为做功。同样，认知差可以导致认识、理解、表达，却不一定会实例化为这些意义行为。实现的关键，是意识的意向性能观照到此事物，此文本，此他人。

事物、文本、他人，如果没有落到主体意识观照的范围之中，会出现什么情况？是否认知差就不存在了？显然，未能与主体的意向性接触，就不可能实现意义活动，不会导致意义流动。这时的认知差表现为潜在的认知差势能，也就是认知差导致意义流动的可能性。例如，我可能对某人讲我在某个问题上的见解，条件只是我要感觉到此人对此事的认知不如我，我的表达就可以填补这个认知差。但是如果我因为各种原因无法够及此人，例如物理上在传达范围之外（电话断了我只能停止说话），无法知道对方的认知力（我犹豫是否对一个陌生人说话），或是觉得某种表现方式对方不会接收（例如感到对方不懂汉语），或是知道有认知差却不想填补（例如我拒不承认某事），交流就只能暂停，认知差就只是潜在的势能。

我们可以进一步推论，一个人感觉到的认知差总数中，真正推动了了意义流动的，恐怕是极少数。意识可接触无穷的事物，遇到纷至沓来的符号文本，却只挑少数去理解；我可以就某问题向许多人解释，却明白大部分人并不想听。真正去填补认知差的机会，毕竟是有限的，绝大多数的认知差，只形成认知势能，而没有实例化。

## 六、认知差的客观衡量

难道认知差永远只是一个主观假定？如果可填补的认知差永远只是一种主观估计，而且认知差的强度也是一种主观估计，那么“对牛弹琴”就不必被嘲笑，因为形成意义交流的动力，只是一种无法衡量的臆猜。但是任何一个物种的生存需要，不允许浪费过多的精力。人的意义世界是实在的，因为我们的存在是实在的，我们存在需要的意义活动，肯定相当大的部分也是实在的。虽然认知差不可能如物理的势能那样准确地量化，但是可以相对有效地把握，也就是说，在一定条件下，认知差不再是纯粹主观的感觉。证实认知差的关键点，就是表达与交流的人际关系效用。

可以看到奥斯汀的“言语行为”（Speech Act）理论，与认知差卷入的人际关系问题是直接相关的。[①] 这个理论，能比较清楚地看出表达的“证实”方式。奥斯汀提出的言语行为三类型（“以言言事”“以言行事”“以言成事”），都是通过说某事而得到某种回应，造成某种结果。[②]

既然认知差是主观感觉，那么无论是否确实，都可以推动表意。但是效果是表达的接收者的反应，臆断的认知差，会难以取效。本来表述者只要假定与接收者之间有认知差，就可以表达，仅仅以言言事，无需征求对方同意。但是表意要“以言成事”，却要靠对方反应，借用奥斯汀最喜欢用的例子，证婚人说，“我宣布你们俩从此成为夫妻”，是“以言成事”。[③] 这里显然有认知差在推动，如果听者“你们俩”尚未认为自己已经是夫妻，证婚人的话就有“成事”效用；如果“你们俩”已经认为自己是夫妻，那么证婚人的话就起一个证实作用；反过来，如果

---

① J. L. Austin, *How to Do Things with Words*, Oxford: Oxford University Press, 1975, p. 6.

② 参见邱惠丽：《奥斯汀言语行为论的当代哲学意义》，《自然辩证法研究》2006 年 7 月号，第 37—42 页。

③ J. L. Austin, *How to Do Things with Words*, 2nd Edition, J. O. Urmson and M. Sbisá (ed.), Cambridge, Mass.: Harvard University Press, 1962, p. 67.

“你们俩”根本不承认自己应当成为夫妻，或是不应当被这位证婚人宣布为夫妻，此时，推动表意的认知差就会无法取效，甚至被反驳否定。

因此，虽然推动意义表达的认知差是主观的，这种推动可以被客观地证实，其测试方式，就是社会性交流的取效及反应。戴维森说：“成功的交流证明存在着一种关于世界的共有的看法，它在很大程度上是真的。”[①] 胡塞尔在他的哲学生涯后期提出的“共同主体性”，就是基于这种人际交流：“每一个自我主体和我们所有的人都相互一起地生活在一个共同的世上，这个世界是我们的世界，它对我们的意识来说是有效存在的，并且是通过这种‘共同生活’而明晰地给定着。”[②] 一个人表达意义时所根据的认知差，固然不需要对方承认，但是一旦要求得到对方的回应，形成往复交流，就需要听者回应此认知差，哪怕不一定完全同意表达的意义。只有当认知差并非单方面的主观假定，交流才有可能进行下去。

“主体间性”的交流回应与取效，是衡量认知差的途径，舍此无他法。而且，交流延续的时间越长，交流的内容越复杂，认知差的客观化效果就越明显。对方不一定会肯定此认知差，而很有可能用反驳、抗议，或不理睬，来否定这个认知差。如此给出的反应，必定形成一个对应的符号文本，哪怕不理睬，面无表情，默不作声，无言以对，也是具有表意力的“空符号”[③]。言者意识面对此种文本，又出现一个接收性认知差，人际的意义表达，就会真正变成回旋往复的社会性意义交流。

以上是在讨论第三种即人际认知差的“客观化”，那么前文讨论到的前两种认知差，即意识面对事物与文本的认知差，有没有可能被客观化呢？人是社会性的生物，因此他对事物与文本的理解也不得不付诸文化的检验。任何意义活动与另一个意义活动，一旦有可能联系，都能形

---

① D. H. 戴维森：《真理、意义、行动与事件》，牟博译，北京：商务印书馆，1993年，第132页。

② 弗莱德·R. 多尔迈：《主体性的黄昏》，万俊人等译，上海：上海人民出版社，1992年，第63页。

③ 关于“空符号”，请参见赵毅衡：《符号学：原理与推演》第3版，南京：南京大学出版社，2016年，第25页。

成认知差客观化所需要的对照比较。一个人自以为他在单独地认识某事物，或理解某文本。他的理解必然会遇到两种检测：与他自己的回忆与经验形成对照，与他人的社会性经验之间的重复形成比较，他的理解必然被其他类似意义行为所印证或否定。

当一连串的意义活动，在同一个意识中发生，而且后一个意义活动，由于回忆的作用，叠加在前一个意义活动的印迹上，两个意义活动引出"文本间性"的对照。类似意义累积对比，是认知活动的根本方式，是意义世界的基本构成单位。热奈特认为："重复是一种解释性行为，每次重复只留下上一次的值得重复的东西，略去了无关的变异因素。因此重复可以逐渐创立一个模式。"[1] 的确，我们的意识，实际上不断地在对意义活动的重复做非常精致的处理：合并加强重复的经验，略去每次变异的临时性成分，保留可以形成经验的重要印痕。

"经验化"对认知差的这种检验，每时每刻都在意义活动中发生。可以想象一个场景：我周末逛古董市场，各式各样真真假假的古董，对我来说，是待理解的事物，也可能是待解释的符号文本。所有见到的物件或文本，都需要我去认识或理解，因此对我的意识都能形成接收性认知差。琳琅满目的物件，没有让我觉得需要深入认知的对象，直到我忽然看见某件古董，让我眼睛一亮：这件器物，唤起我自己曾有的经验，或与我曾经读到过的描述十分相似，或是与先前某专家的说法相似，也就是说，这次我的意识面对事物或文本所发生的接收性认知差，与我先前意义活动的残留痕迹叠加，得到某种"客观化"印证。于是我停下，仔细端详此物件，认知活动延伸进入深化理解。我对此物产生兴趣所依据的认知差，被记忆中先前认知活动留下的痕迹所证实，这种认知差是社会性的，是我与社群文化交流而形成的，不再是我的纯粹主观假定。

一旦认知差卷入文本间性与主体间性，它就可以在社会文化压力下"客观化"。这个过程很难自觉，因为主体意识不可能在自身的意义活动中理解自身，面对事物或文本的意向性获得的意义，不可能是关于此意

---

① Gerard Genette, *Figure III*, De Seuil, 1972, p. 145.

向性的意义。意识本身可以观照任何事物或文本，意义活动的“有关性”无远弗届，无所不包，整个世界没有意识不能去认知的事物，它却无法观照这次意义活动自身。[①] 意识能理解一切，就是不可能理解正在理解的意识。

然而，要真正客观化地对待认知差，必须对这次理解活动自身进行评价。要做到这个逻辑上不可能的事，唯一的方法，就是到“他次”意义活动中，到他人的反应中，去寻找对比。实际上，“他次”意义活动中的意识主体，不是正在进行认知的意识主体，而是我的意识观照的对象，因此是一个“他化”的我。意识无法观照此时此刻的意识，因为此时此刻的意识是观照主体。我能思考的只能是我的思想留下的痕迹，即经验。经验生成于过去，只是沉淀到此时此刻的意识之中而已。

因此，认知差卷入一个悖论：意识主体似乎是理解一切的起源，但是意义行为只是在自我试图理解他人或他物时出现的，意识主体外在于意识主体的认知。符号现象学家梅洛-庞蒂有言：“全世界都在我之中，而我则完全在我之外。”[②] 这话极有深意。意识主体是个不完整的意义构筑，但是在自我感觉中要一个需要“完整性”的意义构筑，才能感觉到认知差的缺憾。一切推动意义流动的认知差，都是从这种意识主体的完整与不完整性的矛盾出发：追求完整才有获得意义的要求，承认不完整才能有接收意义的愿望。因此，意识必须走出意识主体才能理解自己，才能客观地衡量作为意义流动的源头的认知差假定。

认知差的客观化，只能在认知实践与社会交流中步步证实。此种客观化的需要，以及证实的可能，引导我走向个人之外，到社会文化中去寻找评价标准，寻找意义流动的秘密。

---

① Martin Davies, “Consciousness and the Varieties of Aboutness”, in C. Macdonald and G. Macdonald (eds.), *Philosophy of Psychology: Debates on Psychological Explanation*. Oxford: Blackwell Publishers, pp. 356—392.

② Maurice Merleau-Ponty, *Phenomenology of Perception*, London: Routledge and Kegan Paul, 1962, p. 407.

# 第六章　文化：社会符号表意活动的总集合

**【本章提要】**　有一部分思想家，认为文化的定义就是“社会的符号意义集合”。这个定义虽简单，却能解释两个多世纪以来关于文化的争论中一直混淆不清的许多问题。文明与文化这二者有许多重叠，更清楚的说法应当是：文明与文化的优先面不一样：“文明”主要指人类的物质进步，而“文化”主要指向精神性和意义性。文化与文明有四个重要区别，即文化的民族性、分区性、层控性、保守性，都来自二者的这种根本区别。不了解文化的根本品质，就会出现很多误会和混淆，而且这些混乱主要发生在文化研究中。

## 一、文化、符号、意义

第一个把文化定义为“符号集合”的，是人类学家格尔茨，他在1973年出版的《文化的解释》一书开首就提出：“我主张文化概念实质上是一个符号学概念。”①

格尔茨认为，他不是如此定义的始作俑者，他紧接着就引用马克斯·韦伯：“人是悬在他自己编织的意义网络中的动物。”他强调说：

① 克利福德·格尔茨：《文化的解释》，南京：译林出版社，1999年，第4页。

"我本人也持相同观念。"[①] 但为什么符号等同"意义"呢？韦伯没有说，格尔茨也没有详说。实际上格尔茨也应当将《符号形式哲学》的作者卡西尔作为他的"符号学概念"文化定义之先驱，但这样他就必须说清"文化"-"符号"-"意义"这三个概念的关系。

格尔茨明白他的简短定义需要详细讨论才能立足，"(对于）这种用一句话就说出来的学说，本身要做一些解释"，但他的这本书是一本人类学的文选，大部分篇幅讨论爪哇等民族的符号实践。[②] 他的许诺至少在这本书里没有令人信服地实现。实际上，学界已经发现，从人类学与考古学角度研究文化的符号学品格似乎自然而然，[③] 几乎不必论证。卡西尔认为"文化符号学"有两个对象，一个是"文化中的符号系统"(sign systems in a culture)，另一个是"文化作为符号系统"（cultures as sign systems)，[④] 至今为止汗牛充栋的"文化符号学"著作，大部分讨论的是前者"文化中的符号系统"，逐项讨论风俗、礼仪、传播、艺术等，很少有学者坚持讨论"文化即符号集合"这个综合抽象的课题，更少有学者在他的整个论证中把文化的方方面面用一个原则一以贯之地解释清楚。本章的目的，就是为这第二种（综合的）文化符号学之必要，做一个辩护。而这种辩护的主要论证路线，必须把"文化"与"文明"的区分讲清楚，讲明白了，才能指出"文化中的符号系统"这种讨论的局限性。

今日大部分教科书和百科全书的"文化"条目，还是引用或改写英国人类学家爱德华·泰勒在 1871 年《原始文化》一书中提出的"罗列式"定义："就广义的民族学意义来说，文化或文明，是一个复合的综合体（complex)，它包括知识、信仰、艺术、道德、法律、风俗，以及作为社会成员的一分子所获得的全部能力和习惯。"[⑤] 格尔茨把泰勒式

---

① 克利福德·格尔茨：《文化的解释》，南京：译林出版社，1999 年，第 4 页。

② Clifford Geertz, *The Interpretation of Cultures: Selected Essays*. New York: Basic, 1973.

③ Roland Posner, "Basic Tasks of Cultural Semiotics", in Gloria Withalm and Josef Wallmannsberger (eds.), *Signs of Power-Power of Signs*. Vienna: INST, 2004, p. 9.

④ Ibid., p. 59.

⑤ 爱德华·泰勒：《原始文化》，上海：上海文艺出版社，1992 年，第 1 页。

定义轻蔑地称为“大杂烩”（pot-en-feu），他认为罗列只会“将文化概念带入一种困境”[①]。罗列式定义实际上是放弃定义，但这个做法至今还在继续。例如戴维斯说文化是“一批能划定范围的人所共享并且一代代传承的信仰、习俗、行为、机构，与传播模式的总体积累（total accumulation）”[②]。

然而，格尔茨式的简洁定义，也留下过多的应当解释之处。由于文化问题极为复杂，这个定义并没有让当今大部分文化研究者接受，甚至有人提出，如此追索“文化”的定义，“实质上是竭力用一劳永逸的方式，为人类的探索画上句号”[③]。如果一个下定义的尝试罪名会如此严重，世界上为任何概念追求定义的努力，甚至所有词典的编撰法，都无法摆脱此原罪，不独讨论“文化”才如此。笔者不揣冒昧写此文，试图详说文化的符号集合本质，就是想证明，简洁定义不一定能让人省心地“一劳永逸”。

笔者于1989年写成的《文化符号学》一书中提出：“文化是一个社会中所有与社会生活相关的符号活动的总集合。”[④] 那时笔者尚未读过格尔茨这本书，因此只引了巴尔特的话“文化，就其各方面来说，是一种语言”，以及怀特的话“所有人类行为都由象征组成”，作为引援。笔者在2011年出版的《符号学：原理与推演》一书中提出：符号是用来承载意义的，任何意义都必须由符号承载，符号学就是意义学。那时笔者也没有想到自己是在寻找格尔茨、韦伯、卡西尔之间的联系，即寻找“文化”-“符号”-“意义”三概念之间的桥梁。然而，本章将围绕这三个关键词展开，说明这几个概念合成一个对文化的有效定义。

应当说，实际上最早把文化定义为符号集合的，是中国古人，中国的“文化”概念，一开始就与符号不可分割。《说文解字》称：文“错

---

① 克利福德·格尔茨：《文化的解释》，南京：译林出版社，1999年，第12页。

② Linell Davis, *Doing Culture: Cross-Cultural Communication in Action*, Beijing: Foreign Languages Teaching & Research Press, 2010, p.5.

③ 霍桂桓：《论文化定义过程中的追求普遍性倾向及其问题》，《华中科技大学学报》2015年第4期，第14页。

④ 赵毅衡：《文学符号学》，北京：中国文联出版公司，1990年，第89页。

画也，象交文”。因此“文”指的是所有的符号：各色交错的纹理、纹饰，各种象征图案，也包括语言文字，以及文物典章礼仪制度等。《周易》贲卦“观乎天文，以察时变，观乎人文，以化成天下”。这里用“天文”与“人文”相对，“天文”指自然物的构成及其规律；“人文”当指人类社会的构成及其规律。汉代以后，“文”与“化”结合生成“文化”这个词，意思是以“人文”来“化成天下”。中国古人说的“文化”，就是用符号来教化社会。格尔茨如果了解《周易》此说，就会明白中国古人对符号与文化关系所见略同，或当详为引用。

## 二、文化与文明的区别

“文化”（英文 culture，德文 Kultur）与“文明”（英文 civilization，德文 Zivilisation）如何区分，已经是个太古老的问题，而且似乎谁也无法说清楚。不仅在语言的日常使用中经常混用，在学者笔下恐怕更为混淆不清。本章不得不详作讨论，是因为许多关于文化的误解，都来自二者混淆，只有细加分辨，才可能说清文化的定义。

不少学者认为“文化”和“文明”没有多大差别，泰勒定义一开始就说，他的定义适合“文化或文明”，经过两个半世纪的辩论，一直到近年亨廷顿等人依然坚持二者同义。亨廷顿在名著《文明冲突》中说：“区分文化与文明。至今没有成功，在德国之外，大多数人都同意，把文化从其基础文明上剥离，是一种幻觉。”[①] 在中国现代学者中，梁漱溟提出“文化，就是吾人生活所依靠之一切……文化之本义应在经济、政治，乃至一切无所不包”[②]。庞朴认为“文化应包括物质、制度、心理等三个层面”[③]。余英时有文化“四层次说”：“首先是物质层次，其

① Samuel Huntingdon, *The Clash of Civilization and the Remaking of World Order*, London: Simon & Schuster, 1996, p. 41.

② 梁漱溟：《中国文化要义》，上海：学林出版社，1987年，第3页。

③ 庞朴：《要研究“文化”的三个层次》，《光明日报》1986年1月17日，第2页。

次是制度层次，再次是风俗习惯层次，最后是思想与价值层次。”[①] 最近有中国学者提出“文化即人化”，被批评为过于简略。简略不是问题，问题在于“一锅端”：“人类在这世界上创造的一切物质的和精神的产物，都是文化的题中应有之义。”[②]

混淆得最出格的人，恐怕是弗洛伊德，他的名著 *Unbehagen in der Kultur*，德文题目分明说的是“文化”，英法等国的译本都改成“文明”，中文译本也改称《文明及其缺憾》，[③] 可见泰勒混淆二者统而论之影响极大。克拉克洪 1944 年的《人类之镜》给出 11 类文化的界定，[④] 被格尔茨嘲笑为“自拆台脚，不攻自破”[⑤]；但是克拉克洪卷土再来，1951 年与克娄伯合著的《文化：对各种概念与定义的批判性评论》总结了 161 条定义，六大范畴，[⑥] 被博兹-波尔斯坦指责为“把泰勒开始的文明-文化混淆越弄越乱”[⑦]。应当说，对于“文化”这样复杂的事物，定义无法定于一尊，是正常的，也不是坏事。不同定义实际上暗示了不同研究方式，但绝大部分定义的确没有区分“文化”与“文明”，结果是文字稍异，内容差不多。

应当承认，很多学者认为这二者并不同义，也不并列，但究竟何者包括何者，却是言人人殊。有的人认为文化概念要比文明广泛，因此包括文明，文化出现早，文明可以看成是文化的高等形式。这个观念实际上源自西方语言二词的词源：culture 来自拉丁文 colere（耕作），其派生词 cultura 原意是“一块耕过的土地”，至今 culture 此词有“培植”意义。罗马思想家西塞罗首先使用 cultura animi（心灵的培育）这个短

---

① 余英时：《从价值系统看中国文化的现代意义》，《文化：中国与世界》第 1 辑，北京：生活·读书·新知三联书店，1987 年，第 38—91 页。

② 刘强：《文化即人化》，《东方早报》2012 年 3 月 22 日。

③ 弗洛伊德：“文明及其缺憾”，《弗洛伊德文集》第 12 卷，车文博主编，北京：九州出版社，2012 年。

④ Clyde Kluckhohn, *Mirror for Man*, New York: Fawcett, 1944.

⑤ 克利福德·格尔茨：《文化的解释》，南京：译林出版社，1999 年，第 5 页。

⑥ A. L. Kroeber and Clyde Kluckhohn, *Culture: A Critical Review of Concepts and Definition*, Cambridge, Mass.: Harvard University Press, 1952 .

⑦ Thorsten Botz-Bornstein, “What Is the Difference Between Culture and Civilization? Two Hundred Fifty Years of Confusion”, *Comparative Civilization Review*, No. 66, Spring 2012, p. 12.

语，显然是当作一个比喻，但是从此以后就成为“文化”这个意义的由来。而 civilization 来自拉丁文 civicus（城市公民）。自然让人觉得，culture 来自农耕，而 civilization 于城市形成之后出现。两词经常混用。与“自然”或“野蛮”相对的可以是“文化”，也可以是“文明”，此时两个词没有太大区别（例如中文“文明人”）。文化包含一个社会的一切活动，也包括主要指“制造物”（artifacts）以及制造工艺的“文明”。[①]

但也有不少学者反过来认为文明大于文化，他们认为文明是一群人在某个地方创造的社会物质和精神财富的总称。因此“埃及文明”包括了埃及文化，“希腊文明”包括了希腊文化，甚至希腊的若干文化，例如雅典文化、斯巴达文化、克里特文化等。他们认为文明是总体性的，因此不能说雅文明、俗文明，但是一个文明能包括这些林林总总的文化。台湾学者陈启云指出：“文明一词指在特定时空存在的历史文化整体，如古代中华文明、汉代文明等。文化则指此文明中具体而微，可以分别讨论的成分。如汉代物质文化、文学、艺术、政治、宗教、思想等。”[②] 本章所引泰勒的定义，也更适合于“文明”。这种说法与上一段的说法相反，却不是没有道理。文明不仅是个总体性概念，而且是个总体化（generalizing）的概念，因此在启蒙运动后大行其道，[③] 西方语言“文明”这个词到 18 世纪“理性时代”才发明出来。[④]

究竟这两个概念何者包括何者？笔者认为二者没有互相包容的关系，而是并列的两个概念。在中文的“文化”与“文明”二词之间，看不出这种外延大小区分。本章要强调的是二者的另一种区别，即“文明”主要指人类的物质进步，而“文化”主要指向精神性和意义性。这二者倾向不同，但是有许多重叠，因此，更清楚的说法应当是：文明是

---

① Roland Posner, "Basic Tasks of Cultural Semiotics", in Gloria Withalm and Josef Wallmannsberger (eds.), *Signs of Power-Power of Signs*. Vienna: INST, 2004, p. 58.

② 陈启云：《中国古代思想文化的历史论析》，北京：北京大学出版社，2001 年，第 5 页。

③ Norbert Elias, *The Civilizing Process: The History of Manners*, New York: Urizen Books, 1978, p. 5.

④ Thorsten Botz-Bornstein, "What Is the Difference Between Culture and Civilization? Two Hundred Fifty Years of Confusion", *Comparative Civilization Review*, No. 66, Spring 2012, p. 11.

物质与精神的综合体，而文化是精神与意义的综合体，优先面不一样。在文化定义问题上，钱锺书一反泰勒与中国学者的“无所不包”论，他的说法断然而清晰：“‘衣服食用之具’，皆形而下，所谓‘文明事物’；‘文学言论’则形而上，所谓‘文化事物’。”[①] 文明的物质性、可触摸性比较大，文化的精神性、不可触摸性更强。

这种看法实际上源自19世纪德国学者：文化专注于价值、信仰、道德、理想、艺术等；文明集中于技术、技巧和物质。文化社会学家阿尔弗莱德·韦伯对此区分做了专门论证：“文明是‘发明’出来的，而文化是‘创造’出来的。发明的东西可以传授，可以从一个民族传授到另一个民族，而不失其特性；可以从这一代传到那一代，而依然保存其用途。凡自然科学及物质的工具等等，都可目为文明。”在他看来，“文明”，是指理智和实用的知识以及控制自然的技术手段；所谓“文化”，则包含了规范原则和理念的诸种价值结构，是一种独特的历史存在和意识结构。“文明”是人的外在存在方式和生活技巧，“文化”则是人的内在存在方式和本质特征。[②] **他所说的文明即是科学技术及其发明物，而文化则是伦理、道德和艺术等。阿尔弗莱德·韦伯的说法，代表了一些德国学者的“文化执念”**（obsession with culture)，**认为文化比文明高一等。**[③]

在中国传统中，“文化”也有类似的精神意义，但是与其对比的，主要不是技术与物质的“文明”，而是政治上对外的“武功”，或对内的“刑治”。刘向《说苑》说“圣人之治天下也，先文德而后武力……文化不改，然后加诛”。南齐王融《曲水诗序》“设神理以景俗，敷文化以柔远”，文化与“武力”相对应。不过在古代汉语中，“文明”也可以有“文化”的这种意义。杜光庭《贺黄云表》“柔远俗以文明，慑凶奴以武略”，此处的“文明”，与“武略”相对，与上面说的“文化”同义。

---

① 钱锺书：《管锥编》第一册，北京：生活·读书·新知三联书店，2007年，第533页。

② 曹卫东：《阿尔弗莱德·韦伯和他的文化社会学》，《中华读书报》1999年8月4日。

③ Charles Harrison, Francis Frascina, Gillian Perry, *Primitivism, Cubism, Abstraction: The Early Twentieth Century*, London: Open University Press, 1993, p. 38.

不过“文化执念”一度兴盛的历史背景是另一回事，我们大致上可以同意：文明是物质的，扩散的，文化是精神的，凝聚的；文明是可以学习的，“蒸汽文明”“互联网文明”之类迅速扩展到全球，而文化往往属于一个民族或社群，难以为其他民族或社群所全盘接受。一般说来，用“文明”可以命名一些留下比较明确实物的人类聚居遗迹。例如古埃及文明的金字塔、爱琴文明的神庙、中国良渚文明的玉器、古蜀文明的青铜器、华夏文明的陶瓷，等等。因此，由于“文化”这个概念实在容易混乱，很多学者用其他词来顶替它，例如习俗（mores），价值观（values），民族性（national character），精神（geist），等等，[①] 都是在把“文化”朝意义方向纯化。而文明可以强调其物质方面，博德认为，西方文明与其他文明的区别，现代文明与其他文明的区别，“正是建筑在科学与机械之上”[②]。

为了把问题说得更加明确，本章建议：“文明”与“文化”的区分，可以从符号学的“物-符号”二连体原理加以解释。世界上所有的事物（自然物和人造物）都可能带上意义而变成符号，而所有的符号也可能被认为不再携带意义而变成物。在绝大部分情况下，这种“意义性”的滑动并没有落到极端，而是物性与意义性并存。当物-符号携带的意义缩小到一定程度，不能再作为符号存在，那就是纯然物。《汉书·扬雄传下》：“钜鹿侯芭常从雄居，受其《太玄》、《法言》焉，刘歆亦尝观之，谓雄曰：‘空自苦！今学者有禄利，然尚不能明《易》，又如《玄》何？吾恐后人用覆酱瓿也。’雄笑而不应。”刘歆认为扬雄的书没有价值，只能用来做酱缸盖子。例如纸币，是作为符号生产出来的，也有可能失去意义，“物化”成为使用物，例如拿来点烟；信用卡可以开锁，权笏可以打人。每一件“物-符号”在具体场合的功能变换，来自物性与意义性的比例分配变化。

表意性与使用性的消长，在历史文物的变迁上最为明显：许多所谓

---

① Thorsten Botz-Bornstein, “What Is the Difference Between Culture and Civilization? Two Hundred Fifty Years of Confusion”, *Comparative Civilization Review*, No. 66, Spring 2012, p. 21.

② Charles Beard, *Towards Civilization*, New York: Longman & Green, 1930, p. v.

文物（承载文化之物）在古代原是实用物，历史悠久，它带上的符号意义越来越多。例如，祖先修的一座桥，当初是派用场的，今日石板拱桥已经不便行走，更不用说走车。当时可能的符号意义（例如宣扬德政）今天也消失了，而今日可以解释出来的意义（例如当时的技术水平，或财富动员能力）当初没有想到。一旦成为历史文物，使用性渐趋于零，而意义越来越多，两者正成反比。1687年路易十四的五个使节给康熙皇帝送来三十箱礼物，包括天文与数学仪器，这是代表文明，还是代表文化？显然这取决于接受者的具体解释——看重器物，还是看重“意义”？实际上任何礼物，任何物件，都是如此。在人类的世界中，一切物都是意义地位不确定的“物-符号”，因此，“文明”与“文化”，与其说是两种互相排斥的范畴，不如说是对人类社会的两种不同的理解。

既然不存在完全不可能携带意义的物，究竟一件“物-符号”有多少意义，取决于符号接受者的具体解读方式：解释能把任何事物不同程度“符号化”。同一种社会进步局面，文明是侧重物质性的解释，文化是侧重精神性的解释：“穴居文明”留下来的陶器等痕迹，正是文化的起源；而马克思视蒸汽机为“资本主义时代的标志”；“互联网文明”与“互联网文化”正是一个事物的物质与精神两面。可以说，文明包括了物质财富，以及由此衍生的精神财富，而文化包括了精神财富，以及与之相联系的物质财富，它们的区别是组成社会的内容在解释中的差异，这种差异造成了它们根本性质的不同。

这样，我们就可以回顾本章开始时格尔茨的定义：文化是“符号学的”，原因不是别的，而是因为符号学特殊的解释方式：“符号学社会学的目的就是努力理解作为符号存在，而不是物质存在的‘现实’。”[①]

## 三、文化与文明的四个重大区别

泰勒式“罗列定义”，既适合文明又适合文化，文化诸特性诸范畴，

---

① Antonio Santangelo，“Semiotics as a Social Science”，《符号与传媒》2014年第9辑，第118页。

既然都是符号意义活动，就决定了“文化”与“文明”的一系列重大差别，而不分开文化与文明，这些差别就被混作一团，上面引用的许多饱学前贤，所论可能有所偏差，原因在此。

文化与文明的第一个重大差别，是文化的强烈**民族性**，甚至本土性。这一点，竭力强调文化重要性的德国思想家首先明白了。斯宾格勒在1917年就意识到“文化的力量是内向的，而文明外向。文化是回家，而文明以‘世界城市’（world city）为其领域”[①]。托马斯·曼在1920年就指出德国思想家关注文化，因为“文化是民族的，而文明拆毁民族主义”[②]。在第二次世界大战之后，对德法思想都非常熟悉的利科，又回到这个课题，他的一篇文章，标题就叫作《普遍的文明，民族的文化》（“Universal Civilization & National Cultures”）。[③] 注意，他的“文明”一词用的是单数，而“文化”一词用复数。文明比较单一，而文化却因民族，因地区，因社群而异。

对文化的民族性最偏激的言辞，来自纳粹“思想家”。马克思主义历史学家霍布斯鲍姆引过一段某个傲慢的纳粹官员的声明：“文化不可能通过教育而获得。文化流淌在血中。最明确的证据是今日的犹太人，他们对我们的文明做过的坏事太多了，但是永远动不了我们的文化。”[④]此种极端的“排外性”，所谓“非我族类，其心必异”，把文化的系统的有效性严格地限制在本民族或本集团中，是很危险的。

但是排除这种极端立场，我们可以看到文化相对而言是群体性、社会性、民族性的，而文明比较来说是跨民族的。原因正是因为文明以物质为基础，而物质的进步比较容易延展。应当说清楚的是，上一段引的几位思想家心目中的“文明”是西方现代物质文明，这个文明逐渐地越出欧美国界，到达世界其他地方。在20世纪初斯宾格勒的《西方的崩

---

① Oswald Spengler, *The Decline of the West*, New York: Knopf, 1938, pp. 36－37.

② Thomas Mann, *Reflections of an Unpolitical Man*, New York: Frederick Unger, 1983, p. 179.

③ Paul Ricoeur, *History and Truth*, Evanston: Northwestern University Press, 1961.

④ E. J. Hobsbawm, *Nations and Nationalism since 1780: Programme, Myth, Reality*, London: Cambridge University Press, 1990, p. 63.

溃》，与20世纪末亨廷顿的《文明冲突》中，这一点都非常清晰。而文化是一个社会的意义集合，这个意义集合的构造方式，尤其是解释方式即元语言，属于这个社群，而不属于其他社群。同样的符号形式，在一个社群中是某种意义，在另一个社群中可能是完全相反的意义。

哪怕我们的世界早已经越过了“百里而异习，千里而殊俗”（《汉书·王吉纪》）的时代，符号表意方式的民族性依然显而易见。物质文明似乎与意识形态不直接关联，很容易被另一个民族文化接过去；而文本体裁则是高度文化的，跨文化流传时会发生一定的阻隔。例如照相术普及推广并不难，实际上任何民族很难永远抵制技术上的任何进步；而摄影的特殊体裁（例如“婚纱照”）的传播，就会出现民族文化阻隔，不会跟着摄影术立即走向全世界。再例如手机短信作为媒介技术，迅速普及全球，很难有一个民族长久抵挡“手持终端”技术文明，但微博、微信作为一种表意方式，其推广必须克服民族文化障碍，就有可能慢得多。

当我们说文化有渗透功能，会传播到别的民族、别的国家，这种说法是有条件的，传播的速度取决于很多条件。麦克卢汉在20世纪60年代就预言了“全球村”，[①] 但麦克卢汉是在讨论传播技术的效果，全球化是文明的传播，而不是文化的传播。因此，提出“符号域”理论的苏联符号学家洛特曼，强调文化的符号域是有“边界”的，虽然是个流动变化的边界，但是边界不可能消失。[②]

文明与文化的第二个重大区别，是文化在社群内部的分区性分化，比文明的分化严重得多。一个民族的文明，当然有内部的阶级差别，社会上层所支配的物质和技术资源，或是所掌握的科学知识，与社会下层相比，两极分化可能变得很严重。但由于累进所得税、福利制度、慈善、普及教育，等等因素，文明的物质性会渐渐下渗（trickling down）。但是文化的阶级或阶层分野，就复杂得多，而且“平等化”的可能性小得

---

① Marshall McLuhan, *War and Peace in the Global Village*, New York: Bantam, 1968.

② Yuri M. Lotman, *Universe of the Mind: A Semiotic Theory of Culture*, Bloomington: Indiana University Press, 1990, p. 131.

多，相反，文化的结构本身经常是为了维护层次化。[①] 葛兰西的“文化宰制权”（cultural hegemony）理论，就是看到上层对意义解释和评价权力对社会的控制，远比经济上的垄断更加严重。他进一步解释说，这种宰制权，“应该名副其实地称为‘文化’，即应该产生某种道德、生活方式、个人与社会的行动准则”。[②]

因此，一个社会的文明是相对匀质的，而任何社会的文化却始终有严重分化。分区是文化的常态，文化总是有地区差别、性别差别、代际差别、民族差别、阶级差别、宗教差别，甚至有职业社群差别。哪怕是基尼指数低于0.3，即是社会财富和物质生活水平比较均衡的中北欧国家，这些差别都依然存在。可以说，“文明”的内部有可能渐渐匀质化，而文化的分区差异（例如男女差别），很难消除，除了个别的局部的变化，我们很少看到例外。20世纪八九十年代欧美学界掀起的文化批判潮流，就是在反对“性别、阶级、种族”三大不平等的旗帜下展开的。[③] 而批判之必要，证明顽疾难除。不久前英国公布了“公共政策研究所”的调查报告，报上刊登时用了个耸人听闻的标题“女权主义失败了吗?”该报告指出，经过半个世纪的努力，“女治内”负责家务活的家庭，依然有五分之四。而且新的不平等又出现了：有学位的女性比无学位的女性工资高三倍（男性中是二倍），也就是说阶级差异的增长，取代了性别分野。[④]

把这些文化差别分作高与低，在现代社会已经很不合时宜了。实际上泰勒提出文化的罗列式定义，就是想用“文化民主”抵消阿诺德式的“精英文化论”。[⑤] 马克思主义的法兰克福学派对俗文化的批判，出自对

---

① 祝东：《仪俗、政治与伦理：儒家伦理符号思想的发展及反思》，《符号与传媒》2014年第10辑，第78页。

② 安东尼奥·葛兰西：《论文学》，吕同六译，北京：人民文学出版社，1983年，第2页。

③ Mary Jackman, *The Velvet Glove: Paternalism and Conflict in Gender, Class and Race Relations*, Berkeley: University of California Press, 1994.

④ http://www.dailymail.co.uk/news/article-2301956/Has-feminism-failed-Eight-married-women-STILL-housework-husbands.html

⑤ Thorsten Botz-Bornstein, “What Is the Difference Between Culture and Civilization? Two Hundred Fifty Years of Confusion”, *Comparative Civilization Review*, No.66, Spring 2012, p. 13.

西方“文化工业”的批判，但依然认为俗文化比雅文化低一等。而伯明翰学派集中研究所谓“亚文化”“俗文化”，并且认为俗文化具有改造资本主义的力量，这是对俗文化“低人一等”地位的翻案，却并没有改变文化的雅俗分野。

文化与文明区分的第三个重大特点，是文化具有意义解释的层控构造。泰勒式定义的另一个重大问题，是罗列的内容没有内在层次：文化是一大堆东西的“复合体”（complex），（有人称“总积累”total accumulation），这些东西似乎是并列的，互相没有制约关系。文明除了技术科学本身有难度等级之分外，没有层控关系：有的机械的确简单，技术上并非最先进，但是只要会用，例如手扶拖拉机适合农村运输使用，就没有何者高何者低的问题。而文化不然，正因为文化是一个符号意义的集合，某些意义层次，控制了另一些层次的解释。层控性是符号意义结构的内部建构方式，与上面说的文化分集团很不同。实际上每个集团的文化都有着层控式构筑。

在这个问题上最广为人知的理论，是荷兰学者霍夫斯泰德提出的文化四层“洋葱式结构”[①]。他认为“符号”（他称作 symbols[②]）为表层，“价值观”为最深层，中间为“英雄”和“礼仪”。文化首先表现为意义的形式，因此文化看得见的部分，都是符号载体，这点没有错。格尔茨也只说了一句“文化是公众所有的，因为意义是公众所有的”，他的根据是胡塞尔与维特根斯坦这二位现代哲学奠基者“对意义私有的抨击，是现代思想的重要部分”[③]。

第二层，霍夫斯泰德称作“英雄”，这说法有点奇特。笔者认为他是在讨论一个文化的褒贬，尊敬与鄙视，解释的标准，因此抽象地说应当是“符码”，即对符号的解释。第三层，他称为礼仪，笔者认为可以

---

① Geert Hofstede, *Culture's Consequences: Comparing Values, Behaviors, Institutions, and Organizations Across Nations*. Thousand Oaks, CA: SAGE Publications, 2001.

② 关于 symbols 一词的复杂含义以及在汉语翻译中的淆乱，请参见拙作《符号学：原理与推演》第1版，南京：南京大学出版社，2011年，第197页。

③ 克利福德·格尔茨：《文化的解释》，南京：译林出版社，1999年，第15页。

称作文化“程式”，即社会意义方式的相对规定的程序，因为仪礼本身着眼于要求社会尊重程式规范。[①] 而最后的第四层，文化的核心，霍夫斯泰德认为是由价值观构成的，笔者认为价值观也就是文化的元语言，即意识形态。[②] 霍夫斯泰德的四层命名可能过于注意史前与古代社会，笔者称之为“符号-符码-程式-元语言”这样的说法或许更适合所有的文化，尤其是现代文化。

在有一点上，霍夫斯泰德是对的，即人的社会实践，实际上贯穿这个四层，从符号表象直达价值观-元语言。“实践”当然包括任何实践，有些细微的、日常的、习惯的行为，实践者并未意识到会触及价值观，但实际上不触及价值观的实践，不可能实施：文化的行为永远有评价的标准问题，只不过实践者不一定自觉而已。

文化的层次，在文学艺术文本中一样呈现出来。罗曼·英伽登的艺术作品现象学分析，通过层次论的剥离和分析，把文本分为四层——“语音层、意义层、再现客体层、图式观相层”——揭示在表层形式之下的深层意义控制，越深层越具有超越性和形而上品质。实际上，所有把文本分层分析的努力，都应和了文化的分层控制理论，文化文本层控性，是意义活动的规律。而且深层结构并不是不可捉摸的，实际上文艺学家在不断寻找其规律，也就是把它们形式化。

文化与文明的第四个明显区别点，是文化并没有清晰的进步性，它的本质实际上是保守的，与文化正成对比的是，文明必然是累积的，步步前进的，而文化却完全可能回归原点。文化的取向具有相对的独立性，它与“文明”的发展有时候同步，例如20世纪30年代上海作为中国工业现代化的前导，同时催生了以电影与文艺为最显著形式的“摩登文化”。但二者同步是局部的，阶段性的，不一致却是经常的。文化学家丹尼尔·贝尔对此有清晰的论述。贝尔强调：“社会不是统一的，而是分裂的。它的不同领域各有不同模式，按照不同的节奏变化，并且由

---

① 朱林：《仪式的时向问题：一个符号叙述学研究》，《符号与传媒》2015年第10辑，第139页。

② 参见笔者关于意识形态的定义：“意识形态就是文化的元语言”，《符号学：原理与推演》第1版，南京：南京大学出版社，2011年，第242页。

不同的，甚至相反方向的轴心原则加以调节。”[1] 他的结论是：经济和文化“没有相互锁合的必要”[2]。钱锺书先生也指出：“（文明）见异易迁，（文化）积重难改”，他举的例子，从先秦到晚清，从古希腊到现代欧洲。最“暴谑”的可能是歌德描写的德国某生，放歌曰：“真正德国人憎法国之人而嗜法国之酒。”[3]

文明的累积，尤其是科学技术的累积，必然是“向上进展”的：了解哥白尼体系后，不会回到托勒密体系；有了 USB 盘和云存储，不会回到存储量小又容易损坏的 5.25 英寸软盘。但是文化就不然，文化很可能：现代西方画家回到“原始主义”“野兽主义”；现代中国学子回到孔子礼乐仪式，理由很充分；后代诗人承认唐诗宋词是“千古绝唱”，不可能赶上，更不用说超越。经济-技术领域“轴心原则是功能理性”，“其中含义是进步”。[4] 而文化不同，贝尔同意卡西尔：正因为文化是“符号领域”，它本质上是“反动”的，因为文化“不断回到人类生存痛苦的老问题上去”[5]。

当我们说文化与文明都是一个社群共享的，因此都需要学习和传达播散开来，也需要通过教育一代代传承下去，而且每一代都会由于内部压力，由于与异文化、异文明接触，而发生变异。但这二者的传承有极大不同：文明肯定是后一代比前一代强，文化却说不上“代代前进”。

以上说的文化区别于文明的四个重要特点，即民族性、分区性、层控性、保守性，都来自二者的根本区别：文明倚重物质基础，而文化的本质是符号意义。不了解文化的根本品质“符号意义集合”，就会出现很多误会，很多不必要的混淆，而且这些混乱主要发生在文化研究中。

本章并不想比较文化与文明的高低大小，而只是想说：文化领域在

---

① 丹尼尔·贝尔：《资本主义文化矛盾》，北京：生活·读书·新知三联书店，1989 年，第 56 页。

② 同上书，第 60 页。

③ 钱锺书：《管锥编》第一册，北京：生活·读书·新知三联书店，2007 年，第 533—534 页。

④ 丹尼尔·贝尔：《资本主义文化矛盾》，北京：生活·读书·新知三联书店，1989 年，第 56 页。

⑤ 同上书，第 41 页。

人类社会中具有非常重要的特殊品质，不把文化的定义弄清，不把文化与文明的界限说清楚，一旦混起来讨论，就很可能弄不清很多局面，而弄清区别的出发点，就是明白文化是社会的符号意义集合。任何一种文化符号学研究，必须从这个定义出发才能弄得清楚。笔者并不是坚持符号学式的定义是文化的唯一可能的定义，但不从符号学来研究，如何能将所有这些关系弄清楚呢？

# 第七章　双义合解的四种方式：取舍、协同、反讽、漩涡

**【本章提要】**　双义或多义，是对任何符号文本的解释中常见的情况。一旦出现多解，它们之间必须形成一定的共存关系。意义一致，就会出现“协同解释”；双解矛盾，就会造成“反讽解释”；意义流动方向性的来回修正，可以造成“解释循环”；而在许多情况下，关于同一事物的同一个解释，可以设法修正两个不同的认知差，这两个解释很可能互相不能取消，由此形成“解释漩涡”。解释的不稳定，是解释丰富性的源头；而解释的基本动力，来自意识要求填补认知差的意向性。

## 一、解释取舍

在同一解释主体的同一次解释中，出现两个解释，是经常出现的情况。原因可以多种多样：文本作为一个统一整体，只不过是一种有机论神话，它们的意义合一是解释的结果，但却是无法保证的结果。文本的

各部分会引发不同的解释，尤其当我们引入“全文本”[①] “宏文本”[②] 观念，把文本看成文本与伴随文本的结合（例如文本与标题等副文本结合，例如文本与前后文本结合）。甚至对表面上有紧密结构的文本，也有双解，例如其历史意义与当下意义有所不同，例如不同的参照系和语境造成意义不同。

实际上，在任何问题上，单义的解释是很少遇到的，双义甚至多义，是解释者必须面对的常态。本章只讨论双义，因为其他多义的解释，可以根据这些模式化解成一系列双义关系来处理。

正常双义的辩义，是选择一种解释，用此解释取消另外可能的解释。例如忠言逆耳，在辩义之后，相信这是忠言而采纳之，逆耳之义就被忽视；相反也会出现：只听到逆耳之义，拒绝忠言，也是经常发生的事。

可以举个例子：现在市场上有一种衣服既可以正着穿，也可以反着穿，即没有“里”“外”之分。正着穿时的“里”恰好是反着穿时的“外”，正着穿时的“外”恰好是反着穿时的“里”，因此当我们在看到这件衣服的一面时，这一面到底是“里”还是“外”？在同一主体的同一次解释中，完全不会有误解：穿在外的一面，取消在里一面的“面子”资格。如果脱下反过来重新穿，那就是另一个文本引发的另一个解释。这个问题比较简单，是我们遇到双义（或多义）文本后必须做的，也是自然而然会做的第一种方式。

甚至我们不能完全确定的解释，例如《三国志》中曹操对赤壁之战的解释：“曹公与孙权书曰：‘赤壁之役，值有疾病，孤烧船自退，横使周瑜虚获此名’。”[③] 而同一书中另外有较详细记载：“瑜、普为左右督，各领万人，与备俱近，遇于赤壁，大破曹公军。”[④] 我们无法确定这两

---

① 赵毅衡：《符号学：原理与推演》第3版，南京：南京大学出版社，2016年，第148页。

② 胡易容：《宏文本：数字时代碎片化传播的意义整合》，《西北师范大学学报》2016年第5期，第55页。

③ 陈寿：《三国志・周瑜传》，北京：中华书局，2011年，第342页。

④ 同上书，第320页。

种说法哪一种对，我们也没有证据说曹操的话完全是虚构，因此只能存疑。但是存疑留待进一步证据，本身即是取舍，即暂且只承认一说，哪怕证据可能永远不会出现。我们对待绝大部分暂时多义无法取舍的问题，都用这种态度。

## 二、协同解释

本章着重讨论双义或多义必然（而不是暂时）无法靠辩义取舍的情况，亦即解释时双义不得不并存的局面，这种多义来自文本本身，并非解释者缺少证据暂时无法取舍。此时解释者的处理方式共有三种：协同、反讽、漩涡。

最简单的情况是协同解释：如果两个（或两个以上）解释，方向相同，此时解释协同，双义都保留在解释中，因为它们产生合一意义。此类的多义，方向是一致的，互相协同。尤其是科学的/实用的符号表意，文本的几个部分，或参与文本解释的伴随文本组成的整体，意义方向必须一致，不然会弄出混乱。这就是为什么药名不对药品，名称追求过于花哨，说明书与品牌不符，会引出误会，导致纠纷。

而文化的、文艺的文本，表意方式大多也是多义协同的。例如电影的音-画协同；美术的图像-文字说明；在游戏中，几个媒介是同向的：你控制的枪开火时，有火光，有爆炸声，对面敌人倒下，几个媒介意义相辅相成；在报纸上，标题、新闻内容、照片、刊登版面（头版头条社论，或文艺副刊）是一致的；标题与文本一般是一致的，例如《白夜》是陀思妥耶夫斯基中篇小说，写一个幻想者的恋爱；是贾平凹中篇小说，写阴阳界人鬼难分；是韩国同志电影，长夜暧昧不明；也是成都的一家酒吧，希望顾客再次享用永昼。所有这些文本，标题的作用帮之增添气氛，加入情调，点明主题，因此都是协同解释。

协同意义并不是说不可能有歧义。“白夜”这个标题可以有风土人情意义（例如北欧风光），气象学意义（例如寒冷地区的暖夏），或是北地寒冷中难得的间歇，也可以因为陀思妥耶夫斯基的名著而有精神恍惚

的联想意义。但是结合整个文本，不难猜出哪个意义部分协同文本解释，而且其他可能的歧义也不太可能干扰。协同的双解疏导传达，使传达变得简易清晰。

如果几种意义表达方式中，有一种的语义特别清楚，由于意义的一致化前提，这种意义就成为文本其他部分不得不跟从的意义。当几种意义都模糊不清，解释者就会从最清晰的部分寻找解读的凭据。一般来说，意义的决定方式，是由体裁的程式决定的。

在电影的多媒介竞争中，“定调媒介”一般是镜头画面，因为画面连绵不断，而语言、音乐、声响等时常中断。人物说的语言与人物表情画面意义正好相反，而画面传达的信息应当是“定调”的。如此安排，人物的心理和文化处境之间的复杂关系，很细腻地表现出来。杨德昌的《一一》中，镜头的声音是中年男子和女友的谈话，画面则是他们的下一代街头约会的场面，音与画各讲一个故事，显然镜头画面主线在下一代身上，上一代的语音已成遗迹。

而在歌曲中，“定调媒介”是歌词，歌词决定歌的意义解释。《社会主义好》无论用什么风格来唱，都是颂歌，但是电影《盲井》中人物唱卡拉 OK 把词改了，就变成讽刺歌曲。经常，交响乐不得不靠一个标题决定意义。有的乐曲模仿自然非常生动，德彪西的《大海》，霍尔斯特交响诗《行星》，甚至如斯美塔那的《我的祖国》中有捷克民歌，柴可夫斯基的《1918 序曲》用了《马赛曲》，乐曲依然必须靠标题才让人听懂。贝多芬《英雄交响乐》，原题献给拿破仑，如果取消这些，称作《降 E 大调第三交响乐》，意义解释就会很不同。现代抽象艺术由于符号明喻没有明喻的“谓词”，只有体裁规定必然的标题修饰，因此标题可以决定意义更为简便多样。波洛克的《秋天的节奏》，此画的明确意义完全靠标题设置，作品的意义经常是靠标题抽取出来的。

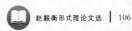

## 三、比喻作为双义协同

双义协同最常见手法是比喻，比喻的变体实在太多，但是无论如何变化，必然同时有喻本（vehicle）意义，与喻旨（tenor）意义并存。说“我的爱人像玫瑰”，爱人的可爱与玫瑰的魅力并存，如果改说“你是我的玫瑰”，“我梦见玫瑰”，依然需要双义合一才能得到理解。在双义合一问题上，符号比喻比语言比喻更生动，因为符号的载体必须可以被感知，不得不“就近取譬”。举个例子：电影《独奏者》（*The Soloist*），一位沦落为街头流浪汉的音乐家，得到一把大提琴，赞不绝口地说：“琴弦需要松香，就像警车需要囚徒”。当他拉到一段华美乐章，警笛声融合进入音乐，警察从警车中跳下驱赶流浪汉，这就成为听觉与视觉符号的双义协同。

Metaphor 这个词在西方语言中意义不稳定，中文分别译成“比喻”与“隐喻”，很不方便。汉语本来并不混乱，许多翻译跟着西方语言走却不知所从，弄得乱上加乱。所有的修辞格，都可以看成一种比喻，即广义的 metaphor，而“隐喻”是“比喻”之一种。本章只讨论符号比喻。

修辞学说比喻的两者之间有“像”“如”等字称为明喻，没有则是隐喻。在符号修辞中，无法出现“像”“如”这类连接词或系词，但是符号可以有其他连接喻体与喻旨的手段。明喻的特点是直接的强迫性连接双义，不容解释者忽视其中的比喻关系。许多影片公司的片头，都用符号明喻：米高梅公司的狮吼，21 世纪福克斯的探照灯，等等。

比喻关系必须明确而固定：商品的图像与名称最后一定会出现，而且必然是喻旨之所在。广告中著名球星的精彩射门，最后必然拍出他穿的球靴是什么牌子；名演员演女皇，下诏所有侍女不准用某种香水，这香水总会出现在她的御用梳妆台上，瓶子上的牌子必定用特写映出；世博会的一个广告，是身着西装的上海白领，身体的另一半是秦俑武士，世博会既使中国传统发扬光大，也是现代都市的力量展现。广告比喻双义的强制性连接，如系词“像”一样明确，协同得出一个整体意义。

与明喻不同，符号隐喻的解读有一定的开放性，双义之间的连接比较模糊，往往只是在发出者的意图之中。比喻关系实际上是意图的定点：如果解释群体能找到这个比喻点，符号的意义效果就比较好，但是没有一个连接能保证这个关系。李安导演的《喜宴》，主人公最后出美国海关通过安检口，举起双手，这是“投降”姿势，他对已经“香蕉化”的子女毫无办法，对文化的隔代迅速变迁毫无办法，生活中有太多的无奈。但是这也是离开美国的最后一个动作：此中的双义（举手安检、对下辈无奈），的确要有点领悟能力的观众才能猜出。

但是符号双义的连接，一般说比语言比喻模糊一些，因为并未直接言明。例如某部谈青少年成长的影视，片头的景色是开花的原野；例如某座桥头巨型雕塑英雄的手臂直指前行方向，或某个文化宫前广场安置一个罗丹“思想者”雕塑；再例如某本谈宋代市民社会的书，封面上是《清明上河图》：如果符号文本接收者看清了双层意义，协同就在接收者“被期盼”的解释方式上。

转喻的意义靠的是邻接，提喻靠的是局部与整体的关系。转喻多见于症状、踪迹、手势等指示性符号，而提喻多见于图像影视等。转喻在非语言符号中大量使用，甚至可以说转喻在本质上是“非语言”的：它的基本特点是“指出”，而箭头、手指的方向性（vectorality），比指示代词“这个”“那个”更清楚更直观。许多社会现象或心理现象，是符号转喻，例如恋物狂、收集狂。《红楼梦》中贾宝玉爱吃胭脂，是对“邻接意义”过分热衷，此时“爱女人”与“爱女人的某个用品”双义并存但是协同。

新闻图片、电影图景，实际上都无法给我们对象的全景，都只是显示给我们对象的一部分，让我们观众从经验构筑全副图景。几乎所有的图像都是提喻，因为任何图像都只能给出对象图景的一部分。戏剧或电影用街头一角表示整个城市，却是经常被认为是现实主义的表现手法。万物符号，不过是万物的符号表现，而不是物本身。

提喻使图像简洁优美、幽默隽永、言简意赅。钱锺书用绘画为例，说明提喻的妙用：《孟尝君宴客图》有人画两列长行。“陈章侯只作右边宴席，而走使行觞，意思尽趋于左；觉隔树长廊，有无数食客在。省文取意之妙，安得不下拜此公！”钱锺书评说：“省文取意，已知绘画之境”，也即是说，文与意可以表现不同。①

某些女子出门挎的名牌提包，是财富的提喻，提包的符号形式与财富也没有多少瓜葛，“高贵”提包的表意作用，在于提包生产商在成功地花大血本做了广告后，故意售价很贵。于是牌子提喻提包，提包提喻财富。欲望是转喻：欲望指向无法满足的东西，其意义与所有的符号意义一样，必须不在场。符号转喻永远不可能代替希望的本意意义，因为一旦欲望意义在场，就不再需要符号。同样，一旦欲望达到了目的，欲望就不能再叫作欲望，欲望就消失了：这是由欲望的符号本质所决定的。因此，我们用这个名牌，来代替欲望。我们在解释中让双义协同合一。

而大部分符号比喻，都是概念比喻，即跨语言、跨媒介，甚至跨文化的比喻。例如上下左右的位置，是无处不在的概念比喻，在任何文化中意义都相近。上下是社会地位，左右是重要性，很容易用图像表现，“上”是在演化“本乎天者亲上”这个概念，《易》乾卦：“飞龙在天，利见大人”，“上”就有双义：上面的等级，不得不从的权威。

因此绝大部分宗教都认为人生最好的归宿是升天，天堂在上。但佛教却认为极乐世界在西。《观无量寿佛经》中第一观就是“日观”，以观悬鼓落日为方便。追寻人生根本意义的人，日落西山，即是在无意义的时间轮回中，标出了有限与无限的转换，因此落日之处为轮回之处。落日之义，加轮回之义，方位概念的双义，比喻了根本的宇宙观。

协同解释的最复杂情况，是各种解释循环。解释循环是一个文本产生相反的解释，如果出现在前后不同的解释中，不会互相取消。例如解释奈克尔立方体（Necker Cube），即是把平面的立方图像视作立体时，一旦我们看到突出的方块，就不可能看到凹入的方块。

诠释循环在20世纪诠释学诸家中发展到五种之多（施莱尔马赫提出的两种循环：部分与整体、属类与作品；伽达玛提出历史语境与当下

---

① 钱锺书：《管锥编》第二册，北京：生活·读书·新知三联书店，2007年，第1136页。

语境；海德格尔提出前理解与理解；利科提出第五种：信仰与理解）。[①] 伽达玛指出，诠释循环不是“恶性循环”：“理解既非纯主观，又非纯客观，而是传统的运动与解释者的运动之间的互动。对意指的预期决定了对文本的理解，这不是主体性的行为，而是由把我们与传统连接起来的社群决定的。”[②] 也就是说，在诠释循环中取得的理解，是一种社会文化行为。

追求一个确凿的意义，是解释者的常规需要，因此，下面讨论的矛盾双义求“合解”诸法，实际上是退而求其次的方式，换句话说，是解释的标出项，即非正常项。[③]

## 四、反讽解释

反讽（irony）是处理双义解释的一种完全不同的方式：当双义之间有矛盾对立，我们采用一个意义，压制另一个意义，但并不如面对“含混”的辩义那样完全取消另一种意义，只能留作背景，让双义在对抗中变得更加生动。

反讽有两层相反的意思：字面义/实际义；表达面/意图面；外延义/内涵义，两者对立而并存，其中之一是主要义，另一义是衬托义。此种文本“似是而非”，“言是而非”，但是这二者究竟是如何安排的，却依解释而变化。反讽不同于各种比喻：比喻也有双义，也有一主一辅，但却属于协同解释，符号意义异同涵接，各种比喻都是让对象靠近，然后一者可以覆盖另一者。而反讽却是不相容的意义被放在一个文本，双义排斥冲突，却在相反中取相成，欲擒故纵，欲迎先拒。反讽的魅力在于借取双义解释之间的张力，求得超越传达表面意义的效果，无

① Don Idhe, *Hermeneutic Phenomenology*: *The Philosophy of Paul Ricœur*. Evanston: Northwestern University Press, 1971, p. 22.

② Robert L. Dostal (ed.), *The Cambridge Companion to Gadamer*, Cambridge: Cambridge University Press, 2002, p. 67.

③ 赵毅衡：《符号学：原理与推演》第3版，南京：南京大学出版社，2016年，第278页。

怪乎反讽最常见于哲学和艺术。

中西哲人早已发现反讽是一种强有力的表意方式：道家、名家、墨家著作充满了反讽，苏格拉底的反讽成就了西方思想的强大源头。几千年人类文化成熟，使反讽在当代扩展为根本方式，成为表意方式的本质特征。

反讽不是讽嘲，也不是滑稽，虽然很可能带着这些意味，大部分反讽并不滑稽，只有某些类型的反讽可能带着讽嘲意味，两者并不同义。《史记·樗里子传》"滑稽多智"注曰："滑，乱也。稽，同也。辩捷之人，言非若是，说是若非，言能乱异同也"。如此明确的定义，说明汉初的"滑稽"，实际上是反讽。

比喻的各种变体，立足于符号表达双义的连接，反讽却是符号对象的冲突；各种修辞格是让双义靠近，而反讽是两个完全不相容的意义被放在一个表达方式中；因此反讽充满了表达与解释之间的张力。母亲对贪玩的孩子说："奇怪了，你怎么还认识回家的路?"这是恼怒的感情表达，比责骂更为有力，却并不好笑。

反讽最宽的反讽定义是新批评派提出的，他们认为文学艺术的语言永远是反讽语言，任何"非直接表达"都是反讽。布鲁克斯说："诗人必须考虑的不仅是经验的复杂性，而且还有语言之难以控制，它必须永远依靠言外之意和旁敲侧击。"[①] 弗莱也认为在语境的压力下，文学语言多多少少是"所言非所指"，诗中的文词意义多多少少被语境的压力所扭曲。

悖论是一种特殊的反讽。反讽是"口是心非"，冲突的意义发生于不同层次：文本说是，实际意义说非；而悖论是"似是而非"，文本表达层就列出两个互相冲突的意思，矛盾双方都显现于文本。哲学中常用悖论："道可道，非常道"或"沉默比真理响亮"；日常用语也可能常用悖论，例如说"我越想他，我越不想他"，表面上是自相矛盾的，实际

---

① William K. Wimsatt & Cleanth Brooks, *Literary Criticism: A Short History*, New York: Knopf, 1957, p. 674.

上是说“他能让我想到的只有坏事”，“想他”这个意义实际上被压倒了。在文本层次上，悖论是无法解决的，只有在超越文本的解释中才能合一。

例如电影中两个媒介的冲突信息，是经常出现的。电影《斯大林格勒》结尾，两个德军俘虏在西伯利亚大风雪中举步维艰，一个说：“冬天的唯一好处是让人没有感觉。”另一个说：“你会讨厌沙漠，在那里你会像牛油一样烤化。”这个例子具有反讽的超强力度，远远胜过任何直接的宣称：“侵略者决没有好下场。”其意义（在大风雪中的德国俘虏庆幸没有去非洲，到底是不是真话），在表面上并没有定论，实际上观众都知道俄国严寒的威力，包括德国战俘的冻死比例，不会弄错意思。文本的两个部分各有相反的意指对象，两者都必须在一个适当的解释意义中统一起来，只是悖论的解释方式无法完全取消另一义。庆幸“没有去北非不至于晒坏”，成为“悲惨冻死”的反衬意义。

表面义与意图义相反，在解释中相反相成。在这种情况下，冲突的元语言集合会重新协同。例如你什么工作没有做好，上司说：“放心，我这个人不容易生气”，这可能是安慰，也可能是威胁。后一种情况，表现义与意图义不合，有效的解释就应当能够从各种伴随因素（例如语境）中读出有效的意义。但是安慰与威胁两个解读不可能并存，解释者只能采用其中一义，因为只有一义具有真值，另一义是陪衬（让上司的话变得更为阴险）。

再比如2012年伦敦奥运会羽毛球八分之一决赛，于洋/王晓丽组合有意输掉比赛，因为赛事不赢可以获利，裁判判定二人“消极比赛”，取消比赛资格。对于他们打球的拙劣表现，必须去双读：比赛要求赢，赛程要求有意输球。但是一个不能盖过另一个，两个意思都应当说得通，比赛场面至少要过得去，他们却把这个反讽表意搞砸了。

一旦多媒介表意成了常态，各种媒介的信息很可能互相冲突，互相修正。此时原先在单层次上的反讽，就会变成复合层次的悖论，所以最好不再区分反讽与悖论。无论是悖论或反讽，都是一种曲折表达，有歧解的危险，因此不能用于要求表意准确的科学/实用场合。还是用天气作例子：如果电视台气象预报天气很好，打出的图像却是乌云暴雨，电视观众就会认为电视台出错：在科学/实用传达中出现自我矛盾，接收者只能拒绝接受，等待澄清。

在当代文化中，一语二义的双关语大量用于广告与招牌，它们明显有两个渠道同时表意：商品展示，是主渠道，意义最后要聚集到商品本身。正由于如此，名称这个文本可以充分拉开距离，商品的展示必然把意义“矫正”到广告制作者意图中的位置。由于这个意义保证，广告的名与实距离拉开越远，实物能指需要矫正距离越大，广告就越是引人深思，给人印象越深刻。符号表意的广告，广告反说，而商品正读。反讽式表意冲突加强了广告的“注意价值”与“记忆价值”，[①] 我们可以称之为广告与招牌取名的“远距原则”。

以退为进的“自谦”广告有时候可以起到很好的效应。例如“低调陈述”不是真正的自我贬低，而是退一步加强效果。1959 年大卫·奥格威策划的劳斯莱斯广告“在时速 60 英里时，新型罗尔斯-罗伊斯轿车最大的噪音来自车上的电子钟”[②]。但是最有力的反讽广告，往往与自谦结合，此时需要定力和胆量，不怕误会：邦迪广告，形象是克林顿与希拉里执手起舞，闪电裂痕出现在两人之间，此时出现广告语“有时，邦迪也爱莫能助”。酒广告说，“劲酒”虽好，可不要贪杯喔。减肥茶“肉碱茶多酚”说明书说：“建议控制在平均月减 10 斤以下”。最大胆的可能是阿姆斯特丹的汉斯·布林克尔酒店标榜“世界最差”酒店。酒店网站首页简介：“酒店四十年来一直以让旅客大失所望而自豪。酒店为其舒适度可与低度设防监狱相媲美而无比骄傲……免责声明：入住期间，如不幸发生食物中毒、精神崩溃、罹患绝症、肢体残缺、辐射中毒、感染与 18 世纪瘟疫相关的某种疾病，本酒店概不负责。”酒店老板还出书《世界最差旅馆》。这种带有自嘲的幽默，吸引各地的好奇之士去一探究竟。

---

① Luuk Lagerwerf, “Irony and Sarcasm in Advertisements: Effects of Relevant Inappropriateness”, *Journal of Pragmatics*, October 2007, pp. 1702－1721.

② 这是 2012 届博士饶广祥在《符号学论坛》上举的例子，特此致谢。

广告是一种实用符号，其释义开放程度总是有限的：它必须保证接收者不弄错意思。但是从符号修辞来看，商品是符号发出者意图的永恒所在，任何偏解都容易被商品本身纠正。这就是为什么广告与招牌敢于矛盾、出格、模糊。离题，其反讽比其他体裁更大胆。中国当代的广告与招牌大量使用反讽，是这个社会急剧演变的征兆：竞争激烈急需增加消费，才会千方百计用反讽来吸引注意。

但是符号的整体趋向于反讽，是当代的局面。而且人类文化大局面文本中，更是可以见到反讽的各种变体。此时超出简单的表意，进入了对人生，对历史的理解，反讽可以看成是“命运的嘲弄”，具有悲剧色彩。

情景反讽是意图与结果之间出现意义反差，而且恰恰到达了意图的反面。你给领导送去珍贵礼物，结果让他的腐败劣迹加重；城管在街口立个指示牌“此处无人看管自行车”，目的是推托责任，给小偷“放心下手”的暗示。商鞅以刑法治秦，最后自己死于车裂；周兴喜用酷刑，最后被另一酷吏来俊臣“请君入瓮”。

文学作品经常利用情景反讽构成情节：屡考不中的范进，最后已经不想考，马马虎虎敷衍交卷，却中了举。一般把这种场景称作“命运的捉弄”，双重的捉弄就成了加倍的反讽。钱锺书指出，希腊悲剧中的“鬼神事先之诏告，聊以捉弄凡夫”，即希腊悲剧中的反讽。“《始皇本纪》方士奏录图书曰：‘亡秦者胡也’，始皇因大发兵北击胡，不知其指宫中膝下之胡亥。”[①]

“历史反讽”（historical irony），与情景反讽相似，只是规模巨大，只有在历史规模上才能理解。例如第一次世界大战时的《凡尔赛和约》力求让德国永不翻身，结果引发更惨烈的第二次世界大战。例如抗生素提高了人类对抗病毒的能力，结果引发病毒变异。如此大范围的历史反讽，有时被称为“世界性反讽”（cosmic irony）。可能有人认为，大规

---

① 钱锺书：《管锥编》第一册，北京：生活·读书·新知三联书店，2007年，第442—443页。

模的人类行为，不是符号文本，形成反讽，反而暴露出其意义表达本质。人类改造自然的努力总是“事与愿违”，人类文化无法控制自身的演变。大局面反讽往往也是一种戏剧化的反讽：结果与初衷相反，在历史上屡见不鲜，应当说这是人类行为的一个重大特征。人类自以为聪明，从长远看大半事与愿违，许多人为的预测：发明塑料引发大规模白色垃圾；追求 GDP 引出污染与全球变暖；为解决人口问题节育导致人口老龄化，发明原子能弄得核武器无法控制。

但是反讽有是思想复杂性的表现，是对意义简单化的嘲弄。德国诗人许莱格尔认为“哲学是反讽的真正故乡”；克尔凯郭尔声称“恰如哲学起始于疑问，一种真正的，名副其实的生活起始于反讽”[①]，他在一个多世纪前预示了反讽的“人性本质”。在文艺学方面，新批评派对反讽高度重视，韦恩·布斯在《反讽帝国》一文中提出“反讽本身就在事物当中，而不只在我们的看法当中”。后结构主义思想家更迷恋反讽。林达·赫琴宣称：“在后现代主义这里，反讽处于支配地位。”[②] 德曼认为反讽是解构主义的核心概念。[③] 他认为反讽可以有三种理解：“文学手法”“自我辩证”（dialectic of self）、“历史辩证法”（dialectics of history）。[④] 这样，反讽从符号修辞，成为当代文化的基本形态。

## 五、解释漩涡

在同一个主体的同一次解释中，文本出现互相冲突的意义，它们无法协同参与解释，又无法以一者为主另一个意义臣服形成反讽，此时它们就可能形成一个解释漩涡。此时文本元语言（例如诗句的文字风格），

---

① 克尔凯郭尔：《论反讽概念》，北京：中国社会科学出版社，2005 年，第 2 页。

② Linda Hutchen, *Irony's Edge: The Theory and Politics of Irony*, London & New York: Routledge, 1995, p. 67.

③ Paul de Man, "The Concept of Irony", in *Blindness and Insight: Essays in the Rhetoric of Contemporary Criticism*, Minneapolis: University of Minnesota Press, 1983, p. 8.

④ Paul de Man, "The Concept of Irony", in *Aesthetic Ideology*, Minneapolis: University of Minnesota Press, 1996, p. 170.

与语境元语言（此文本的文学史地位）、主观元语言（解释者的文学修养）直接冲突，使解释无所适从。

如果同一主体的解释活动分成几次进行，哪怕它们之间有不一致的地方，甚至相反的解释，解释活动最后也会达到一个暂时稳定的解读。例如解释奈克尔立方体，即是把平面的立方图像视作立体时，格式塔心理学指出：一旦我们看到突出的方块，就不可能看到凹入的方块。我们采用一种解释，就排除了另一种解释。

而在同一主体的同义词解释中，两个不同的意义冲突，没有一方被排除，此时造成“解释漩涡”：互不退让的解释同时起作用，两种意义同样有效，永远无法确定。这种情况非常多，甚至可以说是人类解释活动的一个重大特点，阐释漩涡其实并不神秘，注意观察我们就会发现阐释漩涡出现于很多场合，是我们日常生活的必然现象。解释漩涡问题却至今没有人提出过，更不用说得到学理上的充分研究。虽然个别例子一直是有人提出过的，但是至今没有一个综合的理解。

例如“特修斯之船”悖论。这是公元1世纪的时候拉丁历史学家普鲁塔克提出的一个问题：如果忒修斯的船上的木头被逐渐替换，直到所有的木头都不是原来的木头，那这艘船还是原来的那艘船吗？此后英国哲学家霍布斯进一步推论：如果有人用忒修斯之船上取下来的老部件来重新建造一艘新的船，那么两艘船中哪艘才是真正的忒修斯之船？在任何一个实体，无论是公司、球队、大学，还是器具、个体、品牌，我们都会遇到这样一个问题，同一性究竟是存在实体中，还是在名称中得到延续？实际上这是一个符号身份的漩涡，两种解释是同样有效的，也是同样部分有效而已。

最常见的解释漩涡，出现在戏剧电影等表演艺术中：历史人物有一张熟悉的明星脸，秦始皇长得像陈道明，为什么并不妨碍我们替古人担忧、气愤、恼怒或感动？因为我们解读演出的元语言漩涡，已经成为我们的文化程式，成为惯例，观众对此不会有任何疑惑。实际上观众对演出的解释，一直在演出与被演出之间滑动。应当说，对于名演员过去演出的记忆，会影响演出的场景的“真实感”，此种意义回旋是演出解释的常规。应当指出的是，解释漩涡并不总是对解释起干扰破坏作用：没有人会因历史人物有一张名演员脸，觉得历史失真不可信。

表现与被表现的含混，文本与解释之间的含混，正是表演艺术的魅力所在。中国戏曲演出中经常会出现这样的情景：剧中女主人公由于某事引起的悲伤开始呜咽拭泪，而就在你知道了她万分悲伤的当儿，她的呜咽已转入哭腔，越拖越长，越哼越响，终于在观众席里引起一片掌声与喝彩声。对于被剧中“孝女”或“贤妻”的真情打动的观众会产生同情怜悯之感，甚至潸然泪下，而对于把自己的注意重心从对事件内容的关注转移到对媒介本身形式美的享受上去的观众会因演员的好嗓子和高超的演唱技巧而欢欣鼓舞，我认为这也形成了解释漩涡。

这个原则可以扩大到所有的艺术：符号表意的踪迹（例如演出的“假”、小说的“虚构”、绘画的平面）指明了与表现对象的距离。可以说这是因为形式与内容（演出与被演出）本质上处于两个不同层次，但是在接受这一头，却很难把同一文本隔为两个层次。也就是说，陈道明与秦始皇，落到观众的同一个解释中，两者之中谁能主导解释，要看每个解释者使用的经验集合配置而定。

解释漩涡，是笔者几年前在《符号学：原理与推演》一书中第一次提出的。[①] 从那时开始，笔者与讨论的同行与同学，越来越感觉到解释漩涡实际上是人的日常生活中一种随时可见的解释方式，几乎无处不在，是人类意义行为的常态。之所以至今没有人好好讨论这问题，可能是把它当作一种反讽解释，实际上解释漩涡与其他解释，包括反讽解释有根本性的不同。

双义协同解释，是保留双义，因为二者意义方向一致，协同解释，并无矛盾，无需辩义，无需取舍。这就是本章开始时说的双义合解的第一种情况。本章讨论的第二种，反讽和悖论，也是双义并存于解释中，但是一个意义压倒另一个意义，也就是说，一个是正解，另一个副解作为陪衬。我们可以回顾电影《斯大林格勒》结尾，两个德军俘虏在西伯

---

① 赵毅衡：《符号学：原理与推演》第1版，南京：南京大学出版社，2011年，第268页。

利亚大风雪中说，幸好不在非洲，在那里会被太阳烤化。究竟哪个意义是正解，哪个意义是陪衬，不难得出结论。

而解释漩涡则完全不同，同样是天寒的例子：白居易《卖炭翁》中有一句，说卖炭翁“可怜身上衣正单，心忧炭贱愿天寒”，卖炭翁一方面身上衣正单，在路边冻得瑟瑟发抖，另一方面又担忧炭不好卖，把希望寄托在寒冷的天气上。我们无法说他心里哪个是正解，哪个是陪衬，卖炭翁对寒冬的矛盾心理产生了解释漩涡。这与上例对严寒的反讽理解完全不同。再例如符号学界对认知学的态度，有些人认为认知符号学应当坚守人文阵地，有的人认为应当朝神经科学靠拢，最后大多数人认为认知符号学既是人文又是科学。[①]再例如“噪音”是文本信息之外的多余因素，应当可以清除，但是真正清除了噪音的艺术文本（例如某些音乐），就缺乏厚重与回响，艺术性被破坏。[②]

曹禺话剧《原野》中，焦阎王害了仇虎一家，而当仇虎前来寻仇时，却发现焦阎王已死（仇人缺席），只剩下他懦弱无辜的儿子焦大星。一方面，仇虎与焦阎王有“杀父之仇”；另一方面，仇虎与焦大星从小一起长大，是“干兄弟”，又有“兄弟之情”。《原野》一剧的精彩之处，就在于这种解释漩涡让观众的同情心处于两难之境。解释漩涡是许多文学艺术作品的核心价值观，例如沈从文的小说《潇潇》《丈夫》等。甚至文学史也充满了这种解释漩涡的张力。例如胡适的《尝试集》，一种评价是《尝试集》以平白、朴素的口语，代替了“风花雪月、娥眉朱颜”等所谓“诗之文字”，为早期新诗带来了清新的活力和历史包容力。另一种评价是：《尝试集》的失败在于破坏了古典诗歌的“诗美”，且失去了“诗味”，成为了“非诗”。两种解释无法互相取消，形成了解释漩涡。

而对于真实的历史人物，解释漩涡就更多。李世民在公元626年发动了玄武门之变，在唐朝的首都大内皇宫的北宫门——玄武门，杀死了

① 胡易容：《从人文到科学：认知符号学的立场》，《符号与传媒》2015年第11辑，第125页。

② 何一杰：《噪音法则：皮尔斯现象学视域下的符号噪音研究》，《符号与传媒》2016年第13辑，第181页。

自己的长兄和四弟，得立为新任皇太子，并继承皇位。理想帝王和霸权帝王落在同一主体解释之中，就出现了李世民无法摆脱的评价漩涡。西汉时，辕固生与黄生在景帝前争论“汤武非授命”，因为儒家认为暴力推翻暴君是具有合法性的，道家则不予认同。汉景帝的祖先一方面使用暴力革命推翻前朝，成为统治者。另一方面从汉初开始就以道家思想治国，其母窦太后又极其推崇黄老之道。对于汤武革命的合法性，景帝既不能否定也不能肯定。汉景帝的结论是一个解释漩涡比喻：“食肉毋食马肝，未为不知味也；言学者毋言汤武受命，不为愚。”[①]

我们对于自己的评价，一样会落在解释漩涡之中。莫言在斯德哥尔摩诺贝尔奖获奖感言中自述他在童年时就喜欢讲故事：“我在复述的过程中不断地添油加醋，我会投我母亲所好，编造一些情节，有时候甚至改变故事的结局。我母亲在听完我的故事后，有时会忧心忡忡：‘儿啊，你长大后会成为一个什么人呢？难道要靠耍贫嘴吃饭吗？’母亲经常提醒我少说话，她希望我能做一个沉默寡言、安稳大方的孩子。在我身上，却显露出极强的说话能力和极大的说话欲望，这无疑是极大的危险，但我说故事的能力，又带给了她愉悦，这使母亲陷入深深的矛盾之中。”这是对儿子的评价漩涡。实际上我们对任何关心的人，都会出现此类意义漩涡。电视剧《咱们结婚吧》，女主人公是大龄剩女，其母非常着急，但是又想要女儿找一个高富帅。她不待见女儿现在的追求者，认为他穷、不够帅。可是这个追求者又帮助女儿赶走了欺骗感情的流氓艺术家，情感上是真心的。在这一过程中，母亲对待同一个人产生了既肯定又否定的评价漩涡。

南非记者凯文·卡特获得 1994 年普利策新闻特写摄影奖。照片上是一个苏丹女童，即将饿毙跪倒在地，而兀鹰正在女孩后方不远处，虎视眈眈，等候猎食女孩的画面。这张照片在《纽约时报》首发后举世震惊，成为南非儿童苦难的一个标本。有人认为凯文·卡特当时应当放下摄影机去帮助小女孩，称他见死不救，是另一只秃鹰，而有的人认为他

---

① 班固：《汉书·辕固传》，北京：中华书局，2007 年，第 276 页。

只是以新闻专业者的角度履行记者的专业精神。凯文·卡特自己也陷于苦恼的解释漩涡中而不能自拔，最后，用尾气一氧化碳自杀身亡。

日本乒乓球运动员福原爱与中国渊源颇深，在中国深受喜爱。在2008年北京奥运会上，福原爱与张怡宁交手。当时许多中国观众心理活动极为复杂：从爱国的角度上希望张怡宁胜，从个人情感的角度上希望福原爱胜。太多的中国人对这个问题找不到答案，不少网友甚至在网络上提出这一矛盾，心里一直纠结再纠结，这就形成了解释漩涡。

再比如安乐死这个老问题，德国媒体曾报道，一名德高望重的医生，因涉嫌安乐死被捕。有的人认为，从道德的角度来讲，为他人实施安乐死是人道主义的一种体现；而另一些人则认为，从法律角度讲，任何人都没有权利去剥夺他人的生命。如果两层主体分开，可以形成争论，实际上这种争论一直在延续。但是当评价主体合一时（例如社会必须取得共识时，或是死者的亲友在看这个问题），就无法调和法律与道德的矛盾关系，便出现了评价漩涡。同样的例子也出现于中国人所谓“白喜事”，即八九十岁高龄者去世，亲友来悼念，要宴席一场，送老友高寿离世。

笔者在20世纪80年代，把文化定义成“社会相关符号意义活动的总集合”[①]，笔者至今坚持这个定义，把文化理解为一个社会的各种文本与其解释的汇合。这样，意义评价，就是把“社会相关表意活动总体”作为对象文本，每个社会性评价活动，也就是一个解释努力。这时候就出现更高一层的解释漩涡，可以称为评价冲突。儒家伦理难以避免“忠孝不能两全”，我们平时说“失败是成功之母”就是这种例子。

而当今的全球化浪潮，使评价漩涡的规模和影响面更加增大：对每个国家，民族利益与跨民族利益不得不同时起作用，出现了“全球本土化”（Glocalization）这样的解释漩涡。在这种时候，不善于利用解释漩涡，不善于内化冲突，就难以适应多元化的世界大潮流。谁能适应并充分利用评价漩涡，谁就在世界潮流中走在前面。

---

① 赵毅衡：《文学符号学》，北京：中国文联出版公司，1990年，第89页。

# 第八章　指示性是符号的第一性

**【本章提要】**　在哲学符号学的讨论中，符号与对象的指示性关联具有特殊的地位，虽然它在皮尔斯的体系中被列为“第二位”的符号，实际上它却是最基本的、最原初的意义关系，是皮尔斯的三种理据中最先验的，可以不卷入经验就产生意指。从三个方面可以证明这一点：从与动物的对比中，与幼儿的意义行为对照中，从指示词语的作用方式中，证明其符号的原初理据性。皮尔斯的三种理据性顺序可能需要被质疑：说符号表意的“第一性”是像似性，这个论点可以商榷。

## 一、指示符号之谜

在皮尔斯的三元符号学基础理论中，最为人所知的，显然是根据它们引向意义的“理据性”（motivatedness）所做的符号三分类，即像似符号（icon）、指示符号（index）、规约符号（symbol）。三种符号的所谓基础（ground）即存在理由，也就是符号与对象的连接理据性，也广为人知，即为“像似性”“指示性”“规约性”。这个问题之所以极其重要，值得我们认真讨论，是因为理据性是皮尔斯式符号学脱离符号学原有的索绪尔轨道，向后结构主义打开的出发点。索绪尔主张式“能指-

所指关系任意武断”（arbitrariness），迫使符号依靠系统才能进行表意，而皮尔斯的理据性观念，使符号表意摆脱了系统束缚，走向意义解释的开放性。

在这三类符号中，“归约性”（conventionality）似乎最容易理解，因为这就是人类文化社群内部对符号的“约定俗成”；而最令人感兴趣的，后世学者讨论最多的是“像似性”（iconicity），因为这种品格是人类意义活动中“模拟”活动的基础，是人类思维构筑与物世界平行的意义世界的基本出发点。余下的一个，被符号学界讨论最少的，就是“指示性”（indexicality），此种符号品质似乎简单明白而实在。本文想指出的是：这三种“基础”都不是以上简单勾勒的说明那么简单。全面讨论所有的意义关联方式，就会发现远非看上去那么明白易懂。而一旦寻根追底，寻出底蕴，其复杂程度最让人惊奇的，是指示性。

皮尔斯自己对指示符的定义如下：“我把指示符定义为这样一种符号，它由于与动力对象存在着一种实在关系而被其所决定。”[①] 他在另一份笔记中进一步阐释说：“指示符是这样一种符号或再现，它能够指称它的对象，主要不是因为与其像似或类似，也不是因为它与那个对象偶然拥有的某种一般性特征有联系，而是因为，一方面，它与个别的对象存在着一种动力学（包括空间的）联系；另一方面，它与那些把它当作符号的人的感觉或记忆有联系。”[②]

这些描写不太容易理解，尤其是最后一句说指示符与符号使用者的“感觉或记忆有联系”，也就是与先验或经验都可能有关。应当说这是三类符号的共同特征，但是比起其他两种符号，指示符与记忆（与经验）距离最远，距离感觉（与直觉）最近。

指示性的理论虽复杂，皮尔斯在多处举出许多指示符号的例子，却极易明白：风向标，感叹词“哦!”“喂”，几何图形上的附加字母，图例，专有名词，疾病症状，职业服装，日晷或钟，气压表，水准仪与铅

---

① 皮尔斯：《皮尔斯：论符号》，赵星植译，成都：四川大学出版社，2014年，第53页。

② 同上书，第56页。

锤，北极星，尺，经纬度，指向的手指，等等。他总结说："所有自然符号与生理症状（都是指示符号）。"[1] 他甚至认为照相不是像似符，而是由物理关系形成的指示符，[2] 看来是对当时刚发明的银版光敏材料的化学反应过程印象过深。

皮尔斯为指示符号举的实际例子，数量远远超出其他两种符号，看来这问题举例说明比理论讨论容易说清楚。我们可以看到指示符与其指的对象之间，可以有各种的关系：部分与整体、前因与后果、起始点与运动方向、特例与替代，但是符号与对象的联系是"实在"的，不是符号活动本身所创造的，既不需要符号与对象之间的某种相似（这需要接收者的头脑辨析），也不需要文化的规约（这需要接收者调动头脑中关于规定的记忆）。因此，皮尔斯指出："指示符是这样一种符号，它之所以指称某对象，凭的是受此对象的影响（being affected by）"[3]，这是一个言简意赅的总结。

皮尔斯进一步说明指示符的功用："一个纯指示符并不能传达信息，它仅能促使自己的注意力集中到能够引起其反应的对象之上，并且只能将解释者导向对那个对象的间接反应上。"[4] 指示符只是促使让接收者把注意力引向对象，所以皮尔斯称指示性的效果是一种"间接反应"（mediated reaction），仅仅是引导接收者注意力导向对象，并未直接传达意义信息，因为指示符号并不是一种再现。

应当说这两个标准都不是很清楚。"吸引注意力"效果，可能所有的符号都能具有，例如危险区域的标志，可以是一个 X 号（指示符），可以是画一个骷髅（像似符），或是写"危险"（规约符）。三者都能警告危险，但是 X 号如何一定"受此对象影响"？应当说，皮尔斯并没有说清此中的理论规律。

---

① C. S. Peirce, *Collected Papers*, Cambridge, Mass.: Harvard University Press, 1931—1958, Vol. 13, p. 361.

② Ibid., p. 281.

③ Ibid., Vol. 2, p. 248.

④ 皮尔斯：《皮尔斯：论符号》，赵星植译，成都：四川大学出版社，2014 年，第 57 页。

指示性背后的复杂理论，一直到20世纪末，即一个世纪之后，才受到重视。1990年西比奥克写出了题为《指示性》的长文，他指出皮尔斯的三种符号论中，“像似”表意，在柏拉图的“模仿说”中已有端倪；“归约性”是皮尔斯新提出的，却没有得到透彻解释，实际上其理论的透彻性不如后出的索绪尔符号学。而皮尔斯提出“指示符号”的贡献却是双重的：“既是新颖的，又是富于成果的。”[①]

实际上指示符号这个概念本身应当很常见，同义词或近义词在英文中有很多，例如导演的“机位”（cue）、刑侦的“线索”（clue）、侦察兵的“踪迹”（trail）、猎人的“足迹”（track）、医生的“症状”（symptom）等等。我们生活中的指示符号，比上面所描绘的情景常见得多。本章无法回答关于指示性的所有的问题，而将试图在指示符的表意机制与根本品格方面进行一些探讨，以求得更清楚的定义。尤其是与像似性对比，来回答一个关键问题：指示性是先验的还是经验的？是第一性的（最原始的）还是第二性的（次生的）？

## 二、指示符号的发生史

首先本章从符号的发生史来讨论这个问题。对于任何人类意识现象（例如自我意识的产生，即对与他者的身份区别的自觉）学者往往从两个方面讨论其发生过程：一是观察动物的表现，如果动物也具有此种能力，那就证明这是生物进化所得，而不是人类的独特特征；另一个途径是检查儿童的成长过程，看他们何时获得此品格，因为儿童的智力成长浓缩地重复了生物进化史。如果年龄很小的婴儿就具有此能力，那就证明此能力并不需要从文化中学习而得，而是人生而具有的本能。

早在20世纪80年代初，就有学者提出植物的符号行为不可能有像似性，全部是指示性（例如植物对阳光、重力的反应影响生长方向）；[②]

① Thomas Sebeok, “Indexicality”, *Journal of American Semiotics*, 1990, Vol. 7, Issue 4, pp. 7－28.

② Martin Krampen, “Phytosemiotics”, *Semiotica*, 1981, Vol. 36, Issue 3/4, pp. 187－209.

动物与人类身体里的“内符号”活动（endo-semiosis），例如血糖与胰岛素分泌，食品与胆汁分泌，运动与肾上腺素分泌，等等，也都是指示过程。这说明指示符的运作几乎不需要意识的觉察。指示符，尤其是最初级的指示符，实际上与“信号”（signal）类似。信号是一种特殊的符号：它不需要接收者的解释努力，它不要求解释，却要求接收者以行动反应。指示符要求解释，他的感知需要被解释出意义来，因此指示符是符号，但是上面描述的（动植物或体内）原始样态的表意方式，的确绕过了解释，与信号相近，落在符号意义活动的门槛上。

多年来，灵长类一直是研究人类意义行为的主要对比对象，此类实验很多，本章只能举几个例子：有学者研究出猕猴（rhesus）的叫声，有类似几种元音的声道共鸣区分，可以指向自身年龄、性别等重要生理特征；[①] 德尔文总结说猴子有九种叫声，比鲸鱼的歌声、蜜蜂的舞蹈都更为复杂，传送的意义更多，但是“几乎全是指示符”；理文斯做了一个黑猩猩实验，发现黑猩猩能用“‘主用手’的食指”指向要交流者注意的物件。此研究证明最简明指示符，即“手指点明”并非只局限于人类，也不源自学习训练。[②] 因此指示符是最原始的符号，可能也是信息量最为有限的符号。[③]

瑞典隆德大学认知符号学研究所的兹拉特夫团队，在符号性质分辨的实验做得可能最扎实。该团队设计了一个复杂的实验，对象既有猩猩，也有 18 个月、24 个月、30 个月的婴儿与幼童。实验把可口美味的奖品放在不同颜色的盒子里，然后用几种符号表明，让对象识别。这几种符号是：第一种手指指明，即有方向感的指示符号；第二种是盒子上加标记（粘贴纸 Post-It），即不带方向的指示符号；第三种举牌点出颜

---

① Asif Ghazanfar, Hjalmar K. Turesson, Joost X. Maier, Ralph van Dinther, Roy D. Patterson, Nokis K. Logothetis, “Vocal-tract Resonances as Indexical Cues in Rhesus Monkeys”, *Current Biology*, 2007, Issue 5, pp. 425—430.

② D. A. Leavens, William D. Hopkins, Roger K. Thomas. “Refrential Communication by Champanzees”, *Journal of Comparative Psychology*, 2004, Issue 1, pp. 48—57.

③ Rene Dirven and Marjolin Verspoor, *Cognitive Exploration of Language and Linguistics*, Amsterdam: John Benjamins, 2004, p. 12.

色，即再现部分特征的像似符号；第四种是举出同样式样和颜色的盒子，即副本（replica）像似符号。实验分初次与重复等几种。结果的确有超出随机的成功率，只是成功程度有相当明显的差别，对指示符号他们都能取得一定程度的成功，而对于后两种像似符号（再现盒子的颜色，再现盒子的样子），就只有幼儿才能成功猜出。可见猩猩获得意义的能力比幼儿差，但是都能理解指示符号。[①]

所以，指示符号是最基本的，最原始的，而带矢量（vectorality）指示符号可能更为基本，因为其动势卷入了接收者的身体反应。看来动物除非经过特殊训练，无法使用像似符号，即使习得的知识，也只是暂时的，局限于所训练的特殊情景而无法通用，因为像似的识别，需要记忆与经验形成。至于规约符号则完全是经过文化训练的人的特权领域，并非动物或婴儿所能“自然地”掌握。因此该文提出以下一清二楚的关系式：

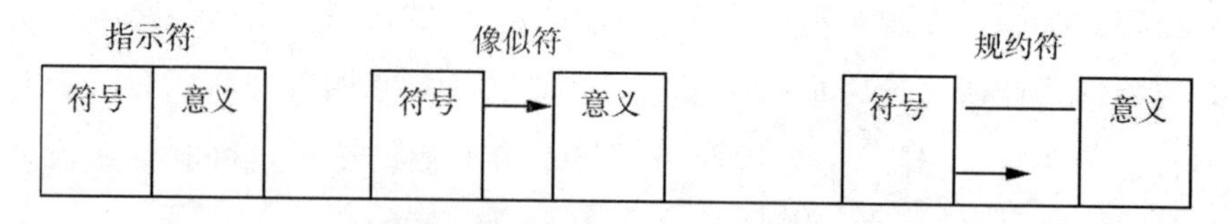


指示符号是直接相连的邻接关系，只要看清符号，意义就比较容易得到。其他两种符号就需要一定的智力运作。由此，兹拉特夫做出了一个非常有趣的结论：指示符号固然携带意义，因此是符号，但是它并没有与意义有关的对象观相的“再现”（representation），不是一种“充分发展的符号”（full-fledged sign）。[②] 因此，指示符是皮尔斯提出的三种符号中抽象程度最低的符号，是最原始的（primitive）。[③] 笔者愿意称之为“第一级符号”。这个问题值得深究，因为它迫使我们不得不重新考

---

① J. Jordan Zlatev, E. A. Madsen, S. Lenninger, T. Persson, S. Sayehli, and Goran Sonesson, “Understanding Communicative Intentions and Semiotic Vehicles by Children and Chimpanzees”, *Cognitive Development*, 28 (3): 312—329, p. 325.

② Ibid.

③ Rene Dirven and Marjolin Verspoor, *Cognitive Exploration of Language and Linguistics*, Amsterdam: John Benjamins, 2004, p. 4.

虑皮尔斯符号现象学中著名的符号三性命题。

## 三、语言中的指示词

研究指示性不得不追溯到一些更复杂的问题，因为人类文化中大部分符号是三性混合的。皮尔斯自己就指出"风向标"与"风向"有一定的相似之处，它可以是一个指示符号（因风而转动），也可以说是一个像似符号（与风同一个方向）[①]，而气象站看风向标了解风向，更是一种规约。词语，就是文化决定意义的规约符号，但是任何语言中必有"指示词语"（indexicals），既然它们是语言这个规约符号体系中的指示符号，它们的表意方式就结合了二者的特点。

指示词语是语言学中一个老问题，有不少语言分析哲学家提出过特殊的名称，罗素称之为"自我中心殊相"（ego-centric particulars）；耶斯珀森称之为"转移词"（shifters）；古德曼称"指示"（indicator）；赖申巴赫称"自反词"（token-reflexive word）；卡普兰称"展示词"（demonstratives）。[②] 学界比较再三，认为还是皮尔斯一个世纪前起用"指示词语"一词更全面，因为它覆盖了符号与语言。[③] 实际上是皮尔斯首先对此做了详细的探讨。

中国语言学界一般译为"指代词"[④]，很容易被误认为只是一部分代词的品格，实际上指示词语可以是代词、副词、情态动词、短语，甚至语法关系，如时态之类。皮尔斯说："诸如'这'和'那'指示代词都是指示符号，因为它们提醒听者运用自己的观察能力，由此听者的心灵与对象之间建立起了一种实在的联系。如果指示词能够做到这一

① 蒋诗萍：《品牌视觉识别的符号要素与指称关系》，《符号与传媒》2016年第13辑，第183—195页。

② David Kaplan, "On the Logic of Demonstratives", *The Journal of Philosophical Logic*, 1979, Vol. 8, Issue 1, pp. 81—98.

③ Richard M. Gale, "Indexical Signs", Paul Edwards (ed.), *The Encyclopedia of Philosophy*, New York: Macmillan, Vol. 4, pp. 151—155.

④ 韩东晖：《论指代词》，《中国人民大学学报》2015年第6期，第56—65页。

点——否则，它的意义就不会被理解——那么它就建立了上述这种联系，因而它就是一个指示符。”[①] 皮尔斯很准确地点出了指示词语的意义方式，是听者明白言者指的是二人之间的某种实在关系，但是必须根据具体语境才能明白“这”或“那”究竟指的是什么。

皮尔斯列举了三类指示词：首先是语法学家所谓“不定代词”，即“全称选择词”（universal selectives）。比如“任一”“每一”“所有”“没有”“无”“无论什么”“无论谁”“每人”“任何人”“无人”等。

第二类是不定量词，语法上称“特定选择词”（particular selectives）。例如：“某个”“某物”“某人”“一个”“某者”“某一个或另一个”“适当的”等。还有如下这些短语：“除了一个以外”“一两个”“一些”（a few）、“几乎所有的”“每隔一个”“第一个”“最后一个”，等等。归入这一类的还有时间副词、地点副词，等等。

第三类指示词，是介词或介词短语，比如，“在……左（右）边”。

注意皮尔斯举的是英文词语，本章列出的是相应的中文词语，它们也一样是指示词，可见这些词发音写法各异，意义方式却是“共相”[②]。皮尔斯指出指示词在语言中非常常见：“当这些介词指示的是说话者的已经被观察到的，或被假定为已知的位置和态度之情况时（这是相对于听话者的位置与态度而言的）”，“以上这些词意味着听者可以在他能够表达或理解的范围内随意地选择他喜欢的任何实例，而断言的目的就在于可适用于这个实例。”[③] 皮尔斯的解释听起来很复杂，实际上是说，这种词或短语究竟指的是什么，要由说话者与解释者面临的具体语境而定。它们表面上意义清楚，究竟是在说什么，要看具体的选择，也就是在字面上无法确定指称。究竟“左边这位”指的是谁，要根据交流的具体语境而定。

---

① C. S. Peirce, *Collected Papers*, Cambridge, Mass.: Harvard University Press, 1931—1958, Vol. 2, p. 292.

② 参见赵毅衡：《论人类共相》，《比较文学与世界文学》2015 年第 7 辑，第 29—38 页。

③ C. S. Peirce, *Collected Papers*, Cambridge, Mass.: Harvard University Press, 1931—1958, Vol. 2, p. 290.

这类词在任何语言中都非常多，都是以听者所理解的言者为指称中心而决定的。包括“现在”“过去”“今天”“明天”，因为具体是哪一天，依据说话者指示的对象。因此，普特南曾经认为所有“自然范畴”(natural kind terms) 都需要依靠语境，因此都至少有部分“指示语”成分，例如“大”“小”“迟”“早”“高”“矮”“穷”“富”，等等，因为也许在南方人中是高的，在北方人中就算矮的。

“随语境而变”的表达方式如此普遍，因此出现了“为什么‘水’几乎是一个指示词?”这样几乎是开玩笑的命题，这当然说不通。[①] 具有一般性 (generality) 的词语，例如“苹果”，哪怕确定指称也可能要靠语境，却都不是指示词语，因为它并不靠发送者意图中的邻接与矢量关系来决定实际指称。

卡普兰认为所有的指示词有一个特点，即都有两层意义（而不是多义并列的多义词），一层是“语言学意义”，即词典上的意义，例如“我”指符号文本发送者，“你”指此符号文本的接收者，“左边”指的是言者的左边，或其他双方都心照不宣的某物的左边。另一层意义是“实指内容”，“我”指的是发出此语的某某人，“你”指的是接收此语的某某人，这在辞典上找不到。此刻我说“今天”，是指我写此日期的这一天，过了半夜，词典语义仍旧，指称却已经变了。

因此皮尔斯把这类词语称为“指示词语”是有道理的，不仅是因为这个概念是他在讨论指示符号时提出来的，而且他把问题说得很准确。指示词语就是带指示性的词语符号。它们的确指向一个对象，但不是仅靠词语本身的语义，更是靠发送者与接收者之间的交流互动关系，因为它们是携带着“语义矢量”的指示符号。既然这些词语基本上并没有再现对象，接收者必须明白发送者意图的方向与邻接关系，才能真正明白它们的意义究竟是什么。因此罗素指出指示词语的特点是“自我中心殊

---

① J. P. Smit, “Why ‘Water’ Is Nearly an Indexical?” *SATS*, *European Journal of Philosophy*, 2010, January, Vol. 11, Issue 1, pp. 33—51.

相的系统性含混”systematic ambiguity)，[①] 他的用词复杂费解，实际上点中要害：意识以自我为中心发出的指示符号，正因其含混，才能构成自我与世界的意义关系网。

## 四、指示符号的统觉-共现本质

上面说到指示符的发生是原初的，常是进化所得的先验能力，几乎不需要学习。指示性之所以是原初的、基本的，最重要的原因是它是意识与世界接触的第一步，即是在意义世界中找到“我的”意识的位置，这才能与事物发生关联，即产生意义关系。

意识与世界的第一步接触，就是意识直觉到的呈现-共现关系(presentation-appresentation)。对象在意向性压力下呈现的只是片面、零星的观相，意识用“统觉”把这些片面观相整理成具有最低形式完整度的意义。这种能力，可以称为意识的先验想象力，无须学习而得，不同于给予经验的复杂想象力。笔者曾经讨论过有四种基本的“统觉-共现”，都可能是进化所得，也就是说动物或婴儿都能表现出来。

第一种是空间性的“整体共现”。对象可感知的观相总是片面的，只有借共现取得对象的最低整体要求。我坐感知到椅子有坐垫靠背，不会感知到整体的椅子。我的意识却“统觉”到这张椅子必定用某种方式支撑在地上。虽然我没有看到，但是椅子的其他必要部分必然整体共现，因此这是部分呈现引向对象整体的共现。梅洛-庞蒂曾经在《知觉现象学》中讨论过这个问题，认为“整体知觉”是一种先验期待：“如果没有整体知觉，我们不会想到要注意整体的各个部分的相似性和邻近性……物体的统一性解决只是以含糊期待的形式提出的问题。”[②]

第二种是时间性的“流程共现”。对象呈现的观相，经常处于运动或变化之中，此时意识感知的可能只是某个瞬间状态，共现却是动态

---

① C. J. Koehler, “Studies in Bertrand Russell’s Theory of Knowledge”, *Revue Internationalede Philosophie*, Vol. 26, No. 102, 1972, pp. 449—512.

② 莫里斯·梅洛-庞蒂：《知觉现象学》，姜志辉译，北京：商务印书馆，2001年，第39—40页。

的。此时的先验统觉，会把感知到的相对动态位置，共现为某种时间中的运动，意识就能获得对事物运动方向的预判（protention），即事物此刻状态会带来的后果。由于流程共现，对象才能成为在时空中延展的意义世界的一部分。运动的感知与预判，就是带矢量（方向感）的指示符号在起作用。

第三种是认知的“指代共现”。这个问题比较复杂，意识感知到的，常常不是对象的一部分，而是对象的这个观相，用某种方式与意义的连接，而且很可能是跨越媒介的连接。我们感知到的是一种色调，共现出来的是温暖或寒冷；我们感知到的是打在窗上的雨点，共现的是屋外滂沱大雨。

第四种，“类别共现”。对个别物的感知，可以导向对象的类型。从柏拉图到胡塞尔都把这个问题看作人类理解最基本的出发点。例如对一团艳红，一缕香味的感知，可以直觉地引出“水果”这个范畴。人有类别化的能力，它起到了把对象有效地归结到意义世界之中去的效果。这种类别化不一定完全排除先验，但基本上是经验在起作用。先验统觉引发的类型共现，只能在一个悖论的意义上存在：它只是一种满足起码意义形式要求的类型化。

上面列举的各种共现，可以分成两个集合：第一种“整体共现”、第二种“流程共现”，是具体的共现，它们虽然是人类意识的最基本能力，却可能在动物与婴儿的意识中已经具有萌芽状态，动物与婴儿在环境中生存（例如觅食、捕猎、求偶）必需这两种本能；而第三种“指代共现”、第四种“类别共现”，却是比较完整的人类心智才可能拥有的共现能力。

不过必须强调一句：上文列举的共现，其最基本形态，都只需要靠意识的先验统觉，可以与经验无关。青蛙闻气味而知异性发情，看见飞蚊的影子闪过，立即决定闪扑方向。这些最简单意义的活动，显然依靠的是先验能力，而不是经验习得能力，这是生存的最基本意义活动要求。

通过统觉-共现而得到的认知往往并不精确，如果进一步深究，苹果未见到的另一半，不一定绝对存在；向我冲过来的汽车，可能最后一刻会刹住；通过表情猜测心情，有可能是被假装的表情所欺骗；而看到的人，或许不是人类的一员，而可能是一个蜡像。但是，反过来说，绝对“正确的”理解，并不是形式直观所能取得的，并不是意识的初次获义活动的任务，形式直观的目的是取得满足“最低形式完整度”的意义。

感知导致的对象呈现，与统觉导致的对象“共现”，二者之间究竟什么关系呢？在场的是被感知到的观相，共现出来的因素，包括整体、流程、指代、类型等意义，原本却不在场。在场的部分，与不在场的部分，构成了一种符号意指。而且，意识的这种底线获义活动，是指示符号。在场的，被感知的部分，引发了对未感知的不在场部分的认知。部分指向整体，瞬间指向过程，邻接指向认知，个别代替类型，都是带有指示性的符号关系。而整体共现与流程共现主要是指示性。指代共现与类型共现出现了像似符成分，指代共现可能有图像再现，而类型共现可能基于图像与副本的关系，它们即使有指示性，也是部分的。

皮尔斯的总结很有道理：“指示符与它的对象有一种自然的联系，它们成为有机的一对。”[①]“自然的”“有机的”这两个词用得非常准确。指示符号的意义活动，实为意识构成最基本的方式。既然人的存在是符号意义的存在，因此一个结论就不可避免：人的符号意识活动的起点，是指示性（indexicality)。

## 五、指示性与自我意识

笔者曾指出，“指示符号文本有一个相当重要的功用，就是给对象组合以一定的秩序：它们既然靠因果与邻接和对象联系，符号在表意中的关联，也就使对象有个相对整齐的对比方式，使对象也跟着组合成

---

① 皮尔斯：《皮尔斯：论符号》，赵星植译，成都：四川大学出版社，2014年，第57页。

序列。”[1]

为什么指示性与秩序有关呢？世界本是没有秩序的混沌，但是意识获取的意义必须有秩序，这样意识中才能用重复同类意义活动，把意义痕迹积累为经验，这是人必需的学习过程，“掌握世界运行规律”的必经过程。

甚至自我本身的存在，也必须掌握自我意识的规律，不然每次获义活动都从头来起，自我感觉也会永远是一片混沌。“我”这个概念，是意识对自身认识和行为的一种抽象的控制方式。不是说自我意识能够从内部认识自身，而是说意识能在与世界的互动中得到对自身的某些认识，而演出这个认知魔术的，就是指示符号。举个最简单的例子：人际关系、亲属关系，实为指示词语，“上司”“邻居”“父亲”“表哥”都是相对于“我”而存在的，是在“我的”语境中才取得指称对象的，因此实际上它们的意义因“我是谁”而出现，因人而异。没有这些语词符号，我的人际关系就是一团乱麻。指示符号不仅安排事物的秩序，而且安顿好自我的位置：自我意识成为作为认知对象的世界万物的轴心，假称万物而指称自身。

这就是为什么转述别人的话，叫作引用，写出来可以打上引号，而引用自己的话就不需要引号，[2] 因为“我”本来就是言者，我似乎站在意义世界的中心，这或许是自我欺骗，却是意识存在的最自然状态。这里说的是最基本获义活动中的指示性秩序，不仅是词语表达中的秩序。所有指示词语，都是以“我”为出发点变化的。因此语言哲学家把这种自我，称为“指示‘我’”（Indexical I）。笛卡尔说“我思故我在”，是自我中心的夸大；而“我指示故我在”却是意义世界确确实实的中轴线。指示符号所根据的因果关系、部分-整体关系、矢量方向关系，并不是世界本身具有这些关系，而是我们努力把世界变成我们的意义世

① 赵毅衡：《符号学：原理与推演》第1版，南京：南京大学出版社，2011年，第83页。

② Ingar Brinck，*The Indexical “I”：The Formation in Thoughts and Language*，Berlin：Springer，1997，p.45.

界，是我们试图在事物中“寻找”出一些可以把握的秩序。[①]

这种关系最明显的例子，是几乎每个人都有“纪念物”。对于某人有重要的纪念，对于别人一钱不值，或只是值钱而不带特殊意义的物件。纪念物是指向个人经历的符号，或某种“自我礼物”（self-gift），只因为个人原因而无法替代。扩大而言之，我们生活中的大部分物与记忆，都有这种只限于对我们个人的价值。[②] 这些纪念物是可触摸的身体性的，也可以是存留在“我的”记忆中的事件，因此具有“自我中心”的心理价值。可以说，每个人的一生，是一系列的指示符号构成的，指示符号构成了“我的”记忆的骨骼。指示性成分往往比事件的其他部分容易记住，例如某人当时的服装、面容、嗓音、当时日落的云霞等似乎是比较不重要的事，反而更容易记住。[③]

扩大言之，每个社群的、文明的历史也是如此。这就是为什么雅各布森说“抒情诗是像似性的，史诗是指示性的”[④]。在人类社群大规模的文化生活中，指示符号的“秩序”实际上成为一种符号社会学构成。汉语中关于亲属关系的只是词语，比许多欧洲语言复杂得多，就是因为指示词语构成了中国家族伦理意识形态。我的“表哥”可能是你的“外甥”，意义靠语境邻接，“指示性价值体系”（indenxical valoization）是任何人类文化中必不可少的组成方式，它构成了秩序的基础。秦始皇建立郡县制，代替分封制，不仅是分工更是等级序列，甚至梁山好汉聚义也需要“英雄排次坐”。我们作为“社会人”，说话用语、语气、敬语等词汇风格，衣着发式，座位、行走先后都有等级之分，商品的消费方式

---

① 文一茗：《“意义世界”初探》，《符号与传媒》2017年第14辑，第157—169页。

② Kent Grayson and David Shulman, “Indexical and varification Function of Irreplaceable Possessions: A semiotic Analysis”, *Journal of Consumer Research*, Vol. 27, Issue 1, 2000, pp. 17—30.

③ Wee Hun Lim and Winston D. Goh, “Variability and Reception Memory: Are There Analogous Indexical Effects in Music and Speech?” *Journal of Cognitive Psychology*, 2012, Issue 5, pp. 602—616.

④ Roman Jakobson, “The Metaphoric and Metonymic Poles”, in Roman Jakobson and Morris Halle, *Fundamentals of Language*, Hague: Mouton Press, pp. 76—82.

（生活方式）也给每个人排了社会等级。[①] 指示性所谓“符号政治经济学”一个重要组成方式。

## 六、指示性是第二性吗？

仔细观察指示符号的特点，笔者不得不对皮尔斯的一个基本观点提出商榷。皮尔斯的“三性论”，是他的符号现象学的基础，是人的意识如何应用符号组织与世界关系的基本方式。皮尔斯把三类符号关系分别按三性排序：符号本身三分：再现体-对象-解释项；其中再现体三分：质符-单符-型符；对象的三分：像似-指示-规约；解释项三分：即刻解释项-动态解释项-终结解释项，都是三性推进。皮尔斯还说了其他三性推进，实际上皮尔斯把他的“三分”理论普遍化为符号学的根本规律。这个三性理论的最基本分类，列出来相当整齐：

| 表意 / 层次 | 与表现体关系 representamen | 与对象关系 object | 与解释项关系 interpretant |
|---|---|---|---|
| 第一性 firstness | 质符 qualisign | 像似符号 icon | 呈位 rheme |
| 第二性 secondness | 单符 sinsign | 指示符号 index | 述位 dicent |
| 第三性 thirdness | 型符 legisign | 规约符号 symbol | 议位 argument |

皮尔斯说：“在现象中，存在着感觉的某种品质，比如品红的颜色、玫瑰油的香味、火车鸣笛的声音、奎宁的味道、思考一个杰出的数学证明时的情感品质、爱情的感觉品质，等等。我并不是指那种实际上经历过这些感觉的感官……我是指这些品质本身。”[②] 显然，皮尔斯在此主要写的是“质符”的品格，也就是符号的“感知”阶段的特点。他没有说品质的感知引向意义是下两个阶段的事，这样“第一位”就是所有符号的意义过程的第一个阶段，任何一种符号都必须从质符出发，质符是

---

① Michael Silverstein, “Indexical Order and the Dialectics of Sociolinguistic Life”, *Language & Communication*, Vol. 23, Issue 3—4, 2003, pp. 193—229.

② 皮尔斯：《皮尔斯：论符号》，赵星植译，成都：四川大学出版社，2014 年，第 14 页。

感知，却不等于说是像似符。

但是在另一些地方，他把“第一位”（First）与第一性（Firstness）联系了起来：皮尔斯对第一性的描述相当具体，明显更适用于指示性：“在存在的观念中，第一位是主导，这并不必然是因为观念的抽象性，而是因为其自足性（self-containedness）。第一性之所以占据了最为主导的地位，并不是因为它与品质相分离，而是因为它是某种特殊的、异质的（idiosyncratic）的东西。”①

在另一些地方，他更明确地说，人类符号活动的基础部分，也就是第一性部分，是像似性。他明确地声称：“像似符是这样一种再现体，它的再现品质是它作为第一位的第一性。也就是说，它作为物所具有的那种品质使它适合成为一种再现体。”②“可以用像似符、指示符和规约符的这三种次序来标示一、二、三的这种常规序列。”③

因此，我们可以作出结论：皮尔斯说的“第一位”，是品质的感知，是“质符”，也就是意义活动的第一步，④这点绝对没有错；当他说以此为基础的“第一性”，就是符号的像似性，因此像似符号是首要的、基础的，这点却与本章的论证相悖。符号起始于意识对对象某些观相的感知，这一点是很明显的。但是紧跟着这第一步，首先加入进来的是指示性，通过统觉-共现，形成意义活动的第一步，本章都在试图证明这一点。

本章举出的各种实验演示或理论论证，可以形成三个无法反驳的结论：

从生物进化的序列来看：植物与动物最原始的符号活动，都是指示符号；

从儿童成长的过程来看：婴儿的符号活动，从指示符开始，渐渐学

---

① 皮尔斯：《皮尔斯：论符号》，赵星植译，成都：四川大学出版社，2014年，第12页。

② 同上书，第52页。

③ 同上书，第63页。

④ 胡易容：《多重意义的开放体系，评〈皮尔斯：论符号〉》，《符号与传媒》2016年第12辑，第199—203页。

会使用像似符；

从指示词语的序列性来看：人的周围世界，以指示词语构成基本秩序。

这些都已经雄辩地说明，指示性是意义世界基础性的活动，至少指示性的起点是先验的，直觉的。而像似性是以经验为基础的，因为它诉诸意识中先前意义活动残留的记忆。一个像似符号指向另一个像似对象，必须依靠分析某种已有经验才能比较。像似性大多以经验积累作为基础，经验依靠多次的直观，要求解释主体的同一性、与意向对象的持续同一性或类似性。只有比较，才能把意义活动累加并排序成经验。经验通过像似性的累积变换，取得相关对象的基本意义。

因此，笔者只能说，指示符的起始是感性的知觉。这与像似符、规约符一样。只是它的认知，尤其在其初级阶段，可以来自与对象的直接联系，来自本能直觉，往往不需要先前意义活动累积成的经验，也不需要经过文化训练。

因此，当皮尔斯断言说："作为第一性的符号，是它的对象的一个图像"（A sign by Firstness is an image of its object）①，他实际上把感知-质符作为像似符号的对等阶段。对此，或许笔者可以斗胆表示一点不同意见：皮尔斯是符号学的奠基者，是我们必须时时回顾的大师，②但是当思辨与实验都指向不同的结论时，我们不得不跟着真理走。

---

① C. S. Peirce, *Collected Papers*, Cambridge, Mass.: Harvard University Press, 1931—1958, Vol. 2, p. 276.

② 赵毅衡：《回到皮尔斯》，《符号与传媒》2014年第9辑，第1—12页。

# 第二部分
## 叙述学、叙述哲学

# 第九章　重新定义叙述

**【本章提要】** 叙述似乎简单得不必定义：叙述就是讲故事，这是人类的本能思想方式。仔细考察，我们就可以发现叙述的定义问题非常复杂，而且在现代学界中意见严重冲突。一部分逻辑与语言学者拥护“宽定义”：只要讲述“事件变化”就是叙述，那样叙述就包括化学实验报告、地质演变等科学描述；一部分叙述学者主张“窄定义”：叙述中的主人公必须有目的地行动，达到某种效果，那样叙述范围过窄。本章主张“中间定义”，即叙述文本中的事件必须卷入人物，只有这样，叙述才具有充分的人文性和伦理性。

## 一、为什么要重新定义叙述?

建立广义符号叙述学这门新学科的压力，不仅来自符号学界和叙述学界，更来自当代文化的实践。这就是近几十年在人文社科各门类中出现的“叙述转向”。叙述学从20世纪初开端，发展了一个多世纪，基本上没有超出小说范围。当然人们都意识到许多领域（例如历史、电影、口述故事）都是叙述，但是它们的叙述看起来相当“自然”，不必进行独立的叙述学研究。这种情况，直到近年才发生巨大变化。

近20年在各种人文和社会学科中出现了“叙述转向”，社会生活中各种表意活动（例如法律、政治、教育、娱乐、游戏、心理治疗）所包含的叙述性越来越彰显。当今中国文化，与全球文化一样，已经大量叙述化。无论是国学热、古迹热、旅游热、运动热、消费热、品牌追求，甚至空气污染、食品安全问题，都借某种叙述而获得意义关注。我们的文化实际上已经历了严重的叙述转向，只是我们自己没有意识到而已。因此，叙述使中国文化获得现代性的客观需要，对叙述特点的掌握，必须是当今文化研究的关键一环。

经过叙述转向，叙述学就不得不面对既成事实：既然许多先前不认为是叙述的体裁，现在被视为叙述体裁，而且是重要的叙述体裁，那么叙述学就应当自我改造：不仅要有处理各种体裁的门类叙述学，也必须有能总其成的广义叙述学。但叙述学至今以小说为核心体裁，只是在与小说叙述学的比较中进行某些体裁（例如影视、历史等）的叙述分析。这种以小说为基地向外渗透扩展叙述学的方式，不可能使各种叙述研究有一个共同的理论基础。

很多个部门专家在做门类叙述学，有时候与门类符号学结合起来（例如饶广祥的“广告符号叙述学”），至今已经有极为丰富的成果。事实证明，门类叙述学绝不是一种“简化小说叙述学”——许多门类的叙述学提出的问题，与小说叙述学完全异趣，门类叙述研究迫使叙述学打开边界，从小说叙述学的壳中破茧而出，成为一门广义叙述学。

广义叙述学的学理，不可能靠门类叙述学叠加而成，叙述的种类面广量大，必须考虑一系列极不相同的体裁，从中找出共同规律，因而不得不处理一系列高度抽象的概念。必须承认，叙述面广量大，种类太多，要找到一个能普遍适用的定义，很不容易。鲁德鲁姆认为：“只要一个文本被常规地当作叙述来使用，我们便可以稳当地称之为叙述”，这就干脆不需要探讨这个题目了。[①]

但是一门广义叙述学，必须从定义开始，本章的出发点，是给叙述

---

① David Rudrum, “On the Very Idea of a Definition of Narrative: A Reply to Marie-Laure Ryan”, *Narrative* 14.2 (2006), p. 198.

一个最基本定义，符合这个定义的，就应当是本章的研究范围。什么样的文本才是叙述文本？瑞恩提出如下条件：

（1）一个叙述文本必须创造一个世界，其中有人物和物件，从逻辑上说，此条件意味着叙述文本的基础是肯定这些个体存在的命题，以及赋予这些存在者一定品质的命题；

（2）此文本指涉的世界必须经历非常规的事件造成的状态变化，这些事件可以是意外的事变，也可以是人的有意行为。这些变化创造了时间向度，使叙述世界落在历史的流变之中。

（3）这个文本必须允许在叙述周围重构一个目的、计划、因果的解释网络，这个网络给予叙述中的物理事件一致性与可理解性，从而把这些物理事件变成情节。[①]

瑞恩提出的这几个要点，作为定义是太长了一些，一个“底线定义”，必须言简意赅，不然难以作为标尺。其内容笔者大致是同意的。不过有两个关键点恐怕需要补充：第一条，瑞恩没有提叙述文本是如何形成的，这样文本与“经验”，情节与“事件”就可能相混；第二条，瑞恩要求叙述情节是“非常规事件”（nonhabitual events）：非常规实际上是相当大的一部分叙述的要求，但并非所有的叙述都要求情节中的事件必须出格。

瓦尔特·菲歇的定义比较清楚：“（叙述是）具有序列的符号性行为、词语或事件，对于生活在其中的人，创作的人，以及解释的人，具有序列性和意义。”[②] 这与笔者下面提出的定义相当接近。但是他对叙述文本的描述（“符号性行为、词语或事件”），实际上是认为叙述文本不一定必须有“事件”，这个定义要求可能太低，会使叙述失去基本形态。

---

① Marie-Laure Ryan, “Introduction”, Marie-Laure Ryan et al. (eds.), *Narrative Across Media: The Languages of Storytelling*, Norman: University of Nebraska Press, 2004, pp. 8—9.

② Walter Fisher, “Symbolic Actions-words and/or Feeds That Have Sequence and Meaning for Those Who Live, Create, or Interpret Them”, *Human Communication as Narration: Toward a Philosophy of Reason, Value, and Action*, Columbia: University of South Carolina Press, 1987.

## 二、叙述的定义

为了使广义叙述学的讨论有一个可以不断回顾的基础，笔者建议，任何叙述应当符合如下底线定义。一个叙述文本包含由特定主体进行的两个叙述化过程：

(1) 某个主体把有人物参与的事件组织进一个符号文本中。

(2) 此文本可以被接收者理解为具有合一的时间和意义向度。

这个定义实际上是笔者“最简符号文本”定义的细分。文本不是一堆符号，文本是文化上有意义的符号组合，携带着意义等待解释。笔者在《符号学》一书中，给符号文本如下底线定义：

(1) 某个主体把一些符号组织进一个文本中。

(2) 此符号文本可以被接收者理解为具有合一的时间和意义向度。[①]

符号文本与叙述文本，都必定是由某个主体有意图地组成的文本。瓦尔许认为：“必须承认每一个叙述都有叙述行为（narrating instance）。”[②]但是相当多符号文本是非人工制造的，没有发送主体的“自然符号”[③]；此时，符号的发送主体是符号文本接收者构筑的，例如说古代政治家热衷于“望气”，或“夜观星象”，他们是在构筑“天意”这个符号发送主体。

同样，叙述必然有一个叙述主体，具有情节意义的叙述文本不可能自然发生，叙述文本的发送者也可能是叙述者构筑的，例如“天狗吃月亮”；例如许多历史学家把火山爆发毁灭了庞贝城的报道，看作是上帝对庞贝罗马人的骄奢淫逸的惩罚。这就成为一个完整的叙述过程，因为我们已经追加了（哪怕是“想象的”）叙述主体。因此，接收在此扮演了至关重要的角色，叙述文本携带的各种意义，需要接受者的理解和重

① 参见赵毅衡：《符号学》，南京：南京大学出版社，2012年，第43页。

② Richard Walsh, “Who's the Narrator?” *Poetics Today*, Vol. 18, No. 4, Winter 1987.

③ 赵毅衡：《符号学》第2章第5节“无法送符号”，南京：南京大学出版社，2012年，第57—59页。

构加以实现。这一点非常重要，是本章判断某种意义活动是否为叙述的标准。接受主体不一定必须是不同于发送者的另一个主体：自叙述（如日记、梦、自己赌咒发誓等），接收者就是发送者自己。

符号文本与叙述文本，这两个定义唯一的不同，是叙述讲的是“有人物参与的变化”。“人物”与“变化”缺一不可，两者兼有的符号文本，才是叙述，不然只是某种“陈述”，而不是“叙述”。实际上，本章关于叙述文本的讨论和分类，有时候对于“陈述”也适用，只是叙述再现的是“人物在变化中”，借凯尔克郭尔的名言，“存在的主体不断地处于成为（becoming）的状态之中。”[①] “成为”是人生的基本存在状态，“卷入人物”，就是说人物的“成为”，因此叙述是文化的人的更根本性表意行为。

## 三、叙述是否必须卷入人物?

所谓“人物”（character），是一种“角色”情节元素。这个概念边界的确有点模糊：拟人的动物，甚至物（例如在科普童话中、在广告中）都可以是人物。一个文本可以描述动物经历的变化，如果该动物并不“拟人”，它是否算“人物”，该文本是否构成叙述，就是一个难题。我们基本上可以说，动物不具有“人物”的主体特征，动物哪怕经历了某种事件（例如在描述生物习性的科学报道中）也不能算叙述，而是陈述。叙述中的“人物”，必须是“有灵之物”，也就是说，他们的经历，具有一定的伦理取向。例如“舐犊情深”就是叙述，因为母牛被赋予人性；岩画中的狩猎，是叙述，如果只画了野牛奔跑，也是叙述，因为野兽可以是人物。

再例如广告中的牙膏，为某种伦理目的（例如保护人类的牙齿），“甘愿”做某种事（例如改变自己的成分），这牙膏就是“人物”，这广

---

① Merold Westphal, *Becoming a Self: A Reading of Kiekegaard's Concluding Unscientific Postscripts*, West Lafayette, IN: Purdue University Press, 1996, p. 56.

告就有叙述，只说某某牙膏获得了新的有效成分，就不是叙述，而是陈述；同样，讲北极熊因为生态变化而死亡，不是叙述，而是生态科学报告，而讲北极熊因为环境变化而悲伤，就是叙述，因为这是人性。

应当说明，叙述的事件是否必须卷入人物，至今大有争议。有不少学者提出的“最简叙述”定义，没有涉及人物这个必要元素。

语言学家莱博夫的定义是：“最简叙述是两个短语的有时间关系的序列。”[①] 他认为“一个叙述必须包括至少一个时间转换点（temporal juncture）。”[②]

哲学家丹图的定义：一个叙述事件包含以下序列：

> 在第一时间 x 是 F；
> 在第二时间 H 对 x 发生了；
> 在第三时间 x 是 G。[③]

莱博夫与丹图这两个定义没有把叙述局限于“有灵之物”，他们这样定义的叙述，显然可在科学报告中找到，例如实验报告。

普林斯认为“最简故事（minimal story）”应当是：“仅仅讲述两种状态（states）和一个事件（event）的叙述，如（1）一种状态在时间上先于事件，事件在时间上先于另一种状态（并且导致其发生）；（2）第二种状态构成了与第一种状态相反的方面（或者改变，包括‘零’改变）。”但是他接着举的例子却牵涉人物：“‘约翰心情愉快，后来见到彼得，结果心情很糟’是一个最短小的故事。”[④]

还有学者认为，卷入动物的事件也应当是叙述：阿瑟·伯格认为：“叙事即故事，故事讲述的是人、动物、宇宙空间的异类生命，昆虫等

① William Labov, *Language in the Inner City*, Philadelphia: University of Pennsylvania Press, 1972, p. 360.

② William Labov, "Some Further Steps in Narrative Analysis", *The Journal of Narrative and Life History*, 1997, p. 34.

③ Arthur C. Danto, *Analytical Philosophy of History*, Cambridge: Cambridge University Press, 1965, p. 236.

④ 杰拉德·普林斯：《叙述学词典》，乔国强、李孝弟译，上海：上海译文出版社，2011年，第76页，“最短小的故事”（minimal story）条。

身上曾经发生或正在发生的事情。”[1] 既然如此，为什么不能讲述发生于比昆虫更低等的生物甚至非生物的事件？按照这个说法，生物学报告、自然界观察，也是叙述。

笔者认为：人物（包括人及“拟人”）是叙述绝对必需的要素，不然叙述与陈述无从区分，如果呈现“无人物事件变化”的各种陈述，例如实验报告、生理反应、机械说明、化学公式、宇宙演变、生物演化、气象观察记录，等等也能视为叙述，叙述研究就失去了最基本的人文社会形态，我们就无法讨论叙述的一系列本质问题。加拿大学者马戈林（Uri Margolin）看来认可这个看法，他认为人物是构筑叙述世界中首要并且必需的成分，他解释说：“人物是一个广义的符号成分，不依赖于任何语言表达，也与语言表达有本体论上的不同。”[2]

但是也有一部分论者趋向另一个极端，认为叙述不仅要求有人物，而且人物必须卷入比较复杂的行为。

格雷马斯的行为者（actantial）理论，区分过程事件（event-process）与情节事件（event-action），认为情节事件中，人物必须有所“行动”。如果只是回答“发生了什么”，那就只是一个“过程”，因为其中的人物只是一个“受动者”（patient）；如果能回答“他做了什么”，那才是一个“情节”（action），他才是一个“行为者”（actant）。因此，“他病了”，不是叙述情节，“他笑了”，才是叙述情节，因为前者的行动（“病”）是“状态动词”，后者（“笑”）才是“事件动词”。在格雷马斯的叙述语法体系中，关键的是人物要“造成发生”（faire）某情节。[3] 应当说，这个要求太高，排除了许多叙述。

范迪克更进一步提出一个叙述“目的论”定义，他认为叙述是“某个（自觉的）人，有意图地造成某种事态变化，目的是造成某种意向的

---

① 阿瑟·伯格：《通俗文化、媒介和日常生活中的叙事》，南京：南京大学出版社，2000年，第5页。

② Uri Margolin, “Characterisation in Narrative: Some Theoretical Prolegomena”, *Neophilologus* 67, pp. 1—14.

③ Therese Budniakiewics, *Fundamentals of Story Logic: Introducing Greimasian Semiotics*, Amsterdam: Benjamin B. V. John, 1992, pp. 37—40.

事态或事态变化"[1]。赫尔曼进一步解释说：叙述情节必须是"人物+情节+目的"，例如"虫是一种低等动物"，不是叙述。"人会变成虫"也不是叙述。"早晨，格里高利发现自己变成了一只甲虫"也不是叙述。只有"格里高利用嘴打开卧室的窗，想与办公室经理说明一下情况"，才是叙述，因为有目的。这样的目的论要求，未免把叙述的范围规定得过窄。"人会变成虫"已经是合格的叙述，只要想象一则连环画，或一个电影镜头就可以明白。

至今有不少学者沿着这个方向推进：赫尔曼区分"甲型事件"与"乙型事件"；格奥尔加科泊鲁区分"小故事"与"大故事"；荣格区分"大梦"与"小梦"。不重要事件与重要事件的区别，并不在于有没有人物，而在于是否值得叙述。本章在讨论叙述情节构成时会详谈，但是没有人物，不卷入人的遭遇，此种事件的报告，基本上属于科学知识的范畴。

可以看到，叙述学对"卷入人物"这个基本定义要素，看法很不相同：从无需人物（认为叙述不必卷入人物的，大多数是哲学家、逻辑学家），到"生命"要求，到"行动者要求"，或"目的论要求"。笔者的主张是取法乎中：叙述必需卷入人物，作为底线定义，我们不能要求人物必须用某种特定方式卷入事件。例如"山石砸伤了某人"，这是新闻常见的情节，我们不能说此人没有如格雷马斯说的"造成发生"某情节，或是如范迪克说的此人没有做达到某种目的的行动，由此拒绝承认描述此类事件的文本是叙述文本。

这个问题始终没有得到透彻的论证，但是笔者坚信，叙述必须卷入人物。为什么人物会影响文本的本质？为什么人物会决定文本的"情节性"？因为叙述的情节一旦卷入人物（人或拟人），情节就具有某种主观性，叙述文本就成为"弱编码文本"，携带者人的意识带来的不确定性，

---

[1] "A change of state brought about intentionally by a (conscious) human being in order to bring about a preferred state or state of change", Teun A. van Dijk, "Narrative Macrostructures: Cognitive and Logical Foundations", *PTL: A Journal for Descriptive Poetics and Theory of Literature*, Volume 1, 1976, p. 500.

也获得了非决定论的人文品质。人性给叙述文本带来认知、感情、价值这些因素，从而让二次叙述者能对人物的主观意义行为有所理解，有所呼应。下面会谈到“人文性”，是“二次叙述”可能并且必要的根本原因，而科学变化的描述必须遵循规律（例如水在什么温度与压力下蒸发），自然事件的报道必须符合可以验证的观察（例如某某火山在哪个历史时期爆发过），它们都不允许接收者的“二次叙述化”对这种变化进行变异，而是要求接收者作出对应的理解。

而一旦叙述与人物无关，就不成其为情节，讲述它的文本也就不是叙述，只是陈述：例如“公元 79 年维苏威火山爆发”不是叙述，是自然史的事件描述；而“公元 79 年维苏威火山爆发，全城几乎无人幸免”，才构成叙述，因为是人类历史事件，具有人文与社会的后果，对“无人幸免”我们能作出人性的理解。

对近 20 年“叙述转向”做出杰出贡献的心理学家布鲁纳则做了一个精辟的解释，他认为人有两种基本的思考方式：论辩式（argumentative）、叙述式。他解释说：“一个好故事，与一个组织良好的论辩，是非常不同的。二者都可以用来说服，但是说服的东西本质上不同：论辩以真相说服我们，叙述以栩栩如生说服我们”。因为叙述处理的是“人或类似人（human or human-like）的意图、行动、变化、后果”[①]。

人性主体问题，不仅牵涉叙述意识的本质，而且关系到叙述接收理解方式。现象学着重讨论主体的意识行为，讨论思与所思（noetico-noematic）关联方式，利科把它演化为叙述与被叙述关联方式。利科在三卷本巨作临近结束时声明：关于时间的意识（consciousness of time），与关于意识的时间（time of consciousness），实际上不可分，因为“时间变成人性（human）的时间，取决于时间通过叙述形式表达的程度，而叙述形式变成时间经验时，才取得其全部意义”[②]。这样，叙述如何相应地重现意向中的事件，变成人性的叙述，成为贯穿本章讨论的主题。

---

① Jeremy Bruner, *Actual Minds*, *Possible Worlds*, *Cambridge*, Mass.: Harvard University Press, 1986, p. 13.

② Paul Ricouer, *Time and Narrative*, Chicago: University of Chicago Press, 1984, p. 52.

## 四、叙述与人的生存意义

后结构主义把主体视为零散碎裂，由此西方学界进入了一个虚无主义时代，无主体的话语成为无法确定的声音，后现代人的自我也就无从合一。后现代理论摧毁了自我主体，但人类文化的延续不得不靠主体精神和意向性的支持，“叙述转向”至少为各种意义表达活动找到了各种活跃的叙述主体，尤其是“隐含作者”与“叙述者”作为替代主体在起作用。至少自我可以安身在叙述文本中，叙述就给了人性的自我一个支撑点。这个从“后门”进来的自我，至少让后现代完全没有着落的破碎主体，有了一些暂时栖身之处。

哲学家罗蒂在1989年出版的名著《偶然，反讽，友爱》指出“叙述转向”的重大意义：他的新实用主义，接近社群主义，是一种建设性的利他的后现代主义。他认为，在当代社会，要达到这个道德目标，只能通过“类似普鲁斯特、纳博科夫、詹姆士小说”的叙述。[1] 当代思想界希望在叙述中看到人性修复功能，这个希望只有把叙述定义为人性活动，才能做到。

很多时候，我们对于“故事讲得好”的要求，要高于“故事是真的”本身。这实际是一个“真”与“美”之间的选择与兼顾问题。叙述作为人类的一种基本思维方式，代表的是对形式之“美”的寻求，它要求有序、齐整，有明确的开头、清晰的线索、动人的高潮、完整的结尾。但是它也要求形式上的完整，引向道德上的完成。“叙述转向”的动力，正是对意义推进和道德诠释两方面的追求。

近20年在人文社科领域发生的声势浩大的叙述转向，应当是历史悠久的叙述学发生革命性变化的契机，从目前局面看来，反而给叙述学带来了难题。

---

① Richard Rorty, *Contingency, Irony, and Solidarity*, Cambridge: Cambridge University Press, 1989, p. xvi.

所谓“新叙述学”，又名“后经典叙述学”(Post-Classical Narratology)，意思是叙述学在一个世纪的发展之后，进入了一个崭新的阶段。但是“新叙述学”有没有准备好提供一套有效通用的理论基础，一套方法论，以及一套通用的概念，来涵盖各个学科的叙述呢？有没有迎接“叙述转向”挑战的愿望呢？

许多“后经典叙述学家”的态度是踌躇的。赫尔曼在“《新叙述学》引言”中认为“走出文学叙述……不是寻找关于基本概念的新的思维方式，也不是挖掘新的思想基础，而是显示后经典叙述学如何从周边的其他研究领域汲取养分”[①]。这位当代叙述学的领军人，认为新叙述学依然以小说为主要对象。

弗鲁德尼克态度是无可奈何的容忍，她抱怨说：“非文学学科对叙述学框架的占用往往会削弱叙述学的基础，失去精确性，它们只是在比喻意义上使用叙述学的术语。”[②] 本章的看法正相反：广义叙述学，使我们终于能够把叙述放在人类心理构成的大背景上考察，在广义叙述学真正建立起来后，将会是小说叙述学“比喻地使用”广义叙述学的术语。建设一门广义叙述学，是世界叙述学界至今未能面对的任务。这个任务已经迫在眉睫，本章能做到的，只是提出这个任务，并且试图勾勒出一个可能有用的框架。

因而，本章提出的最简叙述的底线定义，即“有人物参与的事件被组织进一个文本中”，用了一个完全没有时间限制的“组织”一词。西方学界受制于西方语言的过去时方式，中国学者完全不必跟着走进这浑水，哪怕它已经流淌了几千年。从这个角度看，广义叙述学，理应更符合中国文化的需要。

---

① 戴卫·赫尔曼主编：《新叙事学》“引言”，北京：北京大学出版社，2002年，第18页。

② 莫妮卡·弗卢德尼克：“叙述理论的历史（下）：从结构主义到现在”，James Phelan等主编：《当代叙事理论指南》，北京：北京大学出版社，2007年，第40—41页。

# 第十章　广义叙述分类的一个尝试

**【本章提要】**　一百多年来始终没有出现一个覆盖所有叙述体裁的分类，原因是一直没有探寻所有叙述体裁规律的广义叙述学，叙述学一直只是“小说叙述学”及其偶然的延伸。近几十年来，已经有不少学者试图对叙述进行分类，只是没有人做出一个全域性分类。本章提议的所有叙述体裁的全域分类方案，沿着纵横两条轴线展开：一条轴线是按叙述体裁的“本体地位”，分成纪实型诸体裁（历史等）/虚构型诸体裁（小说等）；另一个轴线是按其“媒介-时向”分类，分成记录类诸体裁（新闻、日记等），演示类诸体裁（戏剧、比赛等），包括其演示-记录亚型（电影、录音等），与心像演示亚型（梦、错觉等）。最后还有比较特殊的意动型诸体裁（预测、广告等）。二轴交叉，每个叙述体裁各得其位。

## 一、广义叙述学的必要性

叙述，是人类组织个人生存经验和社会文化经验的普遍方式。面对现象世界以及想象中的大量事件，人类的头脑，可以用两种方式处理这些材料：一是用抽象思索求出所谓共同规律，二是从具体的细节中找出一个“情节”，即联系事件的前因后果。不用这两种思维方法，我们面对经验就无法作贯通性的理解，经验就会散落成为碎片，既无法记忆存储，也无法传达给他人。当我们无法用叙述组织自己的经验或想象，我们的存在就会落入空无，坠入荒谬。

叙述是人类把世界“看出一个名堂，说出一个意义”的方式，[①] 是人类生存的基本组织方式。[②] 有学者甚至认为人的生存必需序列，应当是“食-述-性-住”（food-telling-sex-shelter）。因为“许多人没有性，没有住所，也活了下来，但几乎没有人能在沉默中生存。”[③] 如果我们把这“述”理解为“陈述”＋“叙述”，此话就说得通了。

学界很早就注意到，叙述是人类认识世界的一个基本途径。利奥塔在那本轰动性的书《后现代知识状况》中提出“泛叙述论”，他认为人类的知识，除了“科技知识”，就是“叙述知识”。[④] 他的意思是所有的人文社科知识，从本质上说，是叙述性的，是讲故事。此言似乎有点夸大（某些社会科学的操作，例如统计与田野调查，应当说是“科学性”的），却是大致在理的，与本节开头的说法一致。

在利奥塔之前很久，萨特已经强调，人类的生存等同于讲故事：“人永远是讲故事者：人的生活包围在他自己的故事和别人的故事中，他通过故事看待周围发生的一切，他自己过日子像是在讲故事。”[⑤] 近年则有政治哲学家罗蒂把所有的哲学命题分为“分析哲学”与“叙述哲学”两种。[⑥] 其后，十位哲学家就这个问题展开讨论，合成一本文集

---

① “Human beings make sense of the world by telling stories about it.” Jerome S. Bruner, *The Culture of Education*, Cambridge, Mass.: Harvard University Press, 1996, p. 129.

② M. Mateas and P. Sengers, “Narrative Intelligence”, *Proceedings of the* 1998 *AAAI Fall Symposium*, Orlando: Florida, 1998.

③ Reynolds Price, *A Palpable God*, New York: Anthenum, 1978, p. 4.

④ Jean Francois Lyotard, *The Post-Modern Condition*: *A Report on Knowledge*, Manchester: Manchester University Press, 1984, p. 34；利奥塔：《后现代状况：关于知识的报告》，长沙：湖南美术出版社，1996 年，第 74 页。

⑤ Jean-Paul Sartre, “A man is always a teller of tales; he lives surrounded by his stories and the stories of others; he sees everything that happens to him through them, and he tries to live his life as if he were recounting it”, *Nausea*, New York: Penguin Classics, 2000, p. 12.

⑥ Richard Rorty, *Analytic Philosophy and Narrative Philosophy*, University of California, Irvine Libraries (Special Collections and Archives, Critical Theory Archive), 2003.

《分析哲学与叙述哲学》，打开了叙述研究进一步学理化的前景。[①]

他们的见解很卓越，问题是如何证明叙述有如此的重要性呢？大批“文科”学者并不认为他们在研究的科目本质上是叙述。但是近年在社科人文各科发生的“叙述转向”，说明学者们的看法也在变化：越来越多的社会人文学科，都开始以叙述为研究方法或对象。

除了归纳学界趋势，我们还有别的途径探研叙述的普遍性。现代学界一般用三种方式证明“某种活动是人的本性”。一是检查人类的进化史：学者们发现三百万年前出现的“能人”（Homo Habilis）已经开始各种非语言的交流，到三十万年前出现的“智人”（Homo Sapiens）开始使用言语，书写相当后出。语言一旦形成，就成为人类最本质的特大符号体系，成为人之所以为人的本质特征。[②] 而语言交流的主要内容，是讲述事件；第二种方法是检查幼儿成长过程，幼儿成长浓缩地重复人类进化的全过程。近年有学者研究幼儿的社会交往，发现在获得语言能力之前很久，婴儿在与大人的姿势、表情、声音交流中，已经有“类似叙述形式的模式化交流的原始形式”[③]；第三种方式是检查梦境与幻觉等无意识活动，博德维尔认为，我们经常像体验小型叙述一样经历我们的梦，并且用故事的方式回忆和复述它们。[④]

从这三个角度看，叙述的确是人生在世的本质特征，是人类最基本的生存方式。人不仅如卡西尔所说的是“使用符号的动物”[⑤]，而且是用符号来讲故事的动物。

文化的人生存于各种叙述活动之中。所有的符号（语言、姿势、图像、物件、心像等）只要可以表意，就都可以用来叙述。本章旨在进行

---

① Tom Sorell and G. A. Jogers（eds.），*Analytic Philosophy and Narrative Philosophy*，New York：Oxford University Press，2005.

② Stephen Jay Gould，Elizabeth S. Vrba，“Exaptation：A Missing Term in the Science of Form”，*Paleobiology* 8（1），1982，pp. 4—15.

③ Daniel N. Stern，*Motherhood Constellation：A Unified View of Parent-Infant Psychotherapy*，New York：Basic Books，1995，p. 93.

④ 大卫·波德维尔、克莉丝汀·汤普森：《电影艺术——形式与风格》，北京：北京大学出版社，2003年，第85页。

⑤ 恩斯特·卡西尔：《人论》，上海：上海译文出版社，1985年，第43页。

广义叙述的符号学研究，就是所有各种体裁叙述的普遍规律研究。

问题在于：至今没有人讨论广义叙述的规律。巴尔特下面的话经常被人引用："世界上叙述作品之多，不计其数；种类浩繁，题材各异，叙述遍布于神话、传说、寓言、民间故事、小说、史诗、历史、悲剧、正剧、喜剧、哑剧、绘画、彩绘玻璃窗、电影、连环画、社会杂闻、会话。而且，以这些几乎无限的形式出现的叙述遍存于一切时代、一切地方、一切社会。"[①] 实际上，巴尔特开出的单子似乎很长，却严重地缩小了叙述的范围，因为他感慨地列举的，都只是我们称为"文学艺术叙述"的体裁。在文学之外，叙述的范围远远广大得多。

何况，热奈特很早就批评巴尔特这段话是"只说不做"，巴尔特很少研究小说之外的叙述，更没有研究叙述的普遍规律。批评之余，热奈特自己坦率地做了自我批评：他说巴尔特的《叙述学原理》与他自己的《叙述话语》，都不加辩解地排除了"纪实型叙述"（factual narrative），例如历史、传记、日记、新闻、报告、庭辩、流言。[②] 因此，热奈特承认："叙述学"（narratology）这个学科名称"极为名不副实"："从这个名称来说，叙述学应当讨论所有的故事，实际上却是围绕着小说，把小说看作不言而喻的范本"。

在西方语言中，"虚构"与"小说"，用的是同一个词 fiction，而叙述学甚至排除这个词外延的前一半"虚构"：热奈特承认，甚至"非语言虚构"如戏剧、电影，通常都不在叙述学研究范围之中。[③] 为此，热奈特动手改正错误，他在 1990 年发表的名文《虚构叙述，纪实叙述》中，详细对比了这两大类叙述，但是对比的标准却是他在《叙述话语》一书中奠定的小说叙述学体系，因此实际上他讨论的是"纪实叙述"偏离小说叙述学的程度，他没有能总结出二者在风格之外的本体区别。

---

① 罗兰·巴尔特："叙述结构分析导言"，见赵毅衡编选：《符号学文学论文集》，天津：百花文艺出版社，2004 年，第 404 页。

② Gerard Genette, "Fictional Narrative, Factual Narrative", *Poetics Today*, Vol. 11, No. 4, p. 755.

③ Ibid.

叙述学的“体裁自限”已经成为这个学科始终未能认真处理、认真对待的重大问题。2003 年汉堡“超越文学批评的叙述学”讨论会，产生了一批出色的论文，但主持者迈斯特教授也坦承会议讨论总体上没有能突破文学叙述学；[①] 近年施密德的《叙述学导论》，依然认为“文学研究之外很难有独立的叙述学范畴”[②]。

## 二、符号叙述学

广义的“符号叙述学”（semionarratology），即研究一切包含叙述的符号文本的叙述学，其实不是新提法，而是很久以来许多学者努力的方向。因此，本章的主旨，不是学界想不到，而是学界没做到。有一些学者多年来已经朝这方面努力，他们的贡献值得我们回顾。

最早提出学科名称“叙述符号学”（narrative semiotics）的是格雷马斯，他的书称为《叙述符号学与认知讲述》；[③] 利科在 1984 年的《时间与叙述》第二卷，用专节讨论普罗普、布瑞蒙、格雷马斯的学说，这一节的标题称为“叙述的符号学”（Semiotics of Narrative）[④]；恰特曼等人曾明白提出过：要解决叙述学的深层问题，必须进入符号学，他指出：“要说清小说与电影的异同，只有依靠一门合一的一般叙述学。”[⑤] 而卡勒清楚地说：“叙述分析是符号学的一个重要分支”[⑥]；实际上，学者们的共识是：叙述学就是关于叙述的符号学。但是，建立符号叙述学

---

① Jan Christoph Meister, *Narratology Beyond Literary Criticism: Mediality and Disciplinarity*, Berlin and New York: de Gryuter, 2005, p. 5.

② Wolf Schmid, *Narratology: An Introduction*, Berlin and New York: de Gryuter, 2010, p. 2.

③ A. J. Greimas, *Narrative Semiotics and Cognitive Discourses*, London: Pinter Publications, 1990.

④ Paul Ricouer, *Time and Narrative*, Vol. II, Chicago: University of Chicago Press, 1984.

⑤ Chatman Seymour, *Coming to Terms: The Rhetoric of Narrative in Fiction and Film*, Ithaca: Cornell University Press, 1990, p. ii.

⑥ Jonathan Culler, *In Pursuit of Signs: Semiotics, Literature, Deconstruction*, Ithaca: University of Cornell Press, 1981, p. 186. 必须说明，卡勒此言可能是指“叙述学是结构主义的一个分支”。在 20 世纪六七十年代，符号学与“结构主义”几乎是同义词。

的呼声虽然高，却一直没有一个成型的体系，这个学科并没有建立起来。

在另一头，叙述学界也意识到这一点：米克·巴尔很早指出有两种叙述学："文学叙述学属于诗学，非文学叙述学属于文本学"[①]；里蒙-凯南同意，但纠正其用词，她认为准确的说法应当是"非文学叙述学属于符号学"[②]；他们都体会到，只有符号叙述学能处理一般叙述研究。因此，在本章的讨论中，"符号叙述学"就是"广义叙述学"，本章有时称之为"广义符号叙述学"，三个称呼是同样意思。

近年，国际学界都感觉到这项任务已经迫在眉睫，不约而同地做出应对：国际"叙述文学研究协会"，于2009年改名为"叙述研究学会"(ISSN)；而欧洲叙述学网络（ENN）出版了大规模的网上版"活的叙述研究词典学手册"（A Living Handbook of Narratology）鼓励学者参与网上补充扩容。

近年来，已有一些学者提出切实的新方案，逐渐迫近了"符号叙述学"这门理想中的学科。瑞恩提出建立一门"跨媒介叙述学"(transmediac narratology)[③]；欧洲叙述学界关于"自然"与"非自然"叙述的辩论触及了各种叙述的根本性特征。[④] 中国学者近年对叙述学研究体裁扩大的贡献也不少，例如傅修延与江西师范大学的学者关于各种特殊媒介（例如青铜器铭文与图案、牌坊、谶纬、茶艺）叙述的研究，[⑤] 张世君对中国"建筑叙事"的研究，[⑥] 乔国强对"文学史叙事"

---

① Mieke Bal, *Narratology: Introduction to the Theory of Narrative*, Toronto: University of Toronto Press, 1984, p. 7.

② Shlomith Rimmon-Kenan, *Narrative Fiction: Contemporary Poetics*, London and New York: Methuen (New Accents), 1983, p. xi.

③ Marie-Laure Ryan, *Avatar of Story*, Minneapolis: University of Minnesota Press, 2006.

④ Monika Fludernik, *Toward a "Natural" Narratology*, Frankfurt & New York: Lang, 2000; Jan Alber & Rüdiger Heinze, *Unnatural Narratives-Unnatural Narratology*, Berlin: Walter de Gruyter, 2011.

⑤ 见傅修延主编：《叙事丛刊》1—3辑，北京：中国社会科学出版社，2008年、2009年、2010年。

⑥ 张世君：《礼经建筑空间的元叙事技巧及其影响》，《江西社会科学》2010年第5期，第23—35页。

的研究，[1] 龙迪勇关于梦叙述的研究，[2] 等等。

无论在国外，还是在国内，一门广义符号叙述学理论，已呼之欲出。固然各种方案比较散乱，难以合一，但学出多源，也可以避免定于一尊。本章的提议与瑞恩"跨媒介叙述学"不同的地方在于，本章将重点讨论对于纪实型/虚构型这个最根本分类问题，以历史对比小说，以纪录片对比故事片，是最有说服的出发点。而且本章提出的方案，并不打算躲开传统叙述学的领域，而是相反，认为传统的小说一些基本范畴，在广义叙述的共性背景上，会得到更清晰的理解。而对一些传统上认为是"边缘"，而现在成为叙述研究重要对象的体裁（例如新闻、广告、游戏、体育、法律等），本章希望尝试提供一个具有普遍性的学理模式，以供进一步深入研究之参考。

## 三、叙述分类及其说明

广义叙述学，讨论的是所有叙述体裁的共同规律。为达到这个目的，第一步必须对所有的叙述体裁进行分类，即把任何方式的叙述纳入一个总体框架之中。迄今未有"广义叙述学"，最明显的缺失标记，就是至今未见到对全部叙述进行分类的努力。

然而，"分节"是符号全域获得意义的第一步。[3] 对全部叙述进行分类，这本身就是寻找规律。我们不能满足于单门类讨论，原因是只有拉通所有的叙述，才能说清叙述的两个本质性的问题：第一，要弄明白各种叙述体裁与"经验真实"的本体地位关联，必须说清纪实型/虚构型两个大类的差别；第二，要弄明白各种叙述的形式特征（尤其是与时间与空间有关的特点），必须说清记录类/演示类两大群类的差别。单独

---

① 乔国强：《文学史叙事的述体、时空及其伦理关系以王瑶的〈中国新文学史稿〉为例》，《思想战线》2009 年第 5 期，第 74—80 页。

② 龙迪勇：《梦：时间与叙事》，《江西社会科学》2002 年第 8 期，第 22—35 页。

③ 关于马丁奈（Andre Martinet）提出的"分节"理论，请参阅拙作《符号学》第 2 章第 2 节，南京：南京大学出版社，2012 年，第 94 页。

讨论任何体裁，无法弄清这两个问题，只有通过跨类对比才能凸显它们的本质差别。

上面已经提到，早在1990年，热奈特曾著长文讨论过纪实型叙述与虚构型叙述的区别。[①] 他的具体论证很精彩，但是该论文只涉及文字叙述的形式，一旦讨论推进到文字媒介之外的大天地，图景就非常不同。我们面临的任务比该文复杂得多，我们必须找到各种媒介中两大类型的本质区别。

2004年，玛丽-洛尔·瑞恩主编的《跨媒介叙述》（*Narrative Across Media*）一书，分成五章：面对面叙述、单幅画叙述、电影、音乐、数字。[②] 瑞恩的“跨媒介叙述学”，指的是各种非文字媒介，不谈文字叙述，不对叙述作全域覆盖。这样一来，她的讨论就只是列举，而不是分类。第二年，瑞恩在另一文《叙述与数字文本性的分裂条件》中又提出一种更基础化的叙述四分类：

（1）讲述模式：告诉某人过去发生的某事，如小说、口头故事；

（2）模仿模式：在当下演出故事、扮演人物，如戏剧、电影；

（3）参与模式：通过角色扮演与行为选择实时创作故事，如儿童过家家游戏、观众参与的戏剧；

（4）模拟模式：通过使用引擎按照规则并输入实现一个事件序列而实时创造故事，如故事生成系统。[③]

瑞恩四分类中的三种半（第一类的半个，其余三类）都是本章称为的“演示类叙述”，显然这是她的工作重点，但是如此分类，叙述的全域就过于偏向一边。即使在演示类叙述中，她没有谈重要的媒介“心像”，没有讨论这种媒介形成的“幻觉”“梦境”等重大叙述类型。她的分类也没有讨论“意动”这种非常特殊的叙述类型。因此，这四模式类

---

① Gerard Genette, “Fictional Narrative, Factual Narrative”, *Poetics Today*, No. 4, 1990, p. 755.

② Marie-Laure Ryan, et al. (eds.), *Narrative Across Media*: *The Languages od Storytelling*, Norman: University of Nebraska Press, 2004.

③ Marie-Laure Ryan, “Narrative and the Split Condition of Digital Textuality,” dichtung-digital 34. 1 ( 2005 ) , http: //www. dichtung-digital. com/2005/1/Ryan

型，依然不是一个覆盖叙述全域的分类。

瑞恩把"口头讲述"这种演示类叙述，与文字叙述并列为第一类型"讲述类型"，而没有提图像这种最常用的媒介，没有考虑到图像叙述，实际上更类似文字，都是记录类叙述。更重要的是：瑞恩分类的第一种"讲述模式：告诉某人过去发生的某事，如小说、口头故事"，把口头语言与书面语言讲述合一。的确，口头叙述似乎用的是与文字相仿的语言，这点令人困惑。某教授讲解历史，某亲历者谈一个事件，某吟诗人说一段史诗，似乎与阅读他们的文字文本相似。实际上这二者媒介不同，因而属于两个非常不同的叙述类型。口头讲述，实际上在一系列特点上，与舞台上的演出相似，说书与相声，实际上是戏剧的亚类。而书面文字是记录类叙述，口头讲故事是演示类叙述。说书、相声、戏剧、电影可以预先有脚本，但并不能消解它们的演示叙述基本特征（"即兴""不可预知""可干预性"等）。将口述与笔述并列为同一种模式，会引出许多难解的问题。

本章提出的广义符号叙述学，与瑞恩的"跨媒介叙述学"最大的不同，在于让文字与图像这两种人类文明史上最重要的叙述媒介，依然占一席重要之地。一旦叙述研究排斥这两种记录类媒介，固然能尽快弥补先前叙述学的缺陷，尽快扩充范围，但却无法让分类恰当地覆盖全域，其他媒介的叙述，它们特点也无法在与文字的对比中得到理解。

由此得出下表——本章建议的叙述体裁基本分类：

| 时间向度 | 适用媒介 | 纪实型体裁 | 虚构型体裁 |
|---|---|---|---|
| 过去 | 记录类：文字、言语、图像、雕塑 | 历史、传记、新闻、日记、情节壁画、连环画 | 小说、叙事诗、叙事歌词 |
| 过去现在 | 记录演示类：胶卷与数字录制 | 纪录片、电视采访 | 故事片、演出录音录像 |
| 现在 | 演示类：身体、影像、实物、言语 | （电视、广播的）现场直播、演说、庭辩、魔术 | 戏剧、比赛、游戏、电子游戏 |

续表

| 时间向度 | 适用媒介 | | 纪实型体裁 | 虚构型体裁 |
|---|---|---|---|---|
| 类现在 | 类演示类：心像、心感、心语 | | 心传 | 梦、幻觉 |
| 未来 | 意动类：任何媒介 | | 广告、许诺、算命、预测、誓言 | |

笔者提出的分类，从表上可以清楚看到，沿着纵横两条轴线展开：一条轴线是再现的本体地位类型，即纪实型/虚构型；另一条轴线是媒介-时向方式，媒介与时向在这个分类上相通，也就是说，媒介-时间意向分类（亦即是模态-语力分类）：分布在这条轴线上的，有过去时记录类诸体裁、进行时演示类诸体裁、过去进行时的记录演示类诸体裁、类演示类的心像诸体裁，以及独立于媒介的未来时（意动型）诸体裁。如此一纵一横，所有的叙述体裁都落在这两条轴线的交接处：每一种叙述，都属于某种再现类型，也属于某种媒介-时向类型。

应当说明的是，这个分类的基本范畴，例如“纪实”“虚构”“记录”“演示”，等等，都可以用来描述句子和命题，也就是说，都可以用于话语分析，或语义逻辑研究，它们不一定专为叙述研究而设。实际上这种多义性对本章的讨论并不形成干扰，只要记住两点：第一，本章只讨论这些范畴在叙述中的有效性。第二，一个叙述文本很可能包含着各种命题和句式，例如虚构叙述文本必然有各种纪实语句（例如“历史小说”），纪实文本中则常有虚构段落（正如“新历史主义”所指出的）。这种范畴混淆正是叙述的魅力所在，也是讨论分类特征时，不得不仔细辨析的问题。

那么，如何决定一个混合诸种句式的文本之分类归属呢？本章讨论的是文本的体裁，而不是单篇文本的分类。体裁取决于文化的程式规定，也取决于文本中的“主导”因素，当一个文本体裁的各种因素中某个因素居于主导地位时，这个因素就决定了这种体裁的性质。雅各布森很早就详论过这个问题：需要讨论的不是文本内语句显示的功能，也不是个别文本的倾向，而是“主导”（dominant）功能类型，因为它决定了某种体裁的类型归属。[①] 例如一篇抒情诗里会有叙述，但是抒情诗的主导是情感描述，由此，我们把抒情诗归为“描述体裁”，而不称之为“叙述体裁”。根据同样理由，我们把地质报告、化学实验报告视为“描述体裁”，这不意味着它们绝对不可能有叙述（卷入人物命运的部分）的部分，只是说其叙述成分不是主导。普林斯指出过，一个叙述文本中，除了“叙述”语句，还有“评述”与“描述”。[②] 但叙述语句必定是主导，否则不能称为叙述文本。

同样，本章把历史视为“纪实型叙述”，把小说视为“虚构型叙述”，把预言视为“意动型叙述”，也只是讨论其主导功能，并不是说它们没有其他功能。“普遍意动性”与“体裁决定的意动性”，有重大差别。

根据同样原则，有些体裁处于叙述的边缘上，其组成元素中，叙述与非叙述部分严重混合，成分配置复杂，叙述成分不一定占主导地位。这样的体裁包括诗歌（抒情诗与叙事诗边界不明）、音乐、歌曲、展览、建筑、旅游设计、单幅图像、单幅雕塑，等等，当它们的叙述性达到一定程度，我们可以把它们当作叙述文本来理解。瑞恩这句话很对：“叙述总体的集合是一个模糊集合（fuzzy set）。”[③] 研究这些文本的叙述性，只能考量单独的文本，无法把整个体裁作为叙述。只能考察单独文本，或某一批（某个潮流、某种集合）。本章不把这些边缘体裁作为讨论范畴，因为他们是否属于叙述因文本而异，例如我们不会讨论“有强烈叙述成分的歌词”[④]。本章的分类体系中，不列出这些体裁，以免模糊了问题域：这些体裁需要另文处理。

前文已经说过：至今尚未有对全部叙述体裁做一个全域性分类。这

---

① 罗曼·雅各布森：“主导”，见赵毅衡编选：《符号学文学论文集》，天津：百花文艺出版社，2004年，第7—14页。

② 杰拉德·普林斯：《叙述学词典》，乔国强、李孝弟译，上海：上海译文出版社，2011年，第136页。

③ Marie-Laure Ryan, “Introduction”, Marie-Laure Ryan et al. (eds.), *Narrative Across Media: The Languages of Storytelling*, Norman: University of Nebraska Press, 2004, p. 13.

④ 陆正兰：《当代歌词的叙述转向与新伦理建构》，《社会科学战线》2012年第10期，第152—156页。

个分类表，是广义叙述学立论的基础，其最大特点，是把所有可以被称为叙述的体裁，全部放到一定的位置上，与其他题材对比相较讨论其特征。这个做法并不是有意标新立异，也希望不至于被各位同仁看成自视过高、野心过大：这只不过是读书思考的自然路径。

笔者的主业是符号学，一贯立场是把叙述学看作符号学的一个分支，重点思考的是符号学诸原理在叙述学中的应用。符号叙述学，研究所有可以用于“讲故事”的符号文本之特征与规律。由于叙述是所有符号文本中最复杂的，叙述学如同语言学，早就是，今后也必然是一门独立学科，这是符号学门类分科发展的题中应有之义。但是一旦决心从符号学角度来研究叙述，提出一个覆盖叙述全域的研究方案，也就是题中应有之义。

# 第十一章　叙述者的框架——人格二象

**【本章提要】**　任何叙述中，必须有叙述者作为叙述信息的源头。至今对叙述者的研究，只是在小说、电影等体裁中分别进行，尚无人做出一般规律的理论总结。确定广义叙述者的一般形态相当困难，是因为叙述各体裁差异极大。本章从叙述者的人格化程度，将所有的叙述分为五类进行讨论，其中叙述者形态各异，从极端人格化叙述者到非人格框架叙述者。其共同特点是：叙述者既是一个人格，又是框架，兼有二象，才使叙述者能完成传达功能。

## 一、叙述者之谜

叙述者，是故事"讲述声音"的来源。至今一个多世纪的叙述学发展，核心问题是小说叙述者，包括其各种形态，以及与其他叙述成分（作者、人物、故事、叙述接受者、读者）的复杂关系。卡勒说："识别叙述者是把虚构文学自然化的基本方法……这样文本的任何一个侧面几乎都能够得到解释。"[①] 这种"基本方法"，适用于任何叙述体裁：确定叙述者，是讨论任何叙述问题的出发点。

① 乔纳森·卡勒：《结构主义诗学》，盛宁译，北京：中国社会科学出版社，1991年，第299页。

叙述者形态，至今似乎只是个小说研究的课题，在小说之外，如历史新闻、戏剧电影、幻觉梦境里，几乎无法找到叙述者，而且，如何在个别体裁中找到叙述者，已经是争论不休的难题。要建立广义叙述学，就要找到各种体裁叙述者的共同形态，就更为困难。一旦走出小说，各种叙述形式都显得相对简单，但叙述者的形迹似乎完全消失了。

叙述者是叙述的发出者，若找不到通用的叙述者形态规律，对各种叙述就只能做个别的描述，而无法说明它们的本质：如果我们不能在一场梦、一场法庭庭辩、一出舞剧、一部长篇小说之间找到共有的叙述者形态（不管它们差异有多大），就不可能为各种叙述建立一个共同的理论基础，也就不可能找出叙述的一般性原则。

分门别类讨论各种叙述体裁，不总结共同规律，这种做法已经延续了一个世纪，何妨照旧？但理论思维应有的彻底精神不允许我们敷衍了事。更重要的是，只有找出这样一个叙述源的共同形态，才能看到各种叙述体裁与总体规律的关联方式，才能见到其特殊性。

寻找叙述者，是建立一般叙述学的第一步，却也是最困难的一步。在国际学界，建立一般叙述学的努力至今没有进展，因为无法找到叙述者的一般形态规律。[①] 这个被叙述学界称为“讲说源头”（illocutionary source）或“垫底叙述者”（fundamental narrator）[②] 的功能，是叙述的先决条件之一。找出这个广义叙述者的形态规律，理解叙述本质的工作就开了一个头。

## 二、叙述源头

从信息传达的角度说，叙述者是叙述信息的源头，叙述接收者面对

---

① “广义叙述学的最根本任务，是寻找不同传统，不同时期的各种叙述共有的模式。”见 Patrick Colm Hogan, *Affective Narratology: The Emotional Structure of Stories*, Lincoln & London: University of Nebraska Press, 2011, p. 12。

② André Gaudreault, *From Plato to Lumiere: Narration and Monstration in Literature and Cinema*, Toronto: University of Toronto Press, 2009, p. 65.

的故事必须来自这个源头；从叙述文本形成的角度说，任何叙述都是选择材料并加以特殊安排才得以形成，叙述者有权力决定叙述文本讲什么，如何讲。

从这个观点检查各种体裁，我们可以看到叙述者呈二象形态：有时候是具有人格性的个人或人物，有时候却呈现为框架。两种形态同时存在于叙述之中，框架应当是基础的形态，而人格形态会经常“夺框而出”。什么时候呈现何种形态取决于体裁，也取决于文本风格。这种二象并存，很像量子力学对光的本性的理解：光是波粒二象，既是电磁场的波动，又是光子这种粒子。两个状态似乎不相容，却合起来组成光的本质。

检查各种体裁中叙述者的存在，首先要说清什么是叙述。自然状态的变化不是叙述，对自然事件的经验也不构成叙述，自然变化如水冻成冰、地震、雪崩，如果不被中介化为符号文本，就不构成叙述。而且，叙述作为一种文化表意行为，必须卷入人物：描述不卷入人物的自然变化，是科学报告。简单地说，用某种符号（文字、言语、图像、姿态等）组合成文本，描述卷入人物的事件，才形成叙述。

因此，叙述必然是某种主体安排组织产生的文本，用来把卷入某个人物的变化告诉另一个主体。满足以下两个条件的符号文本，就是叙述：(1) 叙述主体把有人物参与的事件组织进一个符号文本；(2) 此符号文本可以被接受主体理解为具有时间和意义向度。

叙述包含两个主体进行的两个叙述化过程。第一个叙述化，是把某种事件组合进一个文本；第二个叙述化，是在文本中读出一个卷入人物的情节，这两者都需要主体有意识的努力。两者经常不相应，但接收者解释出文本中的情节，是叙述体裁的文化程式的期盼。叙述文本具有可以被理解为叙述的潜力，也就是被“读出故事”的潜力：单幅图像（例如漫画、新闻照片）文本中似乎无情节进展，只要能被读出情节，它们就是叙述。

这样的叙述文本本身，不一定能告诉我们叙述源头在哪里。乌莉·玛戈林在讨论小说叙述者时提出，文本叙述者可以从三个方面寻找：语言上指明（linguistically indicated），文本上投射（textually projected），读者重建（readerly constructed）[1]。小说的叙述者可以被“语言上指明”，即是所谓“第一人称”“第三人称”等人称代词指明。对于非语言的叙述文本，这个源头叙述者可以从以下三个方面加以考察：

“文本构筑”：文本结构暴露出来的叙述源头；

“接受构筑”：叙述接收者对叙述文本的重构，包含对文本如何发出的解释；

“体裁构筑”：叙述文本的社会文化程式，给同一体裁的叙述者某种形态构筑模式。玛戈林说的“语言上指明”，应当泛化为“体裁上规定”。

叙述者就是由此三个环节构筑起来的一个表意功能，作为任何叙述的出发点。当此功能绝对人格化时，他就是有血有肉的实际讲述者；当此功能绝对非人格化的，就成为构成叙述的指令框架。叙述者变化状态的不同，是不同体裁的重要区分特征。本章提议把全部各种叙述体裁依照叙述者的形态变化分成五类：纪实性叙述及拟纪实性叙述、记录性虚构叙述、演示性虚构叙述、梦叙述、互动叙述。这五种分类，要求五种完全不同形态的叙述者。这个排列顺序中，叙述者从极端人格化变到极端框架化。

## 三、纪实性叙述与拟纪实性叙述：叙述者与作者合一

纪实性叙述（新闻、历史、庭辩、报告、口述报告等）及拟纪实性叙述（诺言、宣传、广告等），无论是口头的还是书面的，都具有合一式的叙述者：作者即是叙述者。历史学家、新闻记者、揭发者、忏悔者等各式人等，文本就是他们本人说出或写下的，整个叙述浸透了他们的主观意志、感情、精神、意见以及他们对所说事情的判断，甚至偏见、

---

① Cf. “Narrator”, *Living Handbook of Narratology*, http://hup.sub.uni-hamburg.de/lhn/index.php

谎言，这些偏见和谎言都无法推诿于别人。除了文内引用他人文字外，没有其他人插嘴的余地。与纪实性叙述构成对比的是，在小说中，所有的话是叙述者说的，没有作者说话的机会。

当然，纪实性叙述的作者——叙述者可能反悔，可能声称讲述该文本时“受胁迫”“受蒙骗”“一时糊涂”等。主体意图会在时间中变化，因此应当说这个叙述者是作者在叙述时的第二人格，即叙述时的执行作者，不一定是作者全部和整体的人格。

既然此类文本的所叙述内容被理解为事实，必须要有文本发出者具体负责。所谓“实在性”，不一定是“事实”：“事实”指的是内容的品格，“实在性”是文本体裁与文化整体的关系定位。具体说来，是文化规定叙述接收者把此类文本看成在讲述事实，这就是笔者在另一篇文章中提出的“接受原则”[①]。

此种约定的理解方式，是文本表意所依靠的最基本的主体间关系。内容是否为“事实”，不受文本传达控制，要走出文本才能验证（证伪或证实）。可以用直观方式提供经验证实（例如法医解剖），或是用文本间方式提供间接证实（例如历史档案）。不管是否去证实，作者-叙述者必须为纪实性叙述负责：法庭上的证人对其案情叙述负责；新闻记者对其报道负责。对于非纪实性叙述的文本（例如说者言明“我给你们说个笑话”），则无法追责，也无法验证。

“泛虚构论”（panfictionality）曾一度盛行于学界，此说法认为一切叙述都是虚构。提出这个看法的学者根据的是后现代主义语言观：“所有的感知都是被语言编码的，而语言从来都是比喻性的（figuratively），引起感知永远是歪曲的，不可能确切（accurate）。”[②] 语言本身的“不透明本质”使文本不可能有“实在性”。

这个说法在学界引发很多争议。很多历史学家尖锐地指出，纳粹大

---

① 赵毅衡：《诚信与谎言之外：符号表意的“接受原则”》，《文艺研究》2010 年第 1 期。

② Marie-Laure Ryan, “Postmodernism and the Doctrine of Panfictionality”, *Narrative*, Vol. 5, No. 2, 1997, pp. 165—187.

屠杀无论如何不可能只是一个历史学构筑[1]，南京大屠杀也不可能是。多勒采尔称之为对历史叙述理论的“大屠杀检验”[2]。历史叙述必须是实在性的：不管把李鸿章说成卖国贼还是爱国者，在文本构成上都必须基于事实。尽管历史学家引证材料必然有选择性，或者说有偏见（否则历史学家之间不会发生争论），但体裁上既然为纪实性叙述，哪怕编造历史，也必须作为事实性叙述提出。正如在法庭上，各方有关事件的叙述可以截然相反（因此不会都是“事实”），却都必须是实在性的，都要受到对方的质疑，最后法庭根据叙述所确定的事实进行裁决。

同样，对于日记或笔记之类写给自己看的纪实性叙述，如果写者捏造一个故事记在日记里，此段日记是否依然是纪实性叙述？这就像上面说的法院判某本小说犯诽谤罪，叙述者-作者心里明白他在写的已经不是日记，而是虚构：这是超越体裁的犯规。

固然，在纪实性叙述中，作者-叙述者依然可以有各种规避问责的手段。例如记者转引见证者，律师传唤证人，算命者让求卦人自己随机取签。这些办法都是让别人做次一级叙述者。不管用什么手法，作者-叙述者依然是叙述源头，必须对文本整体的实在性负责。

那么，如何看待所谓“匿名揭发”或“小说诽谤”？此时法庭就必须裁定该文本已经脱离虚构，成为纪实性叙述。如果涉及诽谤的是传记、历史、报告文学等文体，庭审就直接按案情处理，不需要文体鉴定这道程序。

因此，蒙混过关的检讨、美化自己的自传、文过饰非的日记、逻辑狂乱者的日记，依然是实在性的（虽然不是事实）。因为这是体裁要求的文本接收方式：接收者面对这个叙述，已经签下文化契约，把它当作事实来接受。正因为如此，他才有资格心存怀疑，才会去检验此叙述是否撒谎。

---

① Jeremy Hawthorn, *Cunning Passages: New Historicism, Cultural Materialism and Marxism in the Contemporary Literary Debate*, London: Arnold, 1996, p. 16.

② Lubomir Dolezel, “Possible Worlds of Fiction and History”, *New Literary History*, No. 4, 1998, pp. 785—803.

谣言或八卦也是一种纪实性叙述，人们不会对已经宣称不是事实的故事感兴趣。2011 年 7 月，默多克集团的《世界新闻报》卷入窃听丑闻，其中一项罪名是用电话窃听来确认流言。一旦确认流言确凿，该报社就会拿原谣言去讹诈有关人物。[①] 正因为谣言是纪实性叙述，其是否与事实对应才值得去确认。

预测、诺言、宣传、广告，这些关于未来事件的叙述，谈不上是否是事实，而是拟事实性未来叙述。作为解释前提的时间语境尚未出现，因此叙述的情节并不是事实，但是这些叙述要接收者相信，就不可能虚构。因此这些是超越虚构/非虚构分野的拟实在性文本。之所以不称“拟虚构性”，是因为发送主体不希望接收者把它们当作虚构。因此，预言将来会发生某事件，是拟纪实性叙述，其叙述者就是作者本人：正因为作者用自己的人格担保，而且听者也相信预言者的人格（例如相信算命者的本领），才会听取他们的叙述，而且信以为真。

## 四、记录性虚构叙述：叙述者与作者分裂

任何叙述的底线必须是实在性的，如果不具有实在性，叙述就无法要求接收者接受它。叙述接收者没有必要听一篇自称假话的叙述。那么，如何解释人类文明中大量的虚构叙述呢？的确，虚构叙述从发送者意图、意义，到文本品质，都不具备实在性。此时，叙述必须装入一个框架，把它与实在世界隔开，在这个框架内，叙述保持其实在性。例如在小说这种虚构叙述中最典型的文体中，作者主体分裂出来一个人格，另设一个叙述者，并且让读者分裂出一个叙述接收者，把这个文本当作实在性的叙述来接受。此时叙述者不再等同于作者，叙述虽然是假的，却能够在两个替代人格中把交流进行下去。

例如，纳博科夫虚构了《洛丽塔》，但是在小说虚构世界里的叙述者不是纳博科夫，而是亨伯特教授，此人物写出一本忏悔书，给典狱长

① 《默多克帝国密码》，《中国经济周刊》2011 年 7 月 26 日。

雷博士看。书中说的事实是不是实在的？必须是，因为忏悔这种文体必是实在性的。在小说框架内的世界里，亨伯特教授的忏悔不是虚构，所以《洛丽塔》有典狱长雷博士写的序：他给亨伯特的忏悔一个实在性的道德判断："有养育下一代责任者读之有益。"[1]

作者已经说谎（虚构）了，他就没有必要让叙述者再说谎，除非出于某种特殊安排。麦克尤恩的小说《赎罪》魅力正在于此。叙述者布里尼奥小时候因为嫉妒，冤枉表姐的恋人强奸，害得对方入狱并发配到前线，使她一生良心受责。第二次世界大战期间，她有机会与表姐和表姐夫重新见面，她同意去警察局推翻原证词以赎罪。但是到小说最后，她作为一位年老的女作家承认说，这一段是她脑中的虚构，表姐和表姐夫当时都已经死于战争。

这里的悖论，也是此小说的迷人之处，就在于：无论实在段落，还是虚构段落，都是小说中的虚构，那一段是虚构的纪实性叙述中的非实在性段落。但在这个小说虚构世界中，赎罪依然必须用纪实性叙述才能完成，当事人（哪怕作为人物）已死，就无法做到这一点。叙述者做那一段叙述时，是靠想象让自己的人格再此分裂出另一个自己做叙述者，她对自己编出一段作为事实的虚构，用来欺骗地安慰自己的良心。

我们百姓在酒后茶余，说者可以声明（或是语气上表明）："我来吹一段牛"，听者如果愿意听下去，就必须搁置对虚假的挑战，因为说者已经如钱锺书所言"献疑于先"[2]，即预先说好下面说的并非实在，你既然爱听就当作真的。所有的虚构都必须明白或隐含地设置这个"自首"框架，此时发送者的意思就是：你听着不必当真，因为你也可以分裂出一个人格来接受，然后我怎么说都无"不诚信"之嫌，我分裂出来一个虚设人格做叙述者，与你的虚设人格进行实在性的意义传达。

---

① Vladimir Nabokov, *Lolita*, New York: Putnam's Sons, 1955, p. 8. 有些人认为《洛丽塔》中的典狱长 John Ray 这个名字，接近"genre"（体裁）发音，纳博科夫暗指典狱长是在按体裁程式读此"忏悔"。

② 钱锺书：《管锥编》第二册，北京：生活·读书·新知三联书店，2007 年，第 1343—1344 页。

## 五、演示性虚构叙述：框架叙述者

叙述文本的媒介可能是记录性的（例如文字、图画），也可能是演示性的（舞台演出、口述故事、比赛等），两种媒介都可以用于实在性的或虚构性的叙述。如果是纪实性叙述，无论是记录性媒介（例如书面汇报）还是演示性媒介（例如口头汇报），本质相同：叙述者与实际发送者合一。

一旦用于虚构叙述，记录性媒介与演示性媒介情况就很不同，上节已经讨论过以小说为代表的记录性媒介。在演出性媒介虚构叙述中，表演者不是叙述者，而是演示框架（例如舞台）里的角色，哪怕他表演讲故事，他也不是讲述源头。

我们可以从戏剧这种最古老的演示性叙述谈起。戏剧的叙述者是谁？不是剧作家，他只是写了一个稿本；不是导演，他只是指导了演出方式，他和剧作家在演出时甚至不必在场；不是舞台监督，他只是协调了参与演出的各方；也不是舞台，它是戏剧文本的空间媒介。

我们可以设想一个场面：舞台上有个演员在谈此剧排练经历，此时他在给出一个纪实性叙述，他是这段叙述的作者-叙述者。然后出现演出开始的指示符号隔断（例如灯光转暗或锣鼓声起），舞台就不再是一个物质场所，一个叙述框架已然罩下，把讲述变成戏剧叙述，该演员就成了角色。一直到谢幕时，他退出这个叙述框架，返回演员身份。所有的演示性叙述，都需要这样一种框架：连儿童都知道从某个时刻开始，泥饼就是坦克，竹签就是士兵，而从某个时刻起，虚构结束，一切返回原物。几乎所有的当场演示（非记录媒介演示）叙述，都必须在这个框架里进行。

就因为两种再现方式的明显差别，亚里士多德认为史诗是叙述，而悲剧是模仿。西方叙述学界至今认为亚里士多德的这个区分有道理，至今坚持戏剧非叙述。[1] 这样就必须把电影、电视等当代最重要的叙述体裁排除出叙述学研究范围。而本节讨论的演示虚构叙述，就是意图把戏剧和电影拉回叙述研究的范围之内。

电影的叙述者是谁？是《红高粱》中那个说“我爷爷当年”的隐身的声音？或是《最爱》中那个一开始就死于艾滋病的半现身鬼魂孩子？或是《情人》中讲述年轻时的故事的老作家？这些讲故事的人格，如希腊悲剧与布莱希特戏剧的歌队、元曲的副末开场：电影的画外音都是次级叙述者，而不是整个文本的源头叙述者。可以设置，但不一定必须设置。大部分电影没有画外音叙述者，哪怕有也只是用得上时偶然插话，其叙述并不一直延续，因此这个声音源不能被认为是源头叙述者。

在电影理论史上，关于叙述者问题的争论，已经延续了大半个多世纪。1948 年马尼提出的看法是：电影如小说，导演-制片人就像小说家，而叙述者就是摄影机。[2] 这种看法很接近阿斯特鲁克的“摄影机笔”（camera-stylo）论，他认为导演以摄影机为笔讲故事。[3] 20 世纪 50、60 年代盛行“作者主义”（auteurism）理论，巴赞是这一派的主要理论家，他认为“今天我们终于可以说是导演写作了电影。”[4] 以上理论，忽视了故事片作为虚构叙述的特点。如果是纪录片、科教片等纪实性叙述，才可以这么说：影片的拍摄团队集体组成的电影作者，就是影片叙述者，纪录片必然有的画外音讲述者，是代表这个集体性作者-叙述者的声音。但是故事片、动画片等虚构电影，上一节已经说过，作者与叙述者是分裂的。

20 世纪 70 年代后，“作者主义”理论消失了，出现了抽象的“人格叙述者”理论。布拉尼根认为：“理解文本中的智性体系，就是理解

① Gerald Prince, *A Dictionary of Narratology*, Aldershot: Scolar Press, 1987, p. 58.

② Claude-Edmunde Magny, *The Age of American Novel*, *The Aesthetic of Fiction Between the Two Wars*, New York: Ungar, 1972, p. 34.

③ Alexandre Astruc, “The Birth of a New Avant-Garde”, in Peter Graham (ed.), *The New Wave*, New York: Garden City, 1968, pp. 17—23.

④ André Bazin, *What Is Cinema*? Tr. Hugh Gray, Berkeley: University of California Press, 1967, p. 18.

文本中的人性品格。”[①] 科兹洛夫提出电影的叙述者是一个隐身讲故事者，可以称作映像创造者（image-maker）[②]。麦茨认为，电影叙述者类似戏剧中的司仪，他称为“大形象师”（grand imagier）[③]。但电影文本的构成不只靠形象，电影有八个媒介：映像、言语、文字、灯光、镜头位移、音乐、声音、剪辑。此后拥护“人格论”的论者，则把电影叙述者理解为一个综合的拟人格：20 世纪 90 年代列文森提出电影叙述者应是一位“呈现者”（Presenter），这个叙述人格“从内部呈现电影世界”[④]。古宁则把这个人格称为“显示者”（Demonstrator）[⑤]。

当代西方电影理论家，则开始转向“机制叙述者论”。提倡“新形式论”的波德维尔，提出“电影叙述最好被理解为构筑故事的指令集合（set of cues），这样，先决条件就是信息有接收者，但是没有任何发送者”[⑥]。他的意思是演出性叙述不需要有人格叙述者。

笔者认为，按照本章的叙述者框架——人格二象理解，这两种看法并非不可调和，而是相反相成。波德维尔的“指令集合”机构叙述者论，与列文森等人的“呈现者”人格叙述者论，可以结合成一个概念：电影有一个源头叙述者，他是做出各种电影文本安排、代表电影制作“机构”的人格，是“指令呈现者”。电影用各种媒介传送的叙述符号，都出于他的安排，体现为一个发出叙述的人格，即整个制作团队“委托”的人格。

而非虚构的纪录片，与上述故事片叙述者不同。纪录片也有创作班

---

① Edward R. Branigan, *Point of View in the Cinema*, Berlin & New York: Mouton, 1984, p. 66.

② Sarah Kazloff, *Invisible Storyteller*, Berkeley: University of California Press, 1988, p. 13.

③ Christian Metz, *Film Language: A Semiotic of Cinema*, Chicago: University of Chicago Press, 1974, p. 21.

④ Jerold Levinson, “Film Music and Narrative Agency”, in David Bordwell et al. (eds.), *Post-Theory: Reconstructing Film Studies*, Madison: University of Wisconsin Press, 1996, pp. 248—282.

⑤ Tom Gunning, “Making Sense of Films”, *History Matters: The U. S. Survey Course on the Web*, http://historymatters.gmu.edu/mse/film/

⑥ David Bordwell, *Narration in Fiction Film*, Madison: University of Wisconsin Press, 1985, p. 62.

子，也有各种媒介如何结合的指令集合。但没有这样一个框架把电影叙述切出来：拍一部纪录片，所有拍摄下来的材料，在本质上（而非美学价值上）都可以用进片子里。而拍一部虚构的故事片，不按指令进行的部分（例如演员忍不住笑出来，例如不应进入叙述框架的物象或声音），必须剪掉。如果保存，像《大话王》或《杜拉拉升职记》的片尾，会把穿帮镜头放到片尾。这个部分超越了虚构叙述框架，是实在性的“纪录片”。

体育比赛，某种程度上说，也属于此类演示叙述。比赛指令有严格的规则，在框架内运动员可以努力影响比赛的叙述进程：运动员只能在这个框架内尽力表现，争取按规则取得胜利。但一旦超出虚构的实在性对抗，例如拳王泰森咬伤对手的耳朵，曼联队长基恩踩断对方的腿，就超越了虚构叙述框架，而裁判的任务就是把互动叙述进程限定在框架之内。

## 六、梦叙述：叙述者完全隐身于框架

梦叙述（梦、白日梦、幻觉等）无法追寻叙述者。人们常说，做梦像看电影，这种直观感觉是对的：幻觉者不是叙述者，而是接收者；我们说自己在做梦，是因为梦的叙述者也在我们的主体之内，是主体的另外一部分。做梦者接收的梦，是梦主体发出的叙述，只是这个叙述者隐藏得很深，需要释梦家或精神分析家来探寻。梦中的情节再杂乱，也是经过“梦意识”这个叙述者挑选、组合、加工的结果，渗透了叙述者的主体意识。因此从远古起，释梦就是窥探主体秘密的重要途径。

对梦叙述的叙述者，我们了解最少，因为无法直接观察。做梦者经常没有意识到自己处于做梦状态，有时候会朦胧地意识到在做梦（所谓“透明的梦”），但是依然无法控制这个梦中的任何情节，因为接收者无法干预叙述，这与下一节要说的互动叙述不同。做梦者的意识主体实际上分裂成两个部分：一部分是叙述者，但隐而不显；接受梦的是一时的另一部分。在梦中，主体截然分明地分裂了：叙述者完全隐入叙述框架，而接收者的梦经验成为唯一的文本显现方式。一旦框架消失，做梦者醒来，他对梦的回忆讲述，则成为完全不同的叙述。

因此，梦叙述是梦的接收者从自我的另一部分获得的叙述，类似电影叙述：叙述者完全隐身于叙述框架之后，梦叙述者难以发现认定。这并不是因为学界能力不够，而是这样一个无意识人格，从定义上说就无法清楚揭示：这种探查本身，必须用意识语言来解释无意识，就改变了这个叙述源的本质构成。

## 七、互动式叙述：接收者参与叙述

在演示叙述中已经出现的戏剧反讽张力，在网络叙述、超文本文学、网络游戏等互动叙述中进一步延伸，影响到其基本的叙述方式：这类叙述，必须依靠接收者参与到叙述框架内，才能进行下去。

所谓“戏剧反讽”，是充分利用演示叙述的接收者干预可能而设置的手法。《罗密欧与朱丽叶》中，罗密欧误以为朱丽叶已死，绝望而自杀；当饮了迷药的朱丽叶醒来，发现罗密欧已死，只能真的自杀。剧中人物因为不知底细而被情景误导，但是观众却知道，戏剧力量就在于让观众为台上的人物焦急，甚至冲动地喊叫。

此种张力只出现于演示性叙述中：结果未定，才能引发接收者的干预冲动。记录性文本（如小说、历史）有悬疑，能让接收者急于知道下文（例如先看结尾），但是它知道下文已定。而演示叙述的互动性，来自于它的进行式叙述，场外叙述接收者似乎可以打断，以影响叙述发展。这在戏剧、相声等口头叙述中非常明显，场下观众可以干扰叙述的进行。著名的“枪打黄世仁”就是个例子。另外，郭德纲有相声说一个盗墓者，正说到开棺的紧张关键时刻，他说“这时手机响了”，原来此时观众席上有手机铃声，郭德纲顺势甩一个包袱，这是无奈的互动。

演示性文本这种被干预潜力，在互动式文本中被发展到极端。最典型的互动式叙述文本是游戏（包括各种历史悠久的游戏、运动、赌博以及当代的电子游戏），也包括邀请读者参与的互动文本如“超小说”（包括互联网上的“可选小说”)。此类叙述有意不预先规定情节结果，究竟如何进行下去要靠叙述接收者参与。

体育或游戏比赛的运动员，也可理解为这种参与式叙述接收者。他们不是被动接收叙述框架的安排，而是参与叙述，在叙述框架内与框架互动，而且在很大程度上决定叙述的进程。“神雕侠侣”等电子游戏，让游戏者选择做什么人物、用什么装束和武器，一步步练成自己的“武功等级”，推动叙述前进。最后演变出来的叙述，是叙述接收者参与到叙述框架里进行互动的结果。

## 结语

以上讨论可以引出一个结论：作为叙述源头的叙述者，永远处于框架-人格两相之间。究竟是“框相”更明显，还是“人相”更明显，因叙述体裁而异，也因文本而异，无法维持一个恒常不变的形态。从体裁上说，从纪实性叙述中叙述者几乎完全等同于作者，到记录性虚构的分裂人格叙述者，到演示性虚构的框架叙述，到梦叙述的主体完全隐身于框架，再到互动性叙述的接收者参与，形态变化极大。

这五种叙述者，不管何种形态，都必须完成以下功能：

(1) 设立一个叙述框架，把叙述文本与实在世界或经验世界隔开。在框架内的任何成分都是替代性的符号，而把直观经验连同现象世界隔到框架外面；

(2) 这个框架内的材料，不再是经验材料，而是通过媒介再现的携带意义的叙述符号；

(3) 这些叙述元素必须经过叙述主体选择，大量可叙述元素因为各种原因（例如为风格化、为道德要求、为制造悬疑，等等）被“选下”;

(4) 在这框架内，叙述者进行一度叙述化：对各种叙述元素进行时空变形加工，以组成卷入人物与变化的情节；

(5) 面对这个框架，接收者完成二度叙述化：把叙述文本理解成具有时间向度与伦理意义的情节。

叙述主体在叙述框架内完成叙述，他在任何情况下都是双态的，既是一个人格，也是一个叙述框架，合起来说，叙述者是一个体现了框架的人格。叙述框架是叙述成立的底线，但是具体到每一个叙述文本，或每一种叙述体裁，叙述者可以在框架-人格这两个极端之间位移：不同体裁的叙述文本，叙述者人格化-框架化程度不一样。哪怕是控告信或忏悔书，叙述者等同于作者，叙述框架依然作为基础存在。

我们最熟悉的叙述体裁小说，其不同变体也展示叙述者的框架-人格二象。传统小说叙述学一直在讨论的叙述者基本变体——第三人称（隐身叙述者）与第一人称（显身叙述者）——就是这种二象共存。即使在同一篇小说作品中，两种叙述者形态也可以互相转化。不管如何变异，两者永远同时存在：所谓第三人称叙述，实际上是“非人称”框架叙述。在这个框架内，叙述者经常可以现身成各种人格形态。例如在干预评论中，叙述者局部人格化；而在“第一人称叙述”中，叙述者贯穿性地人格化。因此，在小说这种最典型的，被研究得最透彻的体裁中，叙述者的二象共存其实最清楚，只是至今没有学者注意到叙述的这个基本性质。

# 第十二章　论虚构叙述的“双区隔”原则

**【本章提要】**　虚构与纪实，是叙述研究最基本的分类。本章讨论的是相对于纪实性叙述而言的“虚构叙述”，而且讨论所有各种虚构性叙述，试图从所有这些体裁中抽象出“虚构性”。本章首先回顾了学界在这个问题上的常年努力，从形态上、逻辑指称上区分虚构，这个做法遇到不可逾越的障碍。因此本章提出用“双区隔”方式区分虚构：一度区隔用媒介化把再现与经验分开，二度区隔把虚构叙述与纪实再现相区隔。一旦因某种原因忽视区隔，虚构世界就会被当作“真实”对待。

## 一、问题的边界

关于虚构的讨论，是人类思想史上最迷人也最令人困惑的课题之一。尚未展开讨论之前，笔者对本章讨论范围稍作说明：

第一，本章讨论的是“虚构叙述”（fictional narrative），不同于语言哲学关于虚构命题（fiction），也不同于“小说”（西方语言亦作fiction），这三者必须区分。

第二，虚构性叙述，是相对于纪实性叙述（factual narrative）而言的，这是叙述的两种基本表意方式：明白了什么是虚构性，也就明白了

纪实性。

第三，本章讨论的是所有各种虚构性叙述的共同特点，即各种符号、各种媒介的叙述中各种虚构性体裁，包括记录性媒介的虚构叙述，如小说、史诗；表演性媒介的，如戏剧、比赛、游戏；记录演示性媒介的，如故事片电影、演出的录音录像等；也包括“类演示性”媒介的虚构叙述，如幻觉、梦境等。本章的目的是从所有这些体裁中抽象“虚构性”，笔者最后总结的原则，必须适合所有这些体裁。

热奈特1990年的论文《虚构叙述，纪实叙述》，指出“叙述学”（narratology）这个术语严重地名不副实：从这个学科名称来看，应当讨论所有的故事，实际上却把小说奉作不言而喻的范本，叙述学几乎雷同于“小说技巧”。他检讨似地指出：他本人的《叙述话语》，与巴尔特的《叙述学原理》一样，都排除了如历史、传记、日记、新闻、报告、庭辩、流言等纪实性叙述。[①] 他还承认：甚至“非语言虚构”如戏剧、电影，通常也不在叙述学研究范围之中。[②] 悖论的是，热奈特此文依然以小说为中心：他详细对比了纪实与虚构这两大类叙述，对比的标准却是他在《叙述话语》一书中勾勒的小说叙述学体系，因此他讨论的，只是纪实叙述偏离“小说叙述学”形态的程度，并没有辨明两类叙述的本质差别。

叙述学的画地为牢，是这个学科的学者们心里清楚，却始终未能弥补的缺陷。2003年汉堡“超越文学批评的叙述学”讨论会，产生了一批出色的论文，但主持者迈斯特教授也坦承：叙述学的总框架依然没有能突破文学叙述学的范围；[③] 施密德的叙述学新作，依然认为“文学研究之外很难有独立的叙述学范畴”[④]。

虚构叙述问题之所以值得讨论，而且能够讨论，是因为几乎所有的

---

① Gerard Genette, “Fictional Narrative, Factual Narrative”, *Poetics Today*, Vol. 11, No. 4, p. 755.

② Ibid.

③ J. Ch. Meister (ed.), *Narratology Beyond Literary Criticism: Mediality, Disciplinarity*. Berlin: de Gruyter, 2005, p. 2.

④ Wolf Schmid, *Narratology: An Introduction*, Berlin: de Gruyter, 2010, p. 5.

纪实性体裁，都有对应的虚构性体裁；反之亦然。可以说：虚构与纪实，是人类叙述活动甚至思维方式的最基本分类。纪实性叙述（factual narrative），并不是事实叙述：无法要求其叙述的必定是“事实”（facts），只能要求做的是“有关事实”的讲述；反过来，虚构性叙述讲述“无关事实”，说出来的却不一定不是事实。这中间的差别很细微，很纠缠，却是我们定义虚构性的出发点。

## 二、从风格形态识别虚构叙述与纪实叙述？

叙述学既不讨论所有媒介中的虚构叙述，也不讨论虚构之所以为虚构的原因。叙述学对小说的形态做了极其详细的讨论，只是认为这些之所以为小说的特点，是经验惯例性的，也就是说，并不讨论这一系列特点与小说的虚构本质之间的关系。因此，传统叙述学的工作基本上停留在形态学层次上。的确，虚构叙述与纪实性叙述有相当大的形式差别。找到这些风格上的“标示符号”，就能知道是虚构还是纪实的文本。这种文体标示符号相当多，例如，纪实体叙述：

（1）不宜用直接引语方式引用人物的话语；

（2）不宜连续用直接引语形成人物对话；

（3）不宜摹写人物心情，哪怕加委婉修饰语，例如“他当时可能在想”，也不宜多；

（4）不宜采用人物视角来观察情节；

（5）不宜过于详细地提供细节，除非通过见证人的报告。

以上五种“不宜”，出现在任何一种纪实叙述中，都会让读者起疑：“作者怎么会知道的?”从而对“纪实性”出现怀疑。叙述为了让读者信服其纪实性，也就会在文体上回避这些特征性写法，从而形成“纪实风格”。

热奈特承认这种风格有可能因时风，因作者个人不同，而出现相当差异。[①] 但风格标准，经常不可靠，尤其是当作者故意标新立异，有意

① Wolf Schmid, *Narratology: An Introduction*, Berlin: de Gruyter, 2010, p. 758.

混淆体裁时。某些“纪实叙述”，例如“非虚构小说”或“新新闻主义”，风格上很可能非常接近虚构叙述。诺曼·梅勒的《黑夜大军》副标题就挑衅地声称“一部如小说的历史，一部如历史的小说”。反过来，某些小说也可能维持相当长的篇幅几乎没有这些“小说标记”。芭芭拉·史密斯曾经以托尔斯泰的《伊凡·伊里奇之死》开头为例，说明小说可能与传记难以分辨。[①]“客体主义”（objectivist）写作法，例如海明威与罗布-格里耶的某些作品，缺乏这些小说标记。[②]最重要的是：自传或日记，与第一人称叙述，很难靠这些标示区别，因为心理描写、人物视角、直接引语，这三者在两类叙述中都可以用。

正因为标准如此散乱，很多论者认为从文本风格区分虚构与纪实是不可能的任务。因此热奈特认为只能靠统计区分二者。[③]

难道这两者之间没有根本性的区分原则？塞尔首先提出否定的结论：“不存在某种句法或语用上的文本性质能够将一个文本认定为小说。”[④]他的意思是，读者只能看到文体风格的文学性，是否虚构却是作者意图。科恩对这个问题做了仔细检讨，她的结论也很悲观：“叙述学可以提供讲虚构叙述与非虚构叙述区别开来的标准，但这并不意味着它能提供一个一致的，可以完全整合的虚构性理论。”[⑤]热奈特更进一步认为：“纪实与虚构之间的互相模仿互相转换不可避免，因为没有叙述学风格学上的绝对分界，只有指示符号。”[⑥]

在实践中，这个问题实际上并不那么让人为难，各种条件综合起来考虑，感觉不出两种体裁的区别，反而是少见的事。但如果考虑文字之

---

① Barbara Smith, *On the Margin of Discourse*, Chicago: University of Chicago Press, 1978, p. 68.

② Gerard Genette, "Fictional Narrative, Factual Narrative", *Poetics Today*, Vol. 11, No. 4, Winter 1990, p. 762.

③ "More precise comparisons would only be a statistical matter." Gerard Genette, "Fictional Narrative, Factual Narrative", *Poetics Today*, Vol.11, No. 4, p. 758.

④ "The Logical Status of Fictional Discourse", in John R. Searle, *Expression and Meaning: Studies in the Theory of Speech Acts*, Cambridge: Cambridge University Press, 1979, p. 58.

⑤ 多里特·科恩：《论虚构性的标记》，《叙述》第三辑，2012年，第77页。

⑥ Gerard Genette, "Fictional Narrative, Factual Narrative", *Poetics Today*, Vol. 11, No. 4, Winter 1990, p. 768.

外的所有媒介，例如区别一场报告与一场演出，区别一部纪录片与一部故事片，虚构与纪实的界限问题就很难凭感觉处理。

## 三、用“指称性”区分纪实与虚构？

“指称”问题的现代理解，最早是由分析哲学提出的：弗雷格的《论意义与指称》（Gottlob Frege，Über Sinn und Bedeutung，1892），罗素的《论指义》（Bertrant Russell，On Denoting，1905），是指称问题上奠定基础的两篇论文，但他们的讨论局限于命题的指称之真伪，在句子水平上讨论问题，他们没有专门讨论虚构叙述文本。这就出现难题：虚构叙述中可以有大量有指称的命题，完全由非指称句子组成的叙述不可能存在。笔者曾有文讨论艺术的“跳越指称”特征，[①]但艺术性不等于虚构性，例如纪录电影可以是艺术，但并非虚构。

在虚构研究上做出比较切实突破的，是“言语行为”理论。塞尔1975年的文章《虚构话语的逻辑地位》提出了对虚构的新见解。[②] 塞尔理论的特点是把虚构视为一种作者明知其虚而“假作真实宣称”（imitating the making of assertion），[③] 是一种有意作假的言语方式。这样就把指称问题从符义学平面，提升到符用学平面：把虚构的虚假指称，归之于作者与读者（发出者与接收者）之间的共谋。

玛丽·普拉特1977年发表《建立一种文学讲述的言语行为理论》一书，[④] 进一步发展了塞尔理论。但也有论者，例如肯达尔，指出塞尔理论无法处理所有的叙述，因为图像没有“言语行为”[⑤]。这就是本章

---

① 赵毅衡：《论艺术“虚而非伪”》，《比较文学研究》2010年第2期，第21—31页。

② “The Logical Status of Fictional Discourse”，*New Literary History*，Vol. 6，No. 2，1975. 此文后来收于塞尔的著作《表达与意义》（John R. Searle，*Expression and Meaning*：*Studies in the Theory of Speech Act*，Cambridge：Cambridge University Press，1976，pp. 58—75）。

③ Ibid.，p. 324.

④ Mary Louise Pratt，*Toward a Speech Act Theory of Literary Discourse*，Bloomington：Indiana University Press，1977.

⑤ Walter Kendall，*Mimesis as Make-Believe*，Cambridge，Mass.：Harvard University Press，1990.

论述的线索：我们先以语言指称作为模式，讨论虚构叙述体裁的特征，然后再讨论非语言符号的虚构共同特征。

一般认为虚构叙述具有双层结构，即所谓底本/述本，[①] 但多里特·科恩提出：纪实叙述有三层构造："虚构只需分两层，而非虚构需要分三层"，即需要多一个"指称层"（reference level）。[②] 她的意思是纪实性叙述是其叙述行为始终指向叙述行为之外（之上?）的一种"实在"。与"实在"的关系问题，是讨论虚构/纪实的核心论题。无论本体论哲学家如何定位这个存在，称之为"事实"亦可，称之为"指称"亦可，称之为"被再现的经验"亦可，它在叙述研究中占着至关重要的位置。

是否"有关真实"，与是否有"真实根据"是两个完全不同的概念。虚构叙述完全可以用经验或文献证明自己"事出有据"。白居易在《新乐府序》说："其事核而实，是采之者传信也"，又说"篇篇无空文，句句比尽规……唯歌生民病，愿得天子知"。[③] 因此《新乐府》满足本章下面所说的两条"证实"方式：核实，采信。白居易的这批叙述诗，不仅成为新闻报道，而且被当作呈交朝廷的调查报告。叙述诗体裁风格上无法忽视的虚构特征，完全被忽视。可以说这是在现代之前，在体裁分工意识不明确时代发生的情况。但在当代，小说作家列出文献出处的，也不再少数。虚构叙述作者的这种强调宣言，无法让我们把文本视为"假作真实宣称"。

纪实与虚构之间，有一批中间体裁，具有"事实根据"。第一种是"半小说"（semi-fiction），即上面已经说过的"纪实小说"（factual fiction，或称 faction），即具有纪实指称性的小说。诺曼·梅勒写"非虚构小说"《刽子手之歌》，声称"访问数百人，积累一万五千页素材"。

第二种是所谓"虚构自传"或"自传小说"，第一人称叙述，作者

---

① 参见赵毅衡：《论底本：叙述如何分层》，《文艺研究》2013 年第 1 期，第 5—14 页。

② Dorrit Cohn, *Transparent Mind: Narrative Modes for Presenting Consciousness in Fiction*, Princeton: Princeton University Press, 1978.

③ 《白居易集》卷三，顾学颉校点，北京：中华书局，1979 年。

与叙述者同名。科恩认为这类小说是“作者直接引用的一个虚构话语”[①]，从文本本身很难判断是否为虚构。这种小说，有作者自己的“真实”生平材料作为指称层。例如郁达夫的中篇小说《茑萝行》，读起来像是写给妻子的一封家信，可能也真是家信的材料改写的。

反过来，“反事实历史”（counterfactual history）是虚构某种情况的“历史写作”，例如假定希特勒入侵英国成功历史会如何走向？假定没有西方影响中国是否会产生现代性？这种叙述“无指称事实”，却有相当严肃的历史学术价值，可以说是“虚构纪实叙述”。

因此，可以说虚构文本指称对象少，却无法如科恩那样用有没有“指称层”来做判断，指称材料的多少，也和形态特征一样，只是个程度问题。

用“指称性”作为标准的第二个大难题，是如何判断“真实”。可以设想两条“证实”的途径，一是直观体验，二是从文本间性获得“证据间性”。有了这两条，哪怕采用了小说风格手法的新新闻主义作品，也可以是“纪实叙述”。《冷血》的作者卡波特声称，“在这本书中，凡不是我亲身观察得来的材料，不是来自官方的记录，就是来自采访有关人士的结果。”[②] 他在这里说得相当清楚：“亲身观察”是直观体验而得的直接经验；采访与阅读文件，是用文本间性做“证据间”互证。[③] 对于读者，“亲身观察”是难以做到的，因为所叙述的事件不再；而证据间的互证，也因为时势的变化，原证据不再就手。这两种“证实”方式，显然都只是作者的特权，更确切地说，是作者做如此声言的特权。

如果虚构的本质特征，是“假作真实宣称”，那么卡波特的“真作真实宣称”，《冷血》是虚构还是纪实，就取决于我们是否相信作者的声言，或是信任他有从这两个方面“证实事实”的能力。但这一点显然是有争议的。不少人指责《冷血》中有大量场面、对话、情节，没有文件

---

① 多里特·科恩：《论虚构性的标记》，《叙述》第三辑，2012年，第84页。

② 约翰·霍洛韦尔：《非虚构小说的写作》，沈阳：春风文艺出版社，1988年，第113页。

③ “真实关联度强的符号，也叫做证据符号。”孟华：《真实关联度、证据间性与意指定律：谈证据符号学的三个基本概念》，《符号与传媒》2011年第2辑，第41页。

根据，也没有采访记录，是想象的。这不足为奇，对历史以及其他纪实性叙述中的场面，（例如《史记》中著名的“鸿门宴”）“事实根据”的确值得怀疑。因此，对纪实叙述的信任，实际上只是对纪实规程的信任：相信作者在意图上对此规程做了最真诚的遵循，也相信他对此进行了最大的努力。

从社会文化的规定性来说，纪实叙述的特点，是读者可以要求纪实叙述的作者提供“指称性”证据，而并不在于作品中究竟有多少指称性。纪实性叙述是“与指称有关”的叙述，而虚构是“与指称无关”（referentially irrelevant）的叙述。这并非因为虚构与经验世界无关，而是体裁程式并不要求有关。虚构作者可以在指称性上下工夫，正如纪实叙述作者可以在“生动手法”上下工夫，由此产生各种挑战体裁规范的文本：处处考证的“新新闻主义”，与细节特别丰富的小说难以区别；以“事实”为依据的传记，与生平材料相当贴合的传记小说难以区别；有意点实的映射小说，与标榜纪实的“调查报道”难以区别；被科技发展史证明“真实”的凡尔纳式科幻小说，与只是把知识生动化的科普小说难以区别。如此等等不胜枚举，直到最后，即使对具有指称性的语句做统计比较，都难以区分纪实与虚构叙述文本。

面对这样的局面，我们就不得不同意塞尔的让人绝望的公式：“一件作品是否为文学，由读者决定；一件作品是否为虚构的，由作者决定。”[①] 这句话实际上是说，形态标记只是风格性的，而虚构则是作者的意图，如任何他人之心，意图实为不可测。也就是说：作者的“非指称”写法，是他的意图，读者的“非指称”读法，是体裁的阅读期待。[②]

问题在于，既然上面第二节讨论了文本形态本身无法做出明确的区别，第三节讨论了作者的意图也不是明确的保证，读者如何能够做到对

---

① “The Logical Status of Fictional Discourse”，（John R. Searle，*Expression and Meaning*：*Studies in the Theory of Speech Act*，Cambridge：Cambridge University Press，1976，p. 59.

② Jonathan Culler，*Structuralist Poetics*：*Structuralism*，*Linguistics and the Study of Literature*，Ithaca：Cornell University Press，1976，p. 129.

这两类叙述的“指称性”做区别对待？他们是如何明白应当采取不同阅读态度？热奈特对此提出的建议颇为悲观：“真正起作用的标记，是副文本，如封面注明‘小说’。”[①] 他这句话是宣判虚构问题无解，因为许多作品并不注明文体，中国出版界至今封面无“小说”两字。

至此为止，我们还只是在文字叙述的范围中讨论问题，还没有考虑其他媒介。本章开始时所说的三类中的各种媒介的叙述，都有虚构与纪实之分，只是区分更为困难，因为上一节讨论的若干风格“指示符号”都不复存在，而作者的意图也更不容易显露。显然，为区分纪实与虚构叙述，我们需要找到更有效和普遍的依据。

## 四、虚构/纪实叙述文本与“经验事实”的区隔

因此，笔者提出一个可能比较抽象，但可能更合理的判别标准，即“区隔”。所有的纪实叙述可以声称（也要求接受者认为）始终是在讲述具有“事实性”的事。不管这个叙述是否讲述出“真实”。虚构叙述的文本并不指向“真实性”，但它们不是如塞尔说的“假作真实宣称”，而是区隔出一个框架内层，容载一个声称真实性叙述，这就是笔者说的“双层区隔”。

这是一个形态方式，是一种作者与读者都遵循的表意-解释模式，也是随着文化变迁而变化的体裁规范模式。也就是说，区隔看上去是个形态问题，实际上在符形、符义、符用三个层次上都起作用。

一度区隔是再现框架，把符号再现与经验区隔开来。这个区隔的特征是媒介化：经验直观地作用于感知，而经验的再现，则必须用一种媒介才能实现，符号必须通过媒介才能被感知。这里的“媒介”指符号载体，或符号传达物（狭义的媒介）加符号载体。[②]

---

① Gerard Genette, “Fictional Narrative, Factual Narrative”, *Poetics Today*, Vol. 11, No. 4, Winter 1990, p. 774.

② “当代媒介学，研究的对象事实上是载体以及/或者媒介。”见赵毅衡：《媒介与媒体：一个符号学辨析》，《当代文坛》2012年第5期，第31页。

一旦用某种媒介再现，被再现的经验之物已经不在场，媒介形成的符号代替它在场。再现是以一种媒介感知取代经验，这种感知因为携带了经验之意义，因此是符号。我们可以称这个一度区隔为“符号区隔”，而区隔出来的，不再是被经验的世界，而是符号文本构成的世界，存在于媒介性中的世界。

符号对经验的这种替代，在某些情况下不容易辨认：例如梦见（或幻觉到）某事物，与经验到某事物，似乎方式相同，这是因为作为替代性符号的“心像”，与经验形象构成相同，心像媒介是“非特异的”的（non-specific）。这有点像演示叙述：身体动作作为符号，与身体动作作为经验，两者并无区分。真的挥拳打人，与演出挥拳打人，可以完全一样。霍尔对“再现”的功用解释得非常简明清晰：“你把手中的杯子放下走到室外，你仍然能想着这只杯子，尽管它物理上不存在于那里。”[①]这就是脑中的再现：意义生产过程，就是用媒介（在这个例子中是心像）来表达一个不在场的对象或意义。

但“媒介替代”是符号再现的本质，这种替代经常有言语、姿势、场合、入梦等指示符号，例如上台、开场白、封面、标题、哨声、画框、文字，等等，形成一个“再现框架”以区隔出符号文本。这些区隔有时难以辨认，但不存在绝对没有再现区隔的符号文本。

再现文本有两种：叙述文本与非叙述文本。叙述文本与非叙述文本的不同，只在于叙述卷入情节。对于这个问题笔者已有讨论，[②] 此处不赘。叙述文本与非叙述文本，在媒介再现这一点上没有区别，因此没有独特的叙述框架：它们都在对某种经验事实做出再现，基础的叙述文本是“纪实的”。

---

① 斯特亚特·霍尔：《表征》，徐亮、陆兴华译，北京：商务印书馆，2005年，第4页。

② 赵毅衡：《建立一门广义叙述学》，《*Narrative*》（《叙述》中国版）2010年第2期，第45页。

## 五、虚构叙述的“二度区隔”

虚构叙述则不同，它必须在符号再现的基础上再设置第二层框架，也就是说，它是再现中的进一步“再现”，为此，虚构文本的传达，作者的人格中将分裂出一个虚构叙述发出者人格，而且必须提醒接收者，他期盼接收者分裂出一个人格接受虚构叙述。虚构文本的传达就形成虚构的叙述者-受述者两极传达关系。这个区隔里的再现，不再是经验的一度再现，而是二度媒介化，与经验世界就隔开了双层距离。正因为这个原因，接收者不问虚构文本是否指称“经验事实”，他们不再期待虚构文本具有指称性。

这个过程说起来有点抽象，实际上并不难想象，是我们经常在做的事。下面举几种双层媒介区隔的设置方式，足以推见类似机制之常用：

一位演员就他的一出戏的排演过程做演说，这是纪实性叙述；然后他用一个手势，或戴上面具，或是灯光集束，场内转暗，此时进入演出（例如单口相声），进入一场虚构性叙述。这个区隔设置当然可以有无数变化方式，添加区隔的指示符号本身可以变得非常细微，但报告中的区隔，可以使他的身姿与言语成为二度再现，成为虚构叙述。那么，此人能不能直接进入虚构叙述，不用一度再现（纪实式的报告）作背景或先行？一度再现可以缩得很短，但依然能找出双区隔的痕迹：例如这个演员可以演小品，一上台就直接进入相声，但是启幕与上台本身，就是从一度再现进入二度再现。

此种区隔造成如下对比：在经验世界中，他是我们面对的一个人；在一度区隔中，他是演员身份，用言语身体为媒介说明某个事件；在二度区隔中，他是角色身份，用演出作为媒介，替代另一个人物（不是他自己）。虽然观众还能认出他作为演员（身体媒介）的诸种痕迹，但是也明白他的演出是让我们尽量沉浸在被叙述的“人物世界”中。就这位演员自己而言，他变化了三重身份。

我们可以延伸霍尔为再现举的简单例子作说明：我看到某人摔了一

个杯子，这是经验。我转过头去，心里想起这个情景，是再现；我画下来，写下来，回放当时拍的录像，是用再现构成纪实叙述文本。当我把这情景画进连环画，把这段情景写进诗歌小说，把这段录像剪辑成电影，就可以是虚构叙述的一部分，因为它可以不再纪实。

电影的开场和结束，打出标题，是一度再现区隔，是对经验世界（创作过程）作的纪实性（纪录片式）一度再现。然后有演员表（角色转换提示）、免责声明之类的虚构框架标记，接着影片的叙述进入二度再现，即虚构性的故事片。而在结束时，片尾灯光师、化妆师之类职员表，就又回到一度再现的报道。热奈特说类文本（“这是一部小说”之类说明）是虚构体裁的唯一可靠标记，应当说它们是二度虚构区隔的痕迹。哪怕这些痕迹全部被仔细抹去，虚构区隔依然存在。

同样的区隔，可以见于比赛的裁判吹哨开场隔断练球，仪式的起头隔断入场，电子游戏的起头信号隔断示例说明，戏剧幕布的升起隔断入座，乐队指挥举手隔断调弦，做梦的入睡隔断清醒思想。这种隔断可能只是一个表情，一个几乎难以知觉的信号，但它非常重要，因为它隔开了两个世界。

影视中的穿帮镜头，结束“片花”，如《撒谎大王》（*Liar Liar*）、《杜拉拉升职记》《泰囧》片尾那样的 NG 镜头（拍电影时越出框架的镜头，例如演员念错台词引起爆笑），之所以让人觉得可笑，是因为它们违反常理地反过来回到了一度再现层，破坏了虚构世界的隔离，实际上它们经常与职员表同时出现，因为都是区隔痕迹。

正因为虚构叙述需要双层区隔，巴尔特对 20 世纪 60 年代电影中已经开始出现的“片头直接进入故事”，也就是把电影开场虚构设置模糊化的做法，非常反感，他认为这是“我的社会尽最大努力消除叙述场面的编码，有数不清的方式使叙述显得自然”[①]。而布莱希特等实验戏剧专家，则不断点破戏剧的虚构框架，用以向观众提醒“资产阶级艺术的

---

① 罗兰·巴尔特：“叙述结构分析导言”，见赵毅衡编选：《符号学文学论文集》，天津：百花文艺出版社，2004 年，第 432 页。

欺骗性”。西方戏剧学家体会到在演员与角色中，有另一个层次。布莱希特说：“（保持间离）这种困难，在中国艺术家身上并不存在，因为他们否定这种进入角色的想法，而只限于‘引证’他扮演的角色。”[1] 这就是布莱希特“间离效果”理论的“中国灵感”。这是一个绝对敏感的观察，所谓“引证”即演出虚构叙述的二度性。

纪实性叙述一度区隔，与虚构性叙述的二度区隔，二者的戏剧性对比，可见于下面这篇报道：

> 2012年11月30日，WGN电视台第9频道的新闻采访直升机拍到地面有一架小型飞机坠毁，机上的记者赶紧把现场情况拍下来传回台里，作为独家新闻紧急插播。从播出的画面可以看到，失事飞机左翼折断，机身在混凝土路面上砸出了一个大坑。播报完3分钟后，导播就发现所谓的飞机失事现场只不过是电视剧《芝加哥救火队》的一个拍摄现场。尽管非常尴尬，主播还是硬着头皮向观众道了歉。事后有眼尖的网友挑刺：电视台播出的“飞机失事”画面，现场有很多摄像设备，还有升降机和摇臂等，如果电视台仔细一点就不会发现不了这是影视剧拍摄现场。[2]

在直升机上进行拍摄的摄影师，把直接经验（直观体验），放进一度再现媒介之中，做成电视新闻记录送到直播室。但已经媒介化的坠机场面，落在摇臂摄影机的再度媒介化之中，如果有摄像设备等痕迹，飞机失事就落在二度再现的框架中，不可能纪实性地再现经验世界。而忽视这些区隔，电视剧就会还原成飞机失事经验的纪实再现。实际上《芝加哥救火队》的拍摄现场，经常有显眼告示“请勿打911呼救!”这是最明显的区隔。

我们也不可能把这种区隔绝对化，因为任何符号都有一定程度的文化规约性，也就是约定俗成的意义解释。某些区隔设置在某种文化中会

---

① Bertold Brecht, “Alienation Effects in Chinese Acting”, *Brecht on Theatre, the Development of an Aesthetics*, London: Methuen, 1964, p. 94.

② 见《城市信报》2012年12月1日。http://www.hbtv.com.cn/tv/2012/1203/158969.shtml

被忽视，原因并不是如这位摄影师那样忽视区隔痕迹，而是对这些符号认知方式的文化规范性已经变化。

例如本章开头时把神话与历史对列，因为神话现在被认为是虚构体裁，其基本叙述方式划出了虚构区隔，但对于产生神话时代的人们，口述的神话是历史，写下的神话也是历史。它们当时不可能看出神话的虚构框架。当代的“神话”依然如此：一旦接收者忽视叙述区隔，神话就从虚构叙述变成纪实性叙述，变成经验事实的直接再现。正如巴尔特说的“当代神话”如美式摔跤、职业艳舞女，等等明显的虚构性演出叙述，对于接受神话的“资产阶级社会”，也是“纪实”的。

这就牵涉到下一节要谈的问题：虚构在什么意义上是“真实的”？或者用巴尔特的话，获得“难以忍受的‘自然’感”，“获得了家常的、熟悉的属性”[①]。

## 六、虚构在什么意义上是真实的？

处在任何一个再现区隔中的人格（无论是真实的人，还是假定的人格），无法看到区隔的符号构成方式，因为区隔的定义，就是把让区隔中再现的世界与外界隔绝开来，让它自成一个世界。巴尔特也指出：“单层次的调查找不到意义。”[②]

因为在同一层次上，再现并不表现为再现，虚构也并不表现为虚构，而是再现显现为经验事实。也就是说：对小说中的人物，小说世界中发生的事件并不是虚构的：对于我们来说，大观园与其中的林黛玉是虚构的，而对于贾宝玉是实在的，否则《红楼梦》的叙述就无法成立。梦对梦中之人也并不表现为梦：梦者绝大部分情况下并不能意识到自己在做梦，除非他正从梦中挣脱出来。瓦尔许指出：叙述者（叙述区隔的人格化）的作用，就在于让作品读起来像“了解之事”，而非“想象之

---

① Roland Barthes, *A Barthes Reader*, New York: Hill & Wang, 1982, p. 88.

② 罗兰·巴尔特：“叙述结构分析导言”，见赵毅衡编选：《符号学文学论文集》，天津：百花文艺出版社，2004 年，第 410 页。

事”；像“事实报道”，而非“虚构叙述”。[①]

这种区隔，在韩国金泰勇导演的电影《晚秋》中，有一个戏剧性的表现：汤唯饰演的安娜，看见公园里一对男女在争吵，声音渐渐模糊消失，突然两人成为舞台上的男女，争闹成为双人舞。对安娜来说，电影的场面是经验事实，而幻觉以舞台形式出现，区隔出一个虚构叙述文本。

正因为虚构世界中的人物并不认为自己是被虚构出来的，这些人格存在于一个被创造出来的世界中，被叙述世界对于人物来说，具有足够的事实性。因此，塞尔指出，虚构文本中的“以言行事”，是“横向依存”的，[②] 也就是说，在同组合段（同一文本）中有效。在经验现实中，宣布A与B结婚，这个婚姻就延续到离婚或死亡为止；在一度再现文本（例如在警察报告）中，A与B的婚姻有效，到离婚或死亡为止，或此文本被证明非真实为止，因为再现文本直接指称经验现实；而在二度虚构文本中（例如在一出戏中），宣布A与B结婚，这个婚姻就延伸到戏中离婚、死亡为止，哪怕戏落幕，陈述的“语意场”并未终结，例如戏中说A与B“幸福地白头百年”，那么戏结束也无法终止这场婚姻。所以，用虚构叙述来证明爱情天长地久，或英雄神勇不死，是最有效的。

纳博科夫虚构了《洛丽塔》，但在这个虚构世界里的叙述者不是纳博科夫，而是亨伯特教授，此角色按他主观了解的事实性写出一本忏悔书，给监狱长雷博士看。在这本小说区隔出来的世界里，亨伯特教授的忏悔不是骗局，所以小说有一个虚构的序言：雷博士读了亨伯特的忏悔，下了一个道德判断：“有养育下一代责任者读之有益”[③]。这是包裹在虚构叙述的“真实性”。纳博科夫已经说谎（虚构）了，他就没有必

---

① Richard Walsh, “Who Is the Narrator?” *Poetics Today*, Vol. 18, No. 4, Winter 1997, p. 34.

② “The Logical Status of Fictional Discourse”, in John R. Searle, *Expression and Meaning: Studies in the Theory of Speech Acts*, Cambridge: Cambridge University Press, 1979, p. 59.

③ Vladimir Nabokov, *Lolita*, New York: Putnam’s Sons, 1955, p. 8.

要让亨伯特再说谎。

这样的转折之所以可能，就是因为被叙述世界，如同叙述世界一样，叙述最基本的品格是纪实性。虚构叙述之所以可能，就是因为在虚构框架之内，它是纪实性的，否则被叙述世界中的受述者，没有理由接收这个叙述，例如典狱长雷博士如果认为亨伯特的临终忏悔没有纪实性，他就没有理由读。想象力的汪洋恣肆，文采的斐然成章，是读者阅读某文本的理由，却不是受述者接收叙述的理由：受述者是“传播游戏”必须有的一方，与叙述者联合构成了文本传播的途径，[①] 但是受述者必须有个理由才会站在这位置上：如果受述者认为文本是虚假的，信息是不真实的，他就不会接受，传播游戏就无法构成。[②]

由于同样原因，在游戏世界里，游戏的叙述是“纪实的”，电影《感官游戏》（*eXistenZ*），主人公为避开杀手，躲进游戏世界里；而在电脑程序编出的叙述里，叙述是纪实的，《黑客帝国》（*Matrix*）说的是电脑程序与“现实”究竟哪一个更真实；在梦里，梦者见到的世界是真实的，《盗梦空间》（*Inception*）情节就是在纠缠如何摆脱梦的“纪实性”。可以说这些都只是电影虚构出来的故事，但在电影虚构区隔出来的世界中，正如我们在经验现实中，面对游戏世界、电脑世界、梦中世界，我们做的一度再现是纪实的，才能将关于经验的故事说出来。

正是因为纪实性是叙述最基本的特征，任何叙述对于落在同一区隔内的世界，是纪实性的，也就是说，无论何种叙述都是纪实的。只是相对于实际作者的经验世界而言，虚构叙述才并非纪实，所谓虚构或纪实，取决于作者是否在针对他的经验作出叙述，因此塞尔的公式在这点上是对的：只有作者才知道他的叙述是否以他的经验世界为“基础语义域”。

本章的论辩不同于赛尔的地方是：塞尔认为读者只能判断文体是否

---

① E. Tory Higgins, “Achieving ‘Shared Reality’ in the Communication Game: A Social Action that Creates Meaning”, *Journal of Language and Psychology*, Vol. 11, No. 3, Sept. 1992, pp. 107—131.

② 赵毅衡：《诚信与谎言之外：符号表意的“接受原则”》，《文艺研究》2010 年第 1 期，第 27—36 页。

具有文学性，笔者认为读者识别的首先是虚构框架。例如看一场电影、一场戏，观众首先注意到的，不是文本的文学性-艺术性，他首先知道的是这是一出戏，一个故事片，他面对的是一个虚构叙述。这种识别根据的是文化程式与阅读经验，因此他的识别不一定是绝对准确的。但塞尔以作者的意图作为虚构的标准，完全是主观的，而且观众不得而知，相比而言，观众对虚构叙述区隔的这种程式化识辨，可靠得多。

这就是小说与谎言之类的根本不同点之所在：两者都无指称性，但谎言在一度再现框架中展开，被要求有指称性；小说在二度虚构框架中展开，对小说无指称性要求。谎言之所以是作假，因为它是“纪实性”的再现。忏悔可以翻案，因为是纪实性的，不然无案可翻。流言之所以可以证明是造谣，因为是纪实性的。虚构叙述无法被证明为作假、翻案、造谣，因为它们根本就不是纪实性的。流言的叙述者必须对是否对应经验事实担责，固然他会设法以“传闻”为借口逃避担责，但在堂皇的纪实性叙述（例如审判书，例如历史，例如预言）中，作者也一样可以以各种借口逃避担责：逃避担责本身就是对被要求担责的反应。

这种内在纪实性，也是读者对被虚构叙述“搁置不信”，虚构作品产生“浸没”（immersion）效果的由来。既然虚构叙述的作者无论如何设置区隔，区隔内的世界依然被该世界的人格当作经验事实。这就是为什么读者也可以认同区隔内的受述者，忘却或不顾单层或双层区隔。只要搁置框架，虚构叙述文本本身与纪实性叙述文本，可以有风格形态的巨大差异，就没有本体地位的不同。

这就是文学虚构的“真实性”悖论的由来：“现实主义”小说的大量细节真实（例如《战争与和平》的真实细节量可以与历史相比），只是帮助读者搁置虚构叙述的二度区隔。此种助推力量，不是决定性的，不能保证读者搁置虚构区隔。对产生“浸没”起决定作用的是读者感情上的投入，而这种感情投入，又多半来自读者认同虚构作品最下工夫渲染的“做人的道义”。“真实性”的产生，最主要原因是道德情感的强大力量，如橡皮一样擦抹掉虚构区隔，把一切还原成纪实叙述。

此时，读者觉得自己生活在真实的经验之中，感同身受，任何明显的区隔标记（例如类文本说明是“一部小说”），任何风格形态的差异标记（例如人物视角的个人化），甚至任何情节的怪诞（例如野兽故事），任何不现实的媒介（例如动画电影），都能通过这种框架擦抹，变成经验事实。叙述文本的底线纪实性，为这种心理变化提供了认知基础。

# 第十三章　文本内真实性：叙述交流的出发点

**【本章提要】** 任何接受者，不可能接受一个对他来说不包含真实性的符号文本，这是意义活动的底线。文本的真实性，经常必须到文本外的经验世界求得证实，但是接受者也可以接受内含真实性的文本。本章试图对文本内真实性进行分类，即狭义的文本真实性，以及文本与伴随文本结合而成的“全文本”包含的真实性。这两种真实性，都必须符合融贯原则，即文本各成分逻辑上一致，或是与“外挂意义体系”一致。如果是艺术虚构文本，则需要依靠情绪浸入与社会感情体系融贯。

## 一、意义活动的底线真实性、替代真实性

任何符号表意活动，必须有接受者，这是传播交流不可动摇的基本原理。接受者之不可或缺，说明这个人格远远比发送者更重要。在自然符号文本（例如自然灾害是在惩戒恶人），作者不明文本（例如作者隐姓埋名），以及在宣布“作者已死”的后现代主义批评家眼里，发送者-作者的在场性，经常是可疑的，甚至不必要，但是接受者确实不可或缺。接受者是任何传播过程必须有的单元，它构成符号文本传播意义的

完整途径。本章并不讨论接受者人格的构成，以及他解释意义的标准，此问题虽然极其重要，笔者认为“解释社群”理论比较言之有理，[1] 在本章中却只能暂时搁置。

本章要讨论的问题是：符号文本的接受者为什么要接受，而不是拒绝一个文本？这种接受的根本底线原因是什么？根本的理由是意识的追求意义本性：意识存在于世，就是不断地在追求意义，也只有在意义活动中，意识的主体性才会出现。但是意义的概念——意义是意识与事物世界的联系——本身，就意味着它是“真实”的，任何接受者人格，不可能接受一个对他来说已经明显为非真实的意义。格雷马斯指出，每个文本接受者在解释活动之前，签下一个“述真合同”（veridiction contract），[2] 即相信该文本所说为真。

接受者必须有一个接受文本的动机，这个动机必然是文本具有某种真实性。此种真实性，不是该接受主体的判断的结果，而是接受者有意向接受这个符号文本的意识起码的条件；这样一个接受主体，不一定是有追求真理主动意志的主体，而是获得意义的意向性之源头。因此，这种主体不可能提出要求“我就是要接受一个假的意义”，因为接受意义的真实性，是这个接受者人格在位的先决条件。

如果某人看幻想电影，明知情节不可能为真实（例如动物或器物会说话），他却继续看下去，此时文本必然在向他提供某种真实性，哪怕是与常识真实很不同的某种真实性，这就是本章讨论的“文本内真实性”。文本内真实性有各种可能的样式，无论面对哪一种样式，一个接受主体必须在某些语境下，有条件地接受各种文本内真实性。这些就是本章讨论的主旨。

广义的真实，是传达的基础。接收者没有理由接受明知为假的符号文本，例如已经证明是谎言，如果接收者依然听下去，是因为可以穿透

---

① Stanley Eugene Fish, *Is There a Text in This Class?: The Authority of Interpretive Communities*, Cambridge, Mass.: Harvard University Press, 1980, p. 56.

② Algirdas Julien Greimas, Frank Collins and Paul Perron, “The Veridiction Contract”, *New Literary History*, Vol. 20, No. 3, Greimassian Semiotics (Spring, 1989), pp. 651-660.

谎言，看出某种真实的东西，不然他没有理由留在传达过程中。哪怕他的感知（例如他坐在戏院里）不得不被动接受信息，他的意识可以完全听而不闻，或视而不见，对他而言，传达过程实际上已经中断，因为没有接受的意向性，接受就无法进行。

## 二、文本内融贯性

关于真实性的理论很多，其中的一种“融贯性理论”（coherence theory）认为，真实性主要来自对文本的融贯性认定。这意思是说，人判断真实性的标准之一，是文本中各元素的相互一致：逻辑上一致，各元素互相支持。的确，在同一文本区隔出来的意义环境里，各种符号元素互相之间有“横向真实”。这是任何情节发生的先决条件，也是我们找到文本内真实的根本原因。文本内的逻辑融贯，正是逻辑学发展成一般意义上的符号学的根本原因，因为它们都是人类追求真理的“普遍工具”，是“同一探究真理的动态过程”[①]。

塞尔指出，虚构文本中的“以言行事”，是“横向依存”的，[②] 也就是说，在同一文本中，融贯性可以有效地被解释为文本内的真实性。在同一文本区隔中，符号再现并不仅仅呈现为符号再现，而是显现为相互关联的事实，呈现为互相证实的元素。本章讨论的文本内真实性，只是与融贯性理论有关联，并不是用文本意义学说证明这个理论。但是，文本内真实性，与另一个更为传统，历史更为悠久的真实性理论，即“符合论”（correspondence theory）不相对应。符合论认为真实性产生于文本与经验世界的对应相符。有论者认为“符合论提供真实性的定义，融贯论提供真实性的标准”[③]。这种说法有一定道理，文本要自圆其说，并且“符合事实”。但是这样的看法适合“文本外真实性”，本章

---

① 张留华：《皮尔斯为何要把逻辑学拓展为符号学》，《符号与传媒》2014年第9辑，第45页。

② “The Logical Status of Fictional Discourse”, in John R. Searle, *Expression and Meaning: Studies in the Theory of Speech Acts*, Cambridge: Cambridge University Press, 1979, p. 59.

③ 李主斌：《符合论vs融贯论》，《自然辩证法研究》2011年第9期，第15—20页。

讨论的文本内真实性，可以暂时搁置与文本外经验世界相符合的问题，解释者可以在文本内，在文本间，找到一定范围内的真实性。因此，本章的看法是："符合论提供文本外真实性，融贯论提供文本内真实性"。

文本要取得这种融贯性，就必须为此文本卷入的意义活动设立一个边框，在边框之内的符号元素，构成一个具有合一性的整体，从而自成一个世界，而边框外的各种符号及其意义，就被暂时悬搁。有了这个条件，真实性才能够在这个文本边框内立足，融贯性才能在这个有限的范围中起作用。[①]

不仅如此，文本的此种融贯性，也必须与接受者的解释方式（例如他的规范、信仰、习惯等）保持融贯。文本与解释，实际上形成"互相构筑"的局面，文本不是客观的存在，而是相对于解释而存在。艾柯认为："文本不只是一个用以判断解释合法性的工具，而是解释在论证自己合法性的过程中逐渐建立起来的一个客体"。也就是说，文本是为解释自己的合法性而建立起来的，要找到解释有效性，只能通过接收者与文本互动，这是一个解释循环："被证明的东西成为证明的前提"[②]。有解释，才能构成文本。文本真实性必须依赖读者相融贯的读法才能实现，普林斯曾经举过一个特别的例子说明这个问题：用读小说的方式读电话本，会发现"人物太多，情节太少"，反过来，用读电话本的方式读小说，会觉得更差。[③]

与接收方式互相融贯，说起来似乎十分抽象，实际上很具体，在我们接受任何文本时都在发生。例如电视剧这种当代文本体裁，最容易让观众上瘾，而所谓上瘾，首先必须是"信以为真"，就是信赖甚至依赖其文本内真实性，而且对此种真实性充满了好奇。电视剧的文本内真实性，建筑在细节的丰富性之上，几乎"与真实生活一样丰富"的细节，融贯了文本的各个部分，使艺术表现呈现为真实。因为实在事物的一大

---

① Robert Stern, "Coherence as a Test for Truth", *Philosophy and Phenomenological Research*, September Issue, 2004.

② 艾柯：《诠释与过度诠释》，北京：生活·读书·新知三联书店：1997 年，第 78 页。

③ Gerald Prince, "Narratology, Narrative, Meaning", *Poetics Today*, Fall 1991, p. 543.

特点就是细节的无限丰富，所谓“一沙一世界，一花一菩提”。压缩于有限边框（像素、篇幅、时段等）之中的符号文本，绝对不可能穷尽任何事物的细节。但是在文本范围内提供的细节如果很丰富，那么就能让观众产生已然融贯的幻觉，所谓“现实主义”和“自然主义”的文学艺术，给人强烈的真实感，就是这个原因。

美术理论家格林伯格指出过现实主义美术“与现实无距离”。他建议我们设想一个俄国农民进了莫斯科的艺术馆，毕加索的画使他想起东正教的民间艺术，他感到亲切。但当他转过身来，看到现实主义大师列宾的作品，他立即弃毕加索而崇拜列宾，因为列宾把戏剧性场面画得栩栩如生，使“他感到现实与艺术中间没有距离”[①]。接受者总是叹服于文本真实，而且把它当作“实在真实”，即他的心目中的客观真实。

文本内真实性，需要文本内各元素互相对应相符，而相符的原则与常识相融贯。1983年根据同名言情小说改编的澳大利亚电视剧《荆棘鸟》（*The Thorn Bird*），故事情节从1912年延伸到1969年，讲了一对情人起伏坎坷的一生情史。男的是牧师，为了做主教，放弃爱情。到了白头之时，才明白爱情的真谛，两人才如愿以偿团圆。年代愈久，愈证明情爱无价，有情人难成眷属，终成眷属，令人唏嘘。

这颗重磅言情催泪弹效果极佳，50年的爱恨情仇，延续成一部动人心弦的凄美浪漫巨著。在全世界收视率居高不下，1983年获得六项艾美奖。16年后，1996年，澳大利亚想拍“续集”，但是剧终两人已老，只能找到情节中一段空挡，原电视剧没有说1941—1945年第二次世界大战期间发生的事。于是一部新编电视剧《荆棘鸟：失去的年代》（*The Missing Years*）问世。可惜这时候原演员班子已经无法寻找，连女主角都换了。如果是后续，可以说“岁月无情，年龄改变相貌”，年代既然夹在中间，要换演员，就必须让观众忘记相貌。而人物的相貌，是影视的主要符号元素，这部“中续”（midquel）就落入尴尬境地：既

---

① Clement Greenberg, *The Collected Essays and Criticism*, Vol. I, Chicago: University of Chicago Press, 1986, p. 11.

要让观众想起原作（他们才会来看）；又要让他们忘记原作（他们才能看得下去）。只有没看过原剧的人才看得下去这部“中续”，只有他们能把它当作一个单独的文本。

电影是视觉艺术，如果文本在视觉上不能完全连贯，变动必须在观众能忍受的范围之内。据说电视剧《西游记》拍摄期过长，唐僧不得不换人，而一般观众没有妖怪们那样对唐僧的相貌敏感。许多电影对相貌的异常提出可以解释的理由，如《化身博士》，或《巴顿奇事》；或是精彩到能让观众视为一个单独的文本，如007或福尔摩斯系列电影更换男主角。而《荆棘鸟》这样一部男女主角的一生情爱戏，中年一段相貌变化过大，原先观众就无法忍受。融贯性上的硬伤很让人遗憾，这部电视剧没有能重拾当年的风采。

在同一区隔中，哪怕已经媒介化，文本可以被理解为一个世界。此时再现并不呈现为再现，虚构也并不呈现为虚构，而是显现为这个文本世界中的事实，这是区隔的基本目的。语言哲学家塞尔指出，虚构文本中的言语，是“横向依存”[①] 的，也就是说，言语所陈述的事实，在同一文本各元素之间是实在的。

例如，我们可以问：贾宝玉为何能爱上林妹妹？听起来像是一个圈套，实际是老实到极点的问题。贾宝玉爱上林黛玉，自有他的千种道理、万般原因，那是红学家与耽读红楼的少男少女讨论的问题，回答或是才子佳人，或是因缘凑合，或是两人共享某种意识形态，共同敲响封建主义丧钟，或者干脆说爱情就是神秘得没有道理。这些命意或深或浅的回答，实际上都设立了一个前提假定：这两个任务共同存在于一个文本之中。要问他们“为什么会相爱”，首先要问他们为什么有可能互相爱上，而我们文本外的人，为什么只有“艳谈”的份：文本之隔，就是世界之隔。

对同一文本中的人物，文本中的环境、发生的事件、遇到的人物都

---

① “The Logical Status of Fictional Discourse”, in John R. Searle, *Expression and Meaning: Studies in the Theory of Speech Acts*, Cambridge: Cambridge University Press, 1979, p. 59.

不是虚构的。对于我们读者来说，住在大观园中的林黛玉是虚构的，对于贾宝玉却必须是实在的，否则在《红楼梦》中，贾宝玉如何能爱上林黛玉？瓦尔许认为："叙述的作用，就在于让作品读起来像了解之事，而非想象之事；像事实报道，而非虚构叙述。"① 巴尔特指出："单层次的调查找不到确实意义。"② 苏轼诗云："不识庐山真面目，只缘身在此山中。"处于同一个表意层次中的文本，是一个融贯的世界，其中的事物和人物，只有对同一世界的其他元素具有逻辑融贯性。对于贾宝玉来说，林黛玉应当是实在的，因为他们在同一文本中，在存在意义上融贯。而对于我们来说，他们只是一个隔着框架可讨论的文本存在，俗话称为"谈资"。

难道只要在"同一个文本世界"爱情就可能了吗？难道没有时代之隔，地域之隔，姻缘凑合？难道不是林黛玉恰好寄养到贾府，才造就这一段轰轰烈烈的恋爱？难道许多偶然性，"无巧不成书"是必然的吗？情节如何安排得合理，是文本内次生的条件，是文本生产者的安排，人物的主体性只是一种情节假定。但是，从文本的定义来说，首先人物要落到同一个文本世界中，武大郎才会遇到潘金莲，潘金莲才会偶遇西门庆。

而一旦落到同一个文本中，秦琼战关公就不是"非历史主义"。悖论的是，两人能战一场，条件恰恰就是侯宝林先生的相声：既然合到一道说，这事情就有可能。魏明伦的舞台让潘金莲会见安娜卡列尼娜；伍迪艾伦的《午夜巴黎》让一个当代作家见到毕加索和艾略特。只要同在一个文本世界，柳梦梅痴爱画上的杜丽娘，能让她死后复活；董永爱上七仙女，能让仙姑下凡。听起来是在强词夺理，实际上却是人类几千年来讲故事的实践。文本具有一种内在真实，隔了文本边界就往往不再真实。接受者的意识沉浸到文本之中，就能接受这种局部融贯的真实性。

---

① Richard Walsh, "Who Is the Narrator?" *Poetics Today*, Vol. 18, No. 4, Winter 1997, p. 34.

② 罗兰·巴尔特："叙述结构分析导言"，见赵毅衡编选：《符号学文学论文集》，天津：百花文艺出版社，2004年，第410页。

大卫·林奇导演的电影《内陆帝国》（*Inland Empire*），对这种“文本内真实”提出了一个恐怖的反向证明：女主人公说了一段有点装模作样的话，吃吃笑起来说：“天哪，真像我们剧本里的台词”。这时响起了导演的声音“停！怎么回事?”演员的笑破了戏，是 NG，落到了叙述文本的框架之外，应当重拍。但是女人四顾，一切依旧，电影继续，周围是“现实的”房间，没有摄影班子。她吓坏了，站起来慌忙奔跑。她的“破框”没有成功，反而肯定了区隔内强有力的真实：既然落在区隔之内出不来，就不是虚构世界，而是一个实在世界。这是一个超级恐怖的怪异场面，它从反面肯定了“文本内真实”。

处在任何一个再现框架区隔中的人物，不可能看到区隔内的世界是媒介化的符号。区隔的定义，就是隔绝文本世界与文本外世界。文本世界中的人不可能自觉到自己是被媒介化的，他们存在于一个被区隔出来的世界中，而这个世界能给他们提供存在所需的融贯条件。

## 三、全文本

既然真实性可以存在于文本内部，就不可不牵涉如何划定文本的边界的问题，但是文本的边界实际上并不清楚，正如本章上面讨论的，文章实际上是解释的结果。“印在封面封底之间”这样的理解，完全无助于文本边界的确立。接受者在解释文本时，不得不涉及大量封面封底之外的元素，例如标题、作者名、文本体裁等重大问题，而且，印刷文字这样清晰的“文本”，在意义活动中是很小的少数，绝大部分文本没有如此清晰的边缘。

文本的范围的确有多种定义方式：有的文本概念是窄义的，是一个边界清楚的意义表达单元。观察整个意义世界的文本构成，可以看到文本的边界非常不清楚，一个文本往往携带了大量的“伴随文本”，许多的附加元素，这些元素经常不算作狭义“文本”的一部分。文本就像一个彗星，携带了巨大数量的附加因素，其中有些因素与文本本身几乎难以分解，有些却相隔遥远。伴随文本问题一直是符号学、解释学、传达学没有研究透彻的重大问题。①

伴随文本不是一些卫星般零散的“周边符号”，而是文本与文化的重要联系方式。任何符号文本都携带了许多社会文化联系，这些联系积极参与文本意义的解读。甚至，某些伴随文本，可能比文本内的因素，意义更为重大。因此，符号“全文本”，是狭义的文本，是与进入解释中的各种伴随文本的结合体。这种结合，把文本变成一个浸透社会文化因素的复合构筑。

例如大部分副文本，完全“显露”在文本表层，可能比文本更加醒目。例如标题、题词、序言、插图、电影的片头片尾；广告的商品、商品的价格等。一首诗，有标题、作者名等“副文本”元素。

型文本指明文本类型，因此是文本与文化的主要连接方式。文本归属于一定类型，与其他一批文本结合成派别、时代、风格等类别。现代传媒不断创造新的型文本类别，例如由同一个明星演出的电影，同一公司出品的游戏。型文本元素中最重要的是体裁，体裁把媒介固定到模式之中，决定了解释的最基本程式，体裁就是文化程式化分类。

前文本是对此文本生成产生的影响的一个文化中先前的所有文本的总称，与一般理解的“文本间性”相近，称之为前文本，是指明其方向性：只有在这个文本之前出现的文本，才可能对此文本的理解产生意义压力。文本中的各种引文、典故、戏仿、剽窃、暗示等都指向这种影响。

文本生成后，还可以带上新的伴随文本。“评论文本”是“关于文本的文本”，② 是此文本生成后、被接收之前接受者接触到的，有关此作品及其作者的各种消息、各种道德或政治标签，等等。“链文本”是接收者解释某文本时，与某些文本“链接”起来一同接受的其他文本，这在网络上体现最为具体：网络阅读者不断跟着链接走。“先-后文本”

---

① 请参见拙作《符号学》第6章“伴随文本”，南京：南京大学出版社，2012年，第143—159页。

② 拙作《符号学》一书中，沿用热奈特的术语，称这种伴随文本为“元文本”（meta-text），这个词很容易导致误会，“元”使用过多，造成意义混淆，因此此处改用一个术语。

是多个文本之间的组合关系，电影都有原小说或电影剧本作为其先文本。在社会的符号表意中，先-后文本几乎无处不在：例如创作一首歌，必须考虑如何推动大众传唱，而大众传唱的，大多是已经广为流传的歌。

所有这些伴随文本，主要功能是把文本与广阔的文化背景联系起来。从这个观点说，任何文本都不可能摆脱各种文化制约，它们只有在各种伴随文本因素环绕之中才能表达意义。没有这些伴随文本的支持，文本就落在真空中，无法被理解。无论是发送者还是接受-解释者，不可能不靠伴随文本来构成完整的文本。想要用摆脱文化束缚的纯粹心灵来观照文本，是不可能的，在人类文化中，既没有纯文本，也没有纯解释。文化的定义，是"社会相关表意行为的总集合"①。任何文本的解读，不可能不落到文化的各种文本联系之中。

观察各种伴随文本，可以看到，某些伴随文本已融入文本，做任何解释时，都不可能让接受者剔除。由此出现"全文本"概念：凡是必须进入解释的伴随文本（例如标题、体裁），都是文本的一部分。文本讨论的文本内真实性，就是全文本各种要素，包括必需的伴随文本在内的"融贯性"，也就是说文本内真实性不仅产生于狭义的文本之中，不仅是文本内部各因素（例如一部电影情节的前后对应），也在于文本与必须进入解释的伴随文本因素之间的呼应和融贯性。固然不同的读者-观众，会对伴随文本（例如电影明星的社会声誉）有所取舍，但是他们对狭义文本内的元素也会有所取舍，因此，如本章上面已经声明过的，笔者取"解释社群"作为接受-解释的标准。

## 四、全文本内的真实性

读者的意向性，就是在文本中寻找一个"证实条件"（conditions of

① 参见拙作《文学符号学》，北京：中国文联出版公司，1990年，第84页。

authentication)[①]，而要让这样一个社群接受者愿意解释一个文本的“全文本内真实性”，可以有以下几种特殊情况：

（1）筹划真实性：相信此文本能告诉我们某种筹划，可以由实例化给予补足（例如一张设计图纸，其真实性来自其成形可能）；

（2）文本间真实性：相信此文本能与过去确认的文本声称的真实情况互相印证（例如阅读历史时，找到新的材料夹在某些被再次言说的说法之中）；

（3）心理真实性：相信此文本能揭示发送者的某种真实情况（例如听明知的谎言，看发送者的心理状况）；

（4）文本形式真实性：相信从此文本可以看出某种形式技巧的真实性（例如从某种布料，看纺织工艺）。

所有这四种“文本内间接真实性”，虽然求证的过场延伸到狭义的文本之外，但是它们与“符合论”要求的经验世界对应性很不同。它们的逻辑基础，都是“与某种更大的范畴相融贯”，只是这“更大范畴”的真实性，处于接受与解释潜在的背景之中，不一定要在本次意义活动中证明。“证据仅仅是一种真实关联度的符号，而不等于事实本身。”[②]例如上述第一种（筹划真实性）显然与经验世界的真实性暂时无关，而是靠这种对应可能性来判断文本内真实性；上述第二种（文本间真实性）与一个文化中累积的其他文本的地位相关；第三种（心理真实性）与想要了解的心理状态的真实性相关；第四种（文本形式的真实性），与意义构造方式的形式体系相关。

为获得这些“全文本”规模的文本内真实性，接受者依靠各种元素，把被解释的文本的真实性，挂在各种文本间体系之上。而这些外挂文本间体系，只是真实性暂时无需质疑的大规模体系、群体文化生活所

---

① Claudia Ferman, “Textual Truth, Historical Truth, and Media Truth”, Arturo Arias (ed.), *The Rogobetta Menchu Controversy*, Minneapolis: University of Minnesota Press, 2001, p. 156.

② 孟华：《真实关联度、证据间性与意指定律：谈证据符号学的三个基本概念》，《符号与传媒》2011年第2辑，第43页。

认可的常识体系、逻辑体系，或知识体系。例如某个历史言说文本，只是与我们的文化认可的历史知识相融贯。“全文本”所包含的各种伴随文本，即是与这些外挂文本间体系实现融贯，从而获得局部真实性的方式。

如果接受者对文本的任何可能的真实性不再有获义意向性，比如对发送者品德完全失望（例如发现抓到的俘虏不可能接触相关机密），甚至对此人的作假人格都不再感兴趣（例如教师不想再与某谎瘾儿童周旋），对对方说出任何真实的可能性放弃希望（例如放弃审讯一名囚徒），或者对这一类别的文本完全失去兴趣（例如视同屋人放的广播为噪音），等等，此时符号传播就只能中断。

上述的第四种真实性，即“文本形式的真实性”，看起来包括了我们欣赏其形式的一切文本，尤其是艺术文本。实际上一件艺术品成为我们乐意接受的文本，因为它包含了多种文本内真实性，并不完全局限于“形式之美”，例如，读《诗经》并不是只试图找到形式真实，孔子觉得《诗经》文本能“兴观群怨”，可以“多识于鸟兽草木之名”，这本歌词文本的另外几种文本间真实性，并不完全是文辞音韵之美。

## 五、虚构文本的真实性

不得不特别强调的是，不同题材的文本，文本真实性品格有所不同。最明显的莫过于虚构与纪实这个体裁差别，召唤出“真实性”的机制很不相同。本章以上的讨论暂时搁置了虚构的特殊性，把虚构与纪实同样处理，而这个问题非常容易引起各种争议，必须仔细分辨。应当说明的是，虚构不一定是艺术的专利：有些纪实性文本（例如纪录片、名家日记），可以很艺术，以情动人，但是并非虚构。但是我们大抵上可以以虚构作为艺术性文本的特点。因为虚构这种体裁，前提是否定文本外真实性。如果本章能说明在虚构文本内如何发现真实性，就对解决本章讨论的难题大有助益。

很多论者认为虚构类的叙述，其真实性来自于“放弃不信”

(suspense of disbelief)。因为虚构文本本无真实性，不信是自然的，相信才是一种认知异常现象，而这种相信的来源，是“感情”上的认同，造成主体意识的“代入”（identification），以及心理情绪的“浸入”（immersion）。艺术用的是一种“情感语言”，对于情感在人类意义活动中的地位，历来争议颇多。例如强调理性的新康德主义者卡西尔，认为欲望是动物性的，命题语言代替情感语言，是人性产生的标记：“命题语言与情感语言的区别，是人类世界与动物世界的真正分界线。”①

卡西尔说情感语言低一等，或许有道理，但是人性本质上就是不完美的，感情正是艺术文本的“文本内真实性”的源头，既是虚构叙述期盼读者“搁置不信”的理由，也是作品对读者产生“浸没”（immersion）效果的来源。既然虚构叙述的作者无论如何设置区隔，区隔内的世界依然被该世界的人格当作经验事实。读者也可以认同区隔内的接受者，忘却或不顾单层或双层区隔。一旦用某种理由漠视框架，虚构文本本身与纪实文本，可能会有风格形态的巨大差异，却没有逻辑地位的不同。

虚构文本的文本内在真实性，依然要依靠文本内各种元素的融贯。钱锺书称之为“事奇而理固有”，他比之于三段论（syllogism），艺术的不经无稽，可以“比于大前提，然离奇荒诞的情节亦须贯穿谐合，诞而成理，其而有法。如既具此大前提，即小前提与结论本之因之，循规矩以作推演”②。钱锺书指出的就是文本内融贯性：情节已经太奇怪，细节就必须尽可能以常识逻辑融贯。他举的例子是《西游记》中二郎神与孙悟空斗法，孙悟空与牛魔王斗法，都是你变一兽，我变另一兽尅你：变是荒诞不经，一物降一物却是符合常识。《管锥编》2007年再版本中，又增补了不少例子。从格林童话，到西方民谣，到卡尔维诺，到《古今小说》，到《贤愚经》：看来各民族都喜说魔术，而斗法之道必须弱强分明。

但是虚构文本更需要的是以情动人，而情感正是虚构文本真实性主

① 恩斯特·卡西尔：《人论》，上海：上海译文出版社，2004年，第24页。

② 钱锺书：《管锥编》第二册，北京：生活·读书·新知三联书店，2007年，第905页。

要的“外挂文本系统”，与纪实性文本主要外挂经验系统完全不同。例如前文所说的四种局部真实性，依然可以产生，只是感情外挂，原因很不相同：

（1）筹划真实性：此种虚构文本有待感情的实例化（例如读小说，有待社会正义道德感情的激发）；

（2）文本间真实性：此虚构文本与过去文本互相印证（例如读历史小说，读者预知事不可为，产生悲剧感）；

（3）心理真实性：此虚构文本能揭示发送者的情况（例如读小说揭示作者的潜意识）；

（4）文本形式真实性：此虚构文本的技巧（艺术美导致的审美感情）。

这就是各种“虚构真实性”的根源：“现实主义”小说的大量细节真实，“现实主义”绘画的栩栩如生，只是能帮助读者外挂到生活经验体系上，与纪实文本的外挂方式实际上相同。此种外挂不能保证读者的真实性意向得到满足。对读者的心理产生“浸没”，起决定作用的是感情上的投入，而这种感情投入，又来自读者认同虚构作品最下工夫处理的“道德感情”与“审美感情”。情感的强大力量，可以擦抹掉虚构文本的框架，建立起解释者所需要的文本内真实性。

一旦感情投入起作用，读者会觉得自己生活在真实的经验之中，感同身受，任何明显的区隔标记（例如封面标明是“小说”），任何风格形态的差异标记（例如人物视角的个人化叙述），甚至任何情节的怪诞（例如《冰河世纪》中野兽的爱情故事），完全不现实的媒介（例如动画的平面，或造型夸张的模型），只要能“感动”接收者，这些文本框架都能被擦抹掉。无论何种区隔内的叙述文本，其情感引导机制，为这种接受发现“文本内真实性”提供了基础。

尼采说：“我们始终认为一个正常的人，不管是何种人，必定认为他所面对的是一件艺术品，而不是一个经验事实。”[①] 可是，如今我们天天见到的人，“不管是何种人”，经常把媒介再现当作经验事实。看来一个多世纪以后的人，在面对艺术品时，感情上反而更天真了，也或许是另一个原因在起作用：今日媒介表现手段（例如电影的逼真性）更为老练，更容易让人接受文本内真实性。

文本内真实性，必须符合融贯原则，即文本各成分逻辑上一致，意义上相互支持。这种文本内真实性有两个大类，一大类是狭义的文本真实性，即文本内部各元素的融贯。另一个大类，是文本与伴随文本结合而成的“全文本”真实性，伴随文本使文本与广大的社会文化联系在一起，因此文本内因素必须与各种“外挂意义体系”相融贯，例如艺术虚构文本，则需要依靠接受者的情绪浸入，与社会的道德感情体系融贯。文本内真实性，是人类社会符号表意的基本原则，人不可能接受不包含真实性的文本，但是各种文本内真实，经常能满足接受的条件。

① 尼采：《悲剧的诞生》，周国平译，北京：生活·读书·新知三联书店，1986 年，第 26 页。

# 第十四章　两种叙述不可靠：全局与局部不可靠及其纠正

**【本章提要】**　本章指出所有的文本，无论是陈述还是叙述，都有“再现者”作为文本源头，也都有一个隐含作者体现其意义与价值。这两个人格一致，此时文本可靠；也有可能对立冲突，此时文本再现者不可靠；另有一种可能是局部可靠，局部不可靠，文本处于可靠与不可靠的混杂局面。此时需要可靠部分作为“纠正点”，在对比中显示文本的局部不可靠性。局部不可靠的文本，远远比全面不可靠的文本更常见。

可靠性问题，一直是小说叙述学研究的关键问题。本章提出，这是一个所有符号文本都无法避免的普遍问题，推论路线如下：

叙述学讨论的（不）可靠性，指叙述者与隐含作者在意义和评价上的距离。所有的符号文本都有一个**文本发出源头**（或可以被接收者构筑出来的发出主体，例如神意）可以称为“再现者”（representer），这个人格在叙述文本中称为叙述者（narrator），他可以表现为“框架-人格二象”[1]；而所有的符号文本都可被接收者推断出一个**体现文本意义/价**

[1] 参见赵毅衡：《叙述者的广义形态：框架-人格二象》，《文艺研究》2012 年第 5 期，第 15—23 页。

**值观**的“拟主体”即普遍隐含作者；因此，所有的符号文本的意义立足点，是这两个人格或拟人格的距离问题：如果文本的再现者与隐含作者意义观与价值观一致，那么文本就是可靠的，否则就是不可靠的。也就是说：所有的文本都在不同程度的意义可靠性-不可靠性基础上摇摆。

以上这四点看法，似乎言之成理，但是先要证明这个表意方式的普遍性，然后才能做分类评析：首先，“再现者”是普遍的，是所有符号文本都具有的；其次，凡是文本都有隐含作者；然后，可靠性-不可靠性，是再现者与隐含作者之间在意义和评价上的距离，也是普遍的。

## 一、符号文本

不存在单独表达意义的符号，符号总是与其他符号形成组合，形成一个“合一的表意集合”，可以称为“文本”。此词西方语言 text 原意是“编织品”[①]。中文译为“文本”，“文字”意味太浓，极不合适，因为符号文本可以是由任何符号组成的。20 世纪有一系列的学派，对文本研究做出了贡献，[②] 当代符号学的分析单元，从单独符号，转向符号文本。

“文本”的意义可以相差很大。最窄的意义，与中文的“文本”相近，指文字文本。哪怕这个意义，文本的本质不是其文字物质存在，而是其表意功能。因此不同版本，可以被称为同一“文本”[③]。巴尔特与格雷马斯对文本符号学做出了非常重要的贡献，他们研究的“文本”基本上是最窄概念，即文字文本[④]。巴尔特问：“在图像之中、之下、周

---

① Jurij Lotman, *The Structure of Artistic Text*, Ann Arbor: University of Michigan Press, 1970, p. 6.

② 例如德国 20 世纪 60 年代的“斯图加特学派”领军人物班斯（Max Bense）早在 1962 年就编出文集《文本理论》；苏联的莫斯科-塔尔图学派把文本看作符号与文化联系的最主要方式，洛特曼（Yuri Lotman）1970 年发表《艺术文本结构》。

③ Alec McHoul, “Text”, in Paul Bouissac (ed.), *Encyclopedia of Semiotics*, Oxford: Oxford University Press, 1998, p. 609.

④ A. J. Greimas & Joseph Courtes, *Semiotics and Language*, Bloomington: Indiana University Press, 1982, p. 340.

围是否总有文本?”[1] 此处“文本”指的是图像或明或暗附带的文字说明。

“文本”比较宽的定义，指任何文化产品。而符号学中往往使用“文本”的最宽定义。巴赫金说：“没有文本，就既无探询的对象亦无思想。”[2] 乌斯宾斯基提出一个更宽的定义，文本就是“任何可以被解释的东西”[3]。但是我们知道，符号就是可以被解释的感知，皮尔斯对符号的定义是：“只有被解释为符号，才是符号。”[4] 那么，难道单个的符号也是文本？实际上，绝对孤立的单个符号，无法表达意义，文本就是“有整合意义的符号组合”。因此，洛特曼对文本的定义最简明扼要：文本就是“整体符号”(integral sign)。

笔者建议：只要满足以下两个条件，就是符号文本：

(1) 一些符号被组织进一个符号组合中。

(2) 此符号组合可以被接收者理解为具有合一的时间和意义向度。

根据这个定义，文本要具有意义，不仅要依靠自己的组成，更取决于接收者对符号意义构筑方式。接收者面对的文本，是介于意义的发送与接收之间的一个相对独立的存在，它不是物的存在，而是意义关系。

首先要说清什么是广义文本。天然事件不是文本，天然事件的“经验”也不构成文本，文本是一种人造的符号文本。天然发生的自然现象，例如火山爆发、地震、雪崩，如果不被中介化为符号意义再现，就不构成文本。也就是说，文本必须依靠某种符号才能显现出来：事件本身并不构成文本，必须形诸文字、言语、图像、姿态，等等再现体，必须托诸另一种物质构成的载体，才能形成一个符号文本。

---

① 罗兰·巴尔特：“图像修辞学”，《语言学研究》第六集，北京：书目文献出版社，2008年。在《显义与晦义》(天津：百花文艺出版社，2005年，第27页) 一书收入的此文中，le texte 译为“文字”。

② Quoted in Tzvetan Todorov, *Mikhail Bakhtin: The Dialogical Principle*, Minneapolis: University of Minnesota Press, 1981, p. 17.

③ Boris Uspenskij, “Theses on the Semiotic Study of Culture”, in Jan van der Eng and Mojnir Grygar (eds.), *Structure of Texts and Semiotic of Culture*, The Hague: Mouton, 1973, p. 6.

④ “Nothing is a sign unless it is interpreted as a sign.” C. S. Peirce, *Collected Papers*, Cambridge, Mass.: Harvard University Press, 1931—1958, Vol. 2, p. 308.

## 二、再现者

符号文本可以分成两类：陈述文本和叙述文本。叙述文本再现卷入人物的变化，即有情节的文本；凡是不符合叙述文本条件的，都是陈述文本，但是这两种符号文本都是表达意义的。社会学家布鲁纳对此有比较清晰的讨论："有两种认知功能、两种思维方式，为了整理经验，建构现实，或说服对方，可以有两种完全不同的方式：论述（arguments）试图说服人相信一个'真相'，叙述（stories）试图说服人接受一个'似真'。"[①] 布鲁纳的这个区分非常清晰。

任何符号文本，不论是论述，还是叙述，不可能没有"再现者"，因为意义总有一个表述源头。如果没有这样一个人格（例如演说者，例如报道新闻的记者）的源头，就有两个方式对付这个局面：一是由接收者构筑一个"拟人格"，例如雷电来自天神之怒；另一个是把文本理解为来自一个特定设置，"表述框架"（舞台、展览馆等）给予文本一个身份：例如戏剧，是"舞台框架"把表演设置为做戏；装置艺术，是某物被展览馆"展示"为艺术。从信息传达的角度说，接收者面对的文本，必须来自这个表述源头，才成为一个文本；任何文本都是选择材料与选择特殊安排才得以形成，再现者就是文本材料的选择者与安排者，它有权力决定文本讲什么，如何讲，这是再现者最明显的功能。

这个源头再现者，可以从以下三个方面加以考察："文本构筑"：文本结构呈露出来的再现源头；"接受构筑"：接收者对文本的重构，包含对文本如何发出的解释；"体裁构筑"：符号文本的社会文化程式，给同一体裁，给再现以合一的规定性，这样就可以凭借体裁共性，对每一个文本作单独的判断。

因此，再现者是任何叙述的出发点。当此功能绝对个人化时，他

---

① Jerome Bruner, *Actual Mind*, *Possible Words*, Cambridge, Mass.: Harvard University Press, 1986, p. 30.

是有血有肉的实际讲述者；当此功能绝对非个人化时，它就成为构成文本的再现框架。可以说，再现者变化状态的不同，是不同体裁叙述的重要区分特征。本章提议把各种文本，按再现者的形态变化分成五个类别。

（1）语言“事实性”文本（宣言、报告、历史、新闻、庭辩、汇报、忏悔等），以及拟“实在性”叙述（诺言、宣传、广告等）；

（2）语言虚构性文本（小说、诗等）；

（3）具象展示性文本（图画、电影、电视；演说、舞蹈、戏剧、游戏、比赛等）；

（4）心灵“拟文本”（回忆、梦、白日梦、错觉、幻觉等）。

这四种分类，要求四种完全不同形态的再现者：四种体裁大类的排列，是从再现者极端个人化（新闻记者是作者兼叙述者）到再现者极端框架化（幻觉者只是受述者）。上面已经说过，在框架叙述（例如小说或电影的“第三人称”叙述）中，这个再现者人格，可以是视角人物。

## 三、普遍隐含作者

隐含作者，一直是小说叙述学的概念。笔者认为，所有的符号文本，都有意义与价值，因此都有隐含作者。申丹认为：与隐含作者有关的是“事实”与“价值判断”二者；[①] 费伦认为隐含作者体现的是“事实”与“价值”“知识”三者。[②] 两人都提到“事实”，笔者认为“事实”与否，超出文本分析所能处理的范围，应当由直观经验，以及文本间构成的“证据间性”来处理。[③] 接收者只能接触文本结构，进行认知

---

① 申丹：《何为不可靠叙述?》，《外国文学评论》2006年第4期，第134页。

② James Phelan and Marry Patricia Martin, "The Lessons of Waymouth: Homodiegetic Unreliability, Ethics and the Remains of the Day", in David Herman et al. (eds.), *Narratologies*, Columbus: University of Ohio Press, 1999, pp. 91—96.

③ 孟华：《真实关联度、证据间性与意指定律：谈证据符号学的三个基本概念》，《符号与传媒》2011年第2辑，第41—51页。

构筑，因此文本的隐含作者，体现的是文本的意义和价值两个方面。[①]纽宁说："我们对隐含作者的感觉，不但包括我们从所有人物的行动与受难中提取的**意义**，还包括了其中隐藏着每一点**道德与情感**的因素。"[②]他说得对：隐含作者体现的是两个观念：意义与道德（包括从道德派生的情感）。

任何一个表意的文本，都具有某种身份，即再现者为文本选择的身份，作为文本最重要的社会文化联系。各种身份，决定了符号的表意的基本面。一段文字的"文本身份"可以是公司告示、宣传口号、小说片断、网上帖子等体裁、类别、用途等多种归属。文字内容可能相似，一旦身份不同，意义就会迥异。文本身份是发出者与接收者建立交流的合同，如果没有文本身份，任何文本几乎无法表意。没有神圣身份的文字，不是经书；没有四书身份的《春秋》就不会微言大义；[③]没有交通指挥身份的信号灯无法要人服从；没有校方身份的铃声无法让学生回到课堂上去。一个文化中的文本身份之复杂，比该文化中的人的身份更多变。

不管哪一种文本，都有意义和价值，因此都有体现这套意义与价值的一个发出符合文本的拟人格。至今隐含作者只是（小说或电影的）叙述学研究中的一个课题，从符号学来说，这个概念不限于叙述，任何文本中，各种文本身份能够集合而成一个"拟主体"。只要表意文本卷入身份问题，而文本身份需要一个拟主体集合，就必须构筑出一个体现意义与价值的"隐含作者"。当这个概念扩大到所有的符号文本，可以称作**普遍隐含作者**。

---

① 多勒采尔认为"叙述模态"有三种：义务体系（deontic system）、道德体系（axiological system）、认识体系（epistemic system）。义务体系涉及目的（命令、期盼、催促等）。义务体系事关语用，不在文本分析之中。贯穿于文本之中的，是道德与认识体系。（Lubomir Dolezel, "Narrative Modalities", *Journal of Literary Semantics*, Vol. 5 (1), Jan., 1976, pp. 6—7).

② 安斯加·纽宁："重构'不可靠叙述'概念：认知方法与修辞方法的综合"，James Phelan 等主编：《当代叙事理论指南》，申丹等译，北京：北京大学出版社，2007年，第83页。

③ 《宋史·王安石传》载："先儒传注，一切废不用。黜《春秋》之书，不使列于学官，至戏目为'断烂朝报'。"

## 四、不可靠性

既然有普遍再现者，也有普遍隐含作者，文本的可靠与不可靠，就成了一个普遍的问题。可靠性是推动当代叙述学发展进程的一个核心概念，是叙述学至今动力无限的关键问题。尽管此概念如此重要，依然有一系列根本性的问题至今没有辩论清楚。当我们把所有的符号文本拉通，而不像经典或“后经典”叙述学那样坚持以小说为中心，这个讨论了半个多世纪的问题，有些方面可以变得非常清晰。

在一个文本中，有各种主体成分活跃其中，它们往往拒绝合作，都不愿服从一个统一稳定的意义和价值体系。我们在这里讨论的是文本中各种表意身份，而不是经验世界中的实在主体，即作者或读者。文本表意人格与这些实在主体之间，会有很重要的关联，但是在分析中，必须把这两者分割开来。

文本不可靠，实际上是再现者不可靠（representerial unreliability）。再现者可能对谁不可靠？对隐含作者。文本表意，并不能统一主体的声音，各种声音共存于同一文本，共存于一个文本反而使它们不和谐关系更为突出，而其中最容易“犯上”，即违法隐含作者所体现的文本意义与价值的，是再现者：观察再现者是否“可靠”，也就是说，是否与隐含作者体现的价值观一致，是文本分析的关键。

一旦再现者的立场价值，不符合隐含作者的立场观念，两者发生了冲突，就出现**叙述者对于隐含作者不可靠**。这已经成为叙述学界的共识，[①] 但是问题依然会出现，本章的开头就是证明。必须强调说明：所谓不可靠，不是文本**内容**对读者来说不可靠（例如说谎、作假、吹牛、

---

① 费伦说：“如果同一个故事叙述者是‘不可靠的’，那么他关于事件、人、思想、事物或叙事世界里其他事情的讲述就会偏离隐含作者可能提供的讲述。”（戴卫·赫尔曼主编：《新叙事学》，北京：北京大学出版社，2002 年，第 40、41 页）。普林斯说，叙述不可靠性出现于“叙述者的准则和行为与隐含作者的准则不一致；他的价值观（品味、判断、道德感）与隐含作者的相异。”（Gerald Prince，*A Dictionary of Narratology*，Aldershot：Scolar Press，1988，p. 101）。

败德，等等)，再现者不可靠是文本的一种**形式**特征，是表达方式的问题。文本可靠性，并不是内容的可信性，这两者经常会有所重叠，但是两者必须被区分：许多争议来自两者的混淆。再现者不可靠是对于隐含作者而言，是两个文本身份之间的关系，这是我们必须反复回顾的底线定义。

确定不可靠叙述的方式，是读者从文本里读出一套价值观，而把这套价值观归纳起来，“寄放”在一个文本人格中。① 20世纪90年代后，后经典叙述学者从认知叙述学角度扩展这种论辩，这种建构的隐含作者的方式就被称为“认知方式”。用这样的角度看问题，叙述者与隐含作者价值观冲突就不再是作者使用的修辞手法，而是读者对作品的理解方式。隐含作者取决于文本品格，是各种文本身份的集合。这样找出的隐含作者主体，不是一个“存在”，而是一个拟主体的“文在”(texistence)。②

一旦采取“认知方式”归纳隐含作者，不可靠就从再现者与作者的关系，变成再现者的价值观与读者对世界“正常性”的理解之间的关系。当然，这就牵涉如何确定“读者”，这个复杂问题此处无法详细讨论。笔者的立场大致认同卡勒的“自然化”（Naturalisation)：“把一个文本引入一个已经存在的，在某种意义上可以被理解的、自然的话语类型。”③ 这个立场可以具体化为费许的“阐释社群”（Interpretative Community）观念：“我们的阅读都是文化上被构筑的，认同这个文化，就大致上遵循其理解方式。”④ 这样一个社会性的读者，比几乎完全个人化的作者容易确定。

那么，什么样的文本是可靠的呢？是再现者与隐含作者价值完全一

---

① Seymour Chatman, *Coming to Terms: The Rhetoric of Narrative Fiction and Film*, Ithaca: Cornell University Press, 1990, p. 77.

② William Lowell Randall & A. Elizabeth McKim, *Reading Our Lives: The Poetics of Growing Old*, New York: Oxford University Press, 2008, p. 95.

③ Jonathan Culler, *Structuralist Poetics: Structuralism, Linguistics and the Study of Literature*, Ithaca: Cornell, 1975, p. 132.

④ Stanley Fish, *Doing What Comes Naturally: Change, Rhetoric, and the Practice of Theory in Literary and Legal Studies*, Chapel Hill: Duke University Press, 1999, p. 141.

致的文本，哪怕这个价值不是我们能赞同的。因此凡是“事实性”文本，都是可靠叙述。一份忏悔或坦白，哪怕是撒谎，也是“可靠的”，因为叙述者与隐含作者都想撒谎，没有距离。这就是为什么本章开头特地辨明：可靠性无关“事实”，而有关“意义”。中国传统社会的价值观是整一的，通俗小说的社会文化地位过低，不可能挑战主流意识。因此，《三国演义》是可靠的，哪怕我们现在不认为刘备的正朔地位值得维护，叙述者与隐含作者的价值是一致的。叙述者与隐含作者观点立场价值是一致的，这是中国通俗文学的根本性文化特征，在中国文化的体裁等级中，白话小说几乎居于最低地位，它受到的压力导致其叙述者急于与隐含作者保持一致，以表明自身的“意识形态正确性”。《红楼梦》说“豁喇喇大厦将倾”，是说荣宁二府将倾倒吗？不完全是。此小说的叙述者再也无法在文本中维持合一的价值观，中国社会的现代转型开始萌芽，叙述可靠性的大厦正在倾倒。

## 五、全局不可靠及其辨别方式

不可靠性实际上有两种，其构成方式，或理解方式，截然不同。全局不可靠，是整个符号文本不可靠，往往是文本从头到尾几乎没有可靠的地方。此时再现文本往往是违反读者理解的根本原则。整体性不可靠的小说和电影，在现代几乎已经成为常规。但“事实性”的文本表意，要求清晰传达，至多只能用上文说的局部不可靠，才可以及时加以纠正。

全局性不可靠，无法用上一节说的文本各部分对比冲突来判断。而必须靠接收者的认知决定其不可靠性。认知的标准，是文化训练给“解释社群”的一套价值规约。由此，我们可以把全局性不可靠分成几种：

第一种：再现者非常人，而是小丑、疯子、无知者、极端自私者、道德败坏者、偏执狂之类，在意义能力与道德能力上，低于解释社群可接受水准之下。其经典例子，是罗伯特·布朗宁的诗《我已逝的公爵夫人》（“My Last Duchess”）：公爵在画室中向使臣展示已逝公爵夫人的画像，介绍了她的性格，但是用了各种例子显示公爵夫人“随便”的个性：“太容易感动，她看到什么都喜欢”，她把“我赐予她的九百年的门第同任何人的赠品并列”，公爵讨厌她所有的一切，认为她的行为有损贵族的身份，声称“自己绝不会屈尊去谴责这种轻浮举止”。于是公爵下了命令：“她的一切微笑停止了”。从公爵的介绍中读者构建了公爵夫人的形象，善良、热情、充满活力，读者不同意公爵的偏执，这样，隐含作者对叙述者的意义及价值出现分歧。

与布朗宁的傲慢公爵形成对照，“天真”恰恰是可靠的标记。他们的不可靠性往往是局部的。例如《哈克贝里·费恩历险记》，叙述基本上是可靠的，可靠的原因恰恰是这个流浪儿童的无知。此外，即使叙述者不兼人物，也就是说不现身，无性格可言，叙述也照样可以不可靠。例如《尘埃落定》，叙述者是“傻瓜”，但是他对于重大事件，往往比正常人清醒。

与道德“差距”正相反，智力上与“社会认可”水准的差异，反而是叙述可靠的标记，作品用智力上有问题的人物作叙述者，往往就预先埋伏了这样一个判断：被“文明社会”玷污的智力与道德败坏共存，现代社会文明过熟，文化不够者反而道德可靠。因此，半文盲流浪儿、乡镇理发匠（王蒙《悠悠寸草心》）、妓女（老舍《月牙儿》），甚至动物（夏日漱石《我是猫》）都可以成为比较可靠的，即比较能体现隐含作者价值观的叙述者。

第二种：信息不清楚，各部分用不同方式，都不可靠，但是找不到纠正点。这种局面，往往被称为“罗生门格局”（Rashomon Structure）。此语源自黑泽明从芥川龙之介的短篇小说《莽丛中》改编的电影。强盗、妻子、丈夫的鬼魂都卷入了关键的杀人事件，三个人的讲述很不相同：在强盗的讲述中，受辱后的女人要求两个人必死一个，经过激战，强盗杀死男人，女人逃走；在女人的忏悔中，她受辱后遭到丈夫的蔑视与憎恶，决意去死，但也要丈夫死，她杀了丈夫后，自己却没了勇气自杀；在丈夫鬼魂的讲述中，受辱后的女人听从强盗的花言巧语，要和他走，临走时要求强盗将丈夫杀掉，强盗反将女人踢倒在地，并问丈夫如何处置，女人趁机逃掉，强盗也离去，伤心的丈夫自尽身亡。这样的故事没有纠正点，因为我们不知道哪一部分文本是可靠的。

李洱的小说《花腔》也是个好例子。小说中三个当事人谈论主人公葛任（看来是以瞿秋白为原型）。白医生的叙述是不可靠的，他的受述者是将他俘虏的国民党范将军，他明白自己万一言辞不当，就会有性命之虞；“文化大革命”中，劳改犯赵耀庆面对审查组，话语显得更荒诞。范将军的讲述时间已是2000年，此时他已摇身变成“著名法学家”，在火车上向记者讲述葛任之死：讲述者冷漠而调侃，讲述杀害葛任的残酷历史。读者不会认同这三个叙述者，但是对不可靠的纠正点不在文本之中，而在认知对隐含作者的建构中。整部《花腔》都在向我们暗示：历史的本来涵义之一就是说谎，就是要花腔。整个文本没有纠正点，但是读者明白三个叙述者都在要“花腔”扭曲历史。

现代小说另一种常用的办法是限制叙述者的视界，包括第三人称叙述的视野。由于这种方法可用于第三人称叙述者，其应用就更为广泛。卡夫卡的作品，如《变形记》《审判》或《城堡》，叙述者对发生在主人公身上的各种事件没有提出任何解释性评论，似乎完全没有能力解释，无纠正点，使文本无法可靠。

第三种：文本中出现可靠部分，但是**纠正无力**。意识形态的传达压力，使1950—1980年的中国当代文学“不应当”有不可靠叙述，但是许多被批判的作品，却往往是因为叙述不可靠。当代文学中挨批判的小说，实际上都是不可靠部分过于生动吸引人，最后“纠正无力”，大面积局部不可靠转变成全面不可靠。

1950年，新中国成立后第一年，《人民文学》第3期以“新年号”特地刊出了萧也牧短篇小说《我们夫妇之间》。一对夫妻，丈夫为知识分子出身，妻子贫农出身，在军工厂当工人。到北京后，丈夫思想起了微妙变化，嫌妻子“土”，与新环境不协调。于是夫妻有了裂痕。“我发觉，她自从来北京以后，在这短短的时间里面，她的狭隘、保守、固执越来越明显……”但是在相当长的篇幅里，“我”对贫农妻子的“土气”的观察很生动，因此小说在相当部分中是“不可靠”的。最后，事实教育使“我”认识到妻子是对的，自己则“依然还保留着一部分很浓厚的小资产阶级的东西”。整部小说的价值观是颂扬贫农，已经“纠正”前面“我”没有觉悟时的不可靠叙述，所以文本是可靠的。

但是这篇小说的命运奇特：起先是广受欢迎，声誉鹊起；翌年6月，舆情突变，一跃成为文坛头号批判对象。冯雪峰带头批判：“作者……是一个最坏的小资产阶级分子!”其中原因，是局部不可靠延长的时间太长，纠正无力。作品整体归纳出来的隐含作者，显然与叙述者的“最后立场”是一致的，但是叙述“不可靠”部分过长，没有得到令人信服的纠正，破坏了全文的可靠性。

另一个纠正无力的例子是方纪1957年引起大规模批判的小说《来访者》。说故事的是一个拒绝思想改造的堕落知识分子康敏夫，追求一个女演员，其自述经过让人“又激动又疲倦，像个不祥的梦。”当年，此小说遭批判的原因是：“作者”同情堕落知识分子，这个“价值观问题”属于隐含作者，而不是作者。文本大部分的叙述者不可靠。故事的结局是康敏夫自愿加入右派分子队列去劳动改造，此“纠正”实在无力，更加深了文本之不可靠。

第三种有个变体：大半文本已经落入不可靠，最后的纠正来得过晚。鲁彦的小说《菊英的出嫁》，描述了整个隆重出嫁的过程，最后才交代，这场婚礼实际上是“冥婚”。小说的叙述者和隐指作者的价值观相违背，叙述者对这个婚礼充满了情感，一步步描写得非常细腻，隐指作者的价值观反对这种装模作样的“冥婚”。克里斯蒂的《罗杰疑案》（*The Murder of Roger Ackroyd*）也是这种纠正过晚的典型。“我”罗杰是本地医生，帮助波罗破案，但是最后“我”被发现正是谋杀犯。

## 六、局部不可靠及其“纠正方式”

另一种不可靠方式，是局部不可靠。此种不可靠并不一定会延展到整个文本，经常可以在整体可靠的叙述中，看到个别词句、个别段落、文本个别部分表现出“局部不可靠”。这样的话，再现者就会一会儿可靠（与隐含作者价值观一致）一会儿不可靠（与隐含作者价值观不一致），或这一部分的再现者可靠，对比出那一部分的再现者不可靠，从而造成文本各部分意义和价值的变化和对照。这种情况，实际上非常多见，由于有文本内对照，这种不可靠识别起来比较容易：可靠部分成为“纠正”不可靠部分的钥匙。但是我们仔细分析下去，就可以看到，这种“不可靠之纠正”依然需要读者的认知判断。

尤其是在当代多媒介文本中，再现者要在被各种媒介裂开的文本中，谋求自始至终的一致性，变得很困难。局部不可靠是不可靠叙述变得很复杂的原因，但是至今没有读到叙述学学者讨论局部不可靠这个问题。许多学者讨论这个问题，明显把局部性与全局性混为一谈。

第一种局部不可靠，是评论不可靠。例如《红楼梦》叙述者并非不可靠，小说的叙述者与隐指作者的价值观一致，都与封建社会儒家主流意识形态冲突，都在寻求超脱世俗之途。但是这部小说有许多局部不可靠。一系列评论与隐含作者价值观冲突。例如第二十九回：“原来宝玉生成来的有一种下流痴病，况从幼时和黛玉耳鬓厮磨，心情相对，如今稍知些事，又看了些邪书僻传，凡远亲近友之家所见的那些闺英闱秀，皆未有稍及黛玉者，所以早存一段心事，只不好说出来。”[①]（着重号是笔者加的）

《红楼梦》的隐含作者对宝玉、黛玉的恋爱抱同情的态度，而《红楼梦》叙述者却不一定保持这个态度，他常用“反话”评论来取得一种平衡。如此评论，我们可以称之为反讽式评论，它是评价性评论的一种亚型。一般的评价性评论是解释意义与价值的手段，而反讽性评论就很明显地暴露主体各成分之间的分歧，使主体的分化变成分裂。此种局部不可靠数量达到一定程度，叙述者就在一定程度上不可靠。

《红楼梦》的最早期评论者就已经发现这个情况。《戚蓼生序本石头记》言：“第观其蕴于心而抒于手也，注彼而写此目送而手挥，似谲而正，似则而淫……写闺房则极其雍肃也，而艳冶已满纸矣；状阀阅则极

---

① 曹雪芹：《红楼梦》，北京：人民文学出版社，1962年，第96页。

其丰整也，而式微已盈睫矣；写宝玉之淫而痴也，而多情善悟不减历下琅琊；写黛玉之妒而兴也，而笃爱深怜不啻桑娥石女。”[①] 戚蓼生已经看出《红楼梦》的叙述经常是“所言非所指”：叙述者的话与小说价值取向（也就是隐含作者）不一致。

局部不可靠在所谓“事实性”叙述中也会出现。在新闻与历史这类文体中，不可靠文本不太常用，因为会导致隐含作者面目模糊。哪怕出现不可靠的部分，文本会尽快予以纠正。例如这样一段报道：“针对网友质疑云南红河州政府大楼‘奢华’，红河州委宣传部长表示，州委、政府等5栋建筑加市民公园，总共才花4亿多，比预算少花近12亿元。”此段叙事不可靠的关键，是用了一个“才”字。下面的报道，就在这个字上做出符合隐指作者价值观的纠正：“实话说，此种‘节俭说’并不离谱：在国内，政府大楼极尽奢侈，已是蔚然成风，算不上什么新闻；而政府楼稍显简陋，便能引起舆论追捧。”[②] 这条新闻的局部不可靠，没有破坏整体可靠性：就记者的表述来说，文本全篇叙述是可靠的。

第二种：文本各部分意义互相冲突，但是只要某个部分可靠，就能成为纠正点。这种不可靠的经典例子，是福克纳的《喧嚣与愤怒》，其四个部分，分别由四个叙述者叙述，前三部分都是缺乏责任能力的自杀者、白痴、极端自私者的自白。第四部分转为第三人称叙述，从一个黑人女仆的视角回忆并观察事情的前前后后，语调平静的文本，使我们明白黑人仆妇的观察，比其他三人可靠程度大得多。而这种对比指明了隐含作者的意义和价值，与叙述者一致。

莫言小说《檀香刑》的“凤头”部分以媚娘、赵甲、小甲、钱丁四个叙述者的叙述构成，四个叙述者有着完全不同的叙述语调。前三者都不可靠，媚娘是农村妇女，知识不可靠；赵甲是变态的职业刽子手，道德不可靠；小甲脑子不好，智力不可靠。第四个叙述者钱丁是官老爷，相对客观

① 王人恩：《戚蓼生〈石头记序〉笺释》，《社科纵横》2005年第6期，第166—167页。
② 《信息时报》2011年12月01日。

冷静一些，比前三个叙述者可靠一些，最后这部分叙述成为纠正点。

第三种：最后得到强力纠正的不可靠。局部不可靠**最后得到纠正**，整个文本就依然是可靠的。叙述语调可对比。成长小说、觉悟小说，上半段常有不可靠，成长后加以纠正。《月牙儿》描写少女时的恋爱时，语句不可靠。第一人称叙述者看透人世后，这些语句显得可笑。

严歌苓小说《白蛇》把同一个故事分为几个版本。官方版本：S省革命委员会宣教部“内部参阅秘字文件”，叙述者为省歌舞剧院革命领导小组，颂扬“文化大革命”成就，贬损舞蹈家孙丽坤，把她定为精神病；第二个是民间版本：民间道听途说的新闻，包括监狱的建筑工人和监守人员的说法，描述孙丽坤从高傲的著名舞蹈家，变成一个普通邋遢的妇女；第三部分是不为人知的版本，写舞蹈家孙丽坤与来访人徐群珊的邂逅、爱恋以及被迫疏远。既是“不为人知”，就是可靠的纠正点。

电影《楚门的故事》（*Truman's Story*），主人公（电影框架中的视角人物）在他从小长大的地方过日子，丝毫没有怀疑他身处一个电视连续剧内。最后他下决心航海到天边，才冲破布景，看到导演室的操纵。电影《一级恐惧》（*Primal Fear*），一个自以为是的律师，为一个被控谋杀的教堂唱诗童辩护，他一直以为这少年天真愚蠢，直到最后辩护成功后，少年才揭穿是他一直在装傻利用这律师的虚荣心，律师作为视角再现者完全不可靠；电影《胡佛传》（*Edgar*），讲述美国联邦调查局名声极糟的主任胡佛的一生，直到电影结尾时，才点穿上面的内容是他口授的“自传”，在关键情节上是在美化自己。这些都是**强力纠正**的范例。

第三种的变体，是各种标题。文字往往是文本意义最为显豁的地方，但是却不一定能与整个文本意义一致，此种局部不可靠会产生很大的张力。商品或服务的广告、店名或品牌名，貌似说反话、丑话、不雅话语、双关语，读者乍一看以为弄错了，就会特别注意。广告招牌就产生了欲擒故纵效果：“天天精彩，要你好看”是电视广告；“不打不相识”是打字机广告；网站招聘广告“只为网络精英”；理财产品广告“你不理财，财不理你”。标题与“主文本”严重冲突造成反讽，在其他场合也经常可以看见。一幅装饰艺术，意义过于模糊，只能靠标题。如果标题严重偏离，例如杜尚的小便池，标题却是传统油画的诗意标题《泉》，就成为反讽。

局部不可靠性延长到一定长度的，常见于广告。很多广告讲的故事夸张过分：开某个牌子的跑车，就能吸引到美女；穿上某明星代言的跑鞋，打球就像他一样神勇。实际上观者没有把这种夸张当真，他们允许这样的修辞，读者从文本最后归纳出来的价值观并没有与之冲突。因此，广告的无稽夸张只是局部不可靠。

更进一步的策略是自贱。如此招牌应当说是有勇气的，它们冒了被顾客误读误解的危险。“狗不理包子”是传统招牌中的特例，当代却到处可见：“狗剩拉面”“蜗牛网吧”“骂厨子家常菜”“真难吃面馆”“无味饭店”“孙子烤肉”“是非岛”“人民公社大食堂”。不过有的“自贱”做的语义双关相当巧妙，如“微软大饼”“妈的酸梅汤”；广州一家粥店名“依旧饭特稀”。有的只能让人佩服店主大胆，如“强盗之家”“摸错门”。以退为进的“自谦”广告有时候可以起到很好的“记忆效应”。

这是因为商品与店铺，是意义的强力纠正点，有了这个纠正点，广告或店名可以大胆地拉开距离，顾客不会搞错。反讽语言中的“低调陈述”（understatement），不是真正的自我贬低，而是退一步加强效果，用在广告中，“记忆值”效果就奇佳。邦迪创可贴广告，形象是克林顿与希拉里执手起舞，闪电裂痕出现在两人之间，此时出现广告语“有时，邦迪也爱莫能助”。当然这是不可靠的广告语，因为这广告的隐含作者观点是：“邦迪能愈合一切，除了感情裂痕。”

应当说，局部不可靠是文本不可靠的最重要方式，比全局不可靠常见得多。全局不可靠，基本上出现于现代与当代的虚构作品中，尤其是小说这样个性化的文本，电影和戏剧这样的“公众文本”中都比较少；但是部分不可靠，不仅在现代作品中可以出现，而且可以出现于新闻这样的“事实性”文体，可以出现于广告、商标这样的实用文体。对于局部不可靠，关键的问题是可靠的“纠正点”如何设置，可以对照发现不可靠部分，也用以说明隐含作者的价值观。这个“纠正点”问题，至今未见到学界讨论。

# 第十五章　新闻不可能是“不可靠叙述”

**【本章提要】**　不可靠叙述，是叙述学的最关键问题，有关问题辩论了60年都没有辨清。其中最令人困惑的，是“事实性”叙述（历史、新闻、广告、预言等）能不能不可靠？叙述不可靠是叙述者与隐含作者在意义与道德上的距离，而不是叙述与“客观事实”的距离。隐含作者是作者人格的替代，而事实性叙述的叙述者与隐含作者人格合一。因此，事实性叙述只可能不真实，或不可信，却不可能“不可靠”。这是符号修辞学亟待解决的重大问题。

“后经典叙述学家”领袖人物纽宁是德国吉森大学教授，长期研究叙述的不可靠性。[①] 他在近年一篇具有关键意义的文章中提出：“不可靠叙述并非只限于虚构叙述，而是在各种不同文类、媒介和不同学科中普遍存在的一种现象。”[②] 在此文另一处他特别指出应当研究“在法律和政治中使用不可靠叙述者的现象”[③]。

---

① 从1995到2005年，纽宁在隐含作者课题上贡献了近20篇重要论文，的确是这个课题上最重要的专家。见 Tom Kindt & Hans-Herald Mueller, *The Implied Author: Concept & Controversy*, Berlin: Walter de Gruyter, 2006, pp. 211—212。

② 安斯加·纽宁：“重构‘不可靠叙述’概念：认知方法与修辞方法的综合”，James Phelan 等主编：《当代叙事理论指南》，申丹等译，北京：北京大学出版社，2007年，第81页。

③ 同上书，第101页。

自从纽宁2005年发表此说以来，没有人反驳他的“泛不可靠”观点。因为这个观点源远流长，虽然没有人像他那样作斩钉截铁的声言，[①] 自纽宁之后，许多叙述学家也同意这个观点，例如申丹在欧洲叙事学会的《活的叙述学手册》（*Living Handbook of Narratology*）网页上的长文《不可靠性》中说：“虚构叙述的不可靠，不可能来自作者的错误与能力不足，而在非文学的叙述中，叙述者不可靠性经常是作者的局限性所致”。这一观点与纽宁是一致的：非虚构的事实性叙述，也可能出现不可靠叙述，[②] 只是原因不同而已。

实际上“新闻的不可靠叙述”在我们的文化生活中已经经常使用。例如这样一篇严肃的论辩文字：“震灾报道：谁是不可靠的叙述者?”此文说：“汶川地震延续至今，我更倾向于认为：可靠的震灾报道根本就没有出现过。它们并不存在，而原因在于不可靠的叙述者云集……基于不可靠的叙述，汶川地震史排斥了我们。”[③] 在此类讨论中，“不可靠叙述”成为关于“新闻真相问题”讨论的关键词。

本章作者认为：这是“不可靠叙述”概念的一种严重的误用。

本章希望不是在空谈理论：关于各种体裁叙述“不可靠性”的误解，已经遍布中西叙述学界，甚至已经流传到学界之外，成了一个亟待符号修辞学辨清的问题。

---

① 申丹为支持她的观点“非虚构叙述中有不可靠”，所引述的文献，包括科恩、科里、富路德尼克等：Dorrit Cohn，*The Distinction of Fiction*. Baltimore：Johns Hopkins University Press，1999；Gregory Currie，“Unreliability Refigured：Narrative in Literature and Film”，*The Journal of Aesthetics and Art Criticism* 53. 1，19—29. 1995：19；Monika Fludernik，“Fiction vs. Non-Fiction：Narratological Differentiation”，in J. Helbig（ed.），*Erzählen und Erzähltheorie im 20. Jahrhundert：Festschrift für Wilhelm Füger*，Heidelberg：Universitätsverlag C.，85—103. 2001：97—98.

② Dan Shen，“Unreliability”，http：//hup. sub. uni-hamburg. de/lhn/index. php/Unreliability，§ 4，2012年6月26日查询。

③ 《南方传媒研究》2009年1月7日。

## 一、叙述不可靠性的定义

不可靠叙述，是推动当代叙述学发展进程的一个核心概念。叙述学一百年的历史，每个阶段都围绕着一些最基本的概念在发展。早期与中期的俄法派，从普罗普到托多洛夫、巴尔特和格雷马斯，注意力集中于情节规律；早期英美派，从亨利·詹姆斯到福斯特，一直集中于“视角”问题。20 世纪 50 年代末布斯的《小说修辞》提出隐含作者与不可靠叙述这两个关键概念，但是经典叙述学的集大成者热奈特，在他 20 世纪 70 年代的名著《体格》（*Figure*）三部中，[①] 依然保留着法国派的传统，拒绝讨论英美派提出的不可靠叙述问题。[②]

可以看出，虽然布斯把这两个概念当作叙述修辞问题提出，法国派看出这个概念基本上落于解释范畴中。而法国派的注意力集中于文本，不愿走向文本解释这样过于开放的问题。但是隐含作者与不可靠叙述这两个概念非常重要，如果不接受它，实际上叙述学就不能推进。法语叙述学此后进展甚少，不得不说与此态度大有关系。而德国与北欧叙述学界成为“后经典叙述学”的重镇，很重要的原因在于他们把不可靠问题当作叙述学的关键，由此形成了学派：讨论不可靠叙述的“修辞学派”，是坚持“布斯方向”的美国叙述学家发展出来的，而德国的塔马尔·雅可比、纽宁夫妇和富路德尼克等人，发展出关于不可靠叙述的“认知学派”，这两种角度实际上相辅相成。

本章讨论的角度，是广义的符号叙述学，亦即是所有用来叙述的符号文本通用的叙述学。当我们贯通所有的叙述文本，而不像经典或“后经典”叙述学那样坚持以小说为中心，我们可以发现这个讨论了半个多

---

① Gérard Genette, *Figure I*, *II*, *III*，法文版分别出版于 1967—1970 年；英文版 *Narrative Discourse*: *An Essay in Method*，是 *Figure III* 一书中的部分章节的翻译。中文版《叙述话语，新叙述话语》（北京：中国社会科学出版社，1990 年），加入了热奈特 1983 年写的对 *Narrative Discourse* 一书论辩的回应。这些版本都没有提隐含作者与不可靠叙述这对概念。

② Tom Kindt and Hans-Harald Mueller, *The Implied Author*: *Concept and Controversy*, Berlin: de Gruyter, 2006, p. 119.

世纪的老问题，会显示出我们意想不到的新面目：有些方面可以变得非常清晰；而有些被认为很简单的方面，则会变得相当复杂。

可以说，一个叙述主体的各部分之间的关系，是研究叙述文本的总纲。如果我们仔细观察叙述文本，我们可以发现大部分文本中，组成叙述主体的各种“人格身份”拒绝合作，都不愿按照一个统一的价值体系来显示自身。我们在这里讨论的是文本中各种表意身份，而不是经验世界中的实在主体，即作者或读者。文本表意人格与这些实在主体之间，会有很重要的关联，在叙述分析中，必须把这两个范畴分辨清楚。

任何一个表意的文本，都具有某种身份：不是表意人采取的身份（例如作家身份、导演身份），而是凡文本必然具有的“文本身份”。文本身份，是符号文本最重要的社会文化联系。各种符号文本的身份，严重地影响符号的表意。一段文字，“文本身份”可以是政府告示、宣传口号、小说的对话、网上的帖子，文字和内容可能大致相似，意义却有极大不同：文本身份实际上是发出者与接收者建立意义交流的合同。反过来，如果没有文本身份，任何文本几乎无法表意：没有神圣身份的经书，不是《圣经》；没有四书身份的《春秋》就缺少微言大义，只是“断烂朝报”[①]；没有交通指挥身份的红绿灯无法要人服从；没有学校权威的铃声无法让学生回到课堂上去；没有帝王墓碑身份的“无字碑”只是因为某种原因没有刻上字的碑石，并不藏有说不尽的秘密意图。文化中的符号文本身份之多种多样，比文化中的人采用的身份更复杂多变。

而本章要讨论的两个关键性的文本表意人格身份，是隐含作者与叙述者。叙述不可靠，实际上是叙述者不可靠（narratorial unreliability）。叙述者可能对谁不可靠？只能是对隐含作者不可靠。叙述使各种声音、各种价值观共存于同一文本，这种努力反而使各种身份之间不和谐关系更为突出，而其中最容易“犯上”的，是叙述者：观察叙述者的声音是否“可靠”，也就是说，是否与隐含作者体现的价值观一致，是叙述分

① 《宋史·王安石传》载：“先儒传注，一切废不用。黜《春秋》之书，不使列于学官，至戏目为‘断烂朝报’。”

析的关键。

一旦叙述者说出的立场价值，不符合隐含作者的立场观念，两者发生了冲突，就出现**叙述者对隐含作者不可靠**。[①] 必须强调说明：不是所叙述的故事**内容**对读者来说不可靠（例如说谎、作假、吹牛、败德等等），叙述者不可靠是叙述的一种**形式**特征，是表达方式的问题。叙述可靠性，并不是故事可信性，虽然这两者经常会有所重叠，但是两者必须被区分，因为许多争议来自两者的混淆。叙述者不可靠是对与隐含作者而言，是**两个文本人格之间的关系**，这是我们整个讨论的出发点，是整章必须反复回顾的底线定义。

## 二、如何确定叙述者与隐含作者？

说清这一点，并不能解决所有的问题，因为必须明白隐含作者如何确定，甚至叙述者如何确定，才能明白两者是否冲突。而两者的确定方式，会引发更多争议。本章并不想过于卷入确定这两个人格的细节讨论，因为已有别的文章处理，下面只是做一个介绍。

先讨论如何确定叙述者：在符号叙述学看来，叙述者不一定是人格化，而是可以框架性质呈现，实际上在任何叙述中，叙述者都是框架-人格二象：在框架里“填充”人格。但是对于不同叙述体裁，会较多地以某一象呈现。按叙述者的形态变化，各种叙述体裁可以分成五个类别：

(1)“实在性”叙述（历史、新闻、庭辩、汇报、忏悔等），以及拟“实在性”叙述（诺言、宣传、广告等）：人格性最强，叙述者与执行作者人格合一；

---

① 例如费伦说：“如果同一个故事叙述者是‘不可靠的’，那么他关于事件、人、思想、事物或叙事世界里其他事情的讲述就会偏离隐含作者可能提供的讲述。”（戴卫·赫尔曼主编：《新叙事学》，北京：北京大学出版社，2002 年，第 40、41 页。）例如普林斯说，叙述不可靠性出现于“叙述者的准则和行为与隐含作者的准则不一致；他的价值观（品味、判断、道德感）与隐含作者的相异。”（Gerald Prince, *A Dictionary of Narratology*, Aldershot: Scolar Press, 1988, p. 101.）

(2) 书面文字虚构性叙述(小说、叙事诗等):框架叙述常被称为"第三人称叙述",人格叙述常被称为"第一人称叙述",每一篇文本两者混杂方式不同;

(3) 记录演示性虚构叙述(电影、电视等):叙述者"框架-人格"二象合一,但是以框架为主;

(4) 现场演示性虚构叙述(戏剧、网络小说、游戏、比赛等):叙述者表现为框架,但是要求受述者参与,成为填充框架的人格;

(5) 心灵"拟虚构性叙述"(梦、白日梦、幻觉等):叙述者表现为框架,从受述者接受的文本或许能窥探到叙述者人格。

这五种分类,要求五种完全不同形态的叙述者:五种体裁大类的排列,从叙述者极端人格化,到极端框架化。[①] 这个基本的识别叙述者的方案,决定本章的论证方向:不同类型的叙述者,与隐含作者一致或冲突的方式会很不一样。应当说,事实性的叙述的情况最为整齐,叙述者充分人格化,因为与写作时的"执行作者"完全重合,[②] 两个人格之间没有距离。

要确定隐含作者可能更困难一些:隐含作者,是体现叙述作品的价值观的文本人格,叙述学对这个概念争论的焦点,在于这个人格,究竟是作者创造的,还是读者从作品中推导出来的。1962 年韦恩·布斯在《小说修辞》中提出这概念,半个世纪过去,至今叙述学界无法摆脱这个概念,却也一直没有把它讨论清楚。甚至布斯本人在 85 岁高龄去世前所写最后一文中,依然要为此概念的必要性作自辩。[③]

布斯明显把它视为作者创造出来的:"(作者)在创作的时候,创造的不单是一个理想的、没有个性的'普遍意义上的人',而是一个'隐藏'起来的自己……对于一些作家来说,他们似乎在自己的创作中会创

---

① 参见赵毅衡:《叙述者的广义形态:框架-人格二象》,《文艺研究》2012 年第 5 期。

② 热奈特明确指出:"在事实性叙述中,作者=叙述者",见 Gerard Genette,"Fictional Narrative, Factual Narrative", *Poetics Today*, Vol. 11, No. 4, 1990, p. 767。

③ 韦恩·布斯:"隐含作者的复活:为何要操心?",James Phelan 等主编:《当代叙事理论指南》,申丹等译,北京:北京大学出版社,2007 年。原书(*A Companion to Narrative Theory*, Oxford: Blackwell)出版于 2005 年,布斯于当年 10 月去世,因此看来这是布斯一生最后一文。

造或者再发现他们自己。”[1] 布斯还进一步解释说：“‘隐含作者’会为读者挑选他们的阅读内容，这种挑选也许有意，也许无心，而读者也会把这位作者看作一个理想的、文学化的人，它体现着真实作者的另一面。隐含作者是真实作者选择之后的总和。”[2] 这样的隐含作者，是作者用来替代自己的一个实际身份，实为作者的“第二人格”，或者可以称为文本产生时的“执行作者”。

隐含主体到底是否是一个真正存在过的人格？很多学者讨论过这个问题，至今没有论辩清楚：布斯一直坚持“人格论”：隐含作者与生产文本时的作者主体（可以称为“执行作者”）重合。也就是说，隐含作者在文本生成时，具有充分的实在的主体性，哪怕是暂时的主体性。这样隐含作者就有了真实的自我作为源头，但是隐含作者就不是独立存在的，而是作者用他的人格的一部分创造出来的。

布斯的这段话还点明了：同一个作者可以创造不一样的隐含作者，每一部叙述文本，各有不同的隐含作者；作者为不同叙述文本创造一个特殊的隐含作者，也是对自己的一个重新认识的过程，因为隐含作者是作者理想化选择的结果。作者本人可以改变想法，对自己的作品“悔其少作”，甚至检讨说“当时被私心蒙蔽”。但是写作时作者写进文本里的人格，用以支持整个文本价值观的人格，就是他当时的人格，或者其中一部分。

由于此说出于《小说修辞》一书，而且布斯的学生、美国叙述学家费伦等人坚持发展这个路线，此种观点被称为确定隐含作者的“修辞方式”。不可靠叙述成为作者设定的一个特殊的修辞手法，类似比喻手法，用来把叙述弄得别开生面，更能吸引读者。如此理解不可靠叙述，实际上是作者与读者形成默契，审视叙述者。

但是布斯已经感到可能有另一条途径确定隐含作者，虽然布斯整体论述并没有倾向这第二方案：“我们对隐含作者的感觉，不但包括我们

---

① Wayne C. Booth, *The Rhetoric of Fiction*, Chicago: University of Chicago Press, 1983, p. 71.

② Ibid., p. 75.

从所有人物的行动与受难中提取的意义，还包括了其中隐藏着每一点道德与情感的因素。”[①] 这里的“我们”指的是读者，读者可以自行从叙述的情节中“提取意义、道德与情感的因素”，组成这个人格。因此，纽宁认为布斯的定义含糊不清：“无法解释叙述者的不可靠性在阅读过程中是如何被理解的……事实上叙述者的不可靠性是由读者决定的”。纽宁进而提出：“与其说不可靠性是叙述者的一种性格特征，还不如说它是读者的一种阐释策略。”[②]

此种确定不可靠叙述的方式，是读者从文本里读出一套价值观，而把这套价值观归纳起来，放在一个文本人格中，查特曼曾经把这个人格称为“推测作者”[③]。20 世纪 90 年代后，后经典叙述学者从认知叙述学角度扩展这种论辩，这种建构的隐含作者的方式就被称为“认知方式”。用这样的角度看问题，叙述者与隐含作者价值观冲突就不再是作者使用的修辞手法，而是读者对作品的理解方式。隐含作者取决于文本品格，是各种文本身份的集合。这样找出的主体，不是一个“存在”，而是一个拟主体的“文在”(texistence)。[④]

至今，隐含作者只是（小说或电影的）叙述学研究中一个概念，从符号学来说，这个概念不限于叙述，任何文本中，各种意义与价值，能够集合而成一个“拟主体”。只要表意文本卷入身份问题，而文本身份需要一个拟主体集合，就必须构筑出一个作为价值集合的“隐含发出者拟主体”，即“隐含作者”。这个概念可以扩大到所有的符号文本，这时候可以称作普遍隐含作者。

一旦采取“认知方式”归纳隐含作者，不可靠就从叙述者与作者的关系，变成叙述者的价值观与读者对经验世界“正常性”的理解之间的

---

① Wayne C. Booth, *The Rhetoric of Fiction*, Chicago: University of Chicago Press, 1983, p. 73.

② 纽宁：“重构‘不可靠叙述’概念：认知方法与修辞方法的综合”，见 James Phalen 等主编：《当代叙事理论指南》，申丹等译，北京：北京大学出版社，2007 年，第 84 页。

③ Seymour Chatman, *Coming to Terms: The Rhetoric of Narrative Fiction and Film*, Ithaca: Cornell University Press, 1990, p. 77.

④ William Lowell Randall & A. Elizabeth McKim, *Reading Our Lives: The Poetics of Growing Old*, New York: Oxford University Press, 2008, p. 95.

关系，是读者读出文本意义过程的关键一步。当然，这就牵涉如何确定“读者”，这个复杂问题此处无法详细讨论。笔者的立场大致认同卡勒的“自然化”（Naturalisation）：“就是把一个文本引入一个已经存在的，在某种意义上可以被理解的、自然的话语类型”，以及费许的“阐释社群”（Interpretive Community），“我们的阅读都是文化上被构筑的，认同这个文化，就大致上遵循其理解方式”。[①]

无论如何，社会性的读者，比几乎完全个人化的作者容易确定。

## 三、事实性叙述能够“不可靠”吗？

在理想的批评操作中，“执行作者”与“归纳作者”应当合一，但是要做到这个理想状态几乎不可能。从认知路线得出的“归纳作者”，比修辞路线得出的“执行作者”更加方便。托尔斯泰的《克莱采奏鸣曲》是一个说辞滔滔但是没有悔意的杀妻犯自白。此书的叙述者与隐含作者之间有没有距离呢？契诃夫初读时赞不绝口（可能认为这位自白叙述者是不可靠的，隐含作者反对这种不道德的嫉妒）。后来他读到托尔斯泰“后记”，发现了托尔斯泰写作时的想法，也就是知道了“执行作者”想表达的价值观（“音乐和女人都是危险的”），于是认为托尔斯泰此小说“傲慢愚蠢”。笔者的看法是：托尔斯泰本人写下的“创作动机”不算数，“归纳作者”明显反对“我”的杀妻冲动。笔者不是说托尔斯泰的“后记”是撒谎作假，而是说艺术家本人并不一定完全清楚自己作品的意义/价值所在，契诃夫不用因为作者的“创作动机”而改变自己对此作品的理解与评价。

本章的论述方式。也倾向于从文本中归纳（而不是从作者的修辞意图）得出隐指作者。在不同体裁的文本分析中，有些容易得出修辞性的“执行作者”，有些容易得出认知性的“归纳作者”，二者都是有效的隐

① Stanley Fish, *Is There a Text in the Class? The Authority of Interpretive Community*, Cambridge, Mass.: Harvard University Press, 1980, p. 15.

含作者。例如，在分析所谓“事实性叙述”时，“执行作者”方式比较容易理解。

叙述研究首先遇到的最基本分野，是虚构性/事实性（非虚构性）。“事实性”与“事实”完全不同：“事实”指的是内容的品格；而所谓“事实性”指的是对叙述主体与接受主体的关联方式，即接收人把叙述人的表意看作在陈述（叙述者心目中的）事实。这两者的区别至关重要：内容不受叙述过程控制，要走出文本，用经验直觉，或用文本的“证据间性”才能验证，[1] 而理解方式，却是叙述表意所依靠的最基本的主体间性。我们并不要求事实性叙述必须讲述“事实”，只能说它期待接受者理解它是“事实性”的。

既然不可靠性是叙述者与隐指作者之间的冲突，而事实性叙述，例如历史、新闻、庭辩、汇报、忏悔等，以及拟事实性叙述，如广告、诺言、预测、算命等，叙述者与执行作者两个人格完全合一，两者之间不会有距离，因此，事实性叙述就不可能不可靠。每一个作事实性叙述的人，必须对自己的叙述负责，因为他既是叙述者，又是作者。事实性叙述，是作者本人一个人格承担责任，例如纪录片的叙述者就是摄影师的第二人格，新闻的叙述者就是记者的第二人格，法庭作证的叙述者就是见证人本人的第二人格，广告的叙述者就是广告制作播出团队的第二人格。

叙述的“事实性（非虚构性）”，是叙述体裁理解方式的模式要求。法律叙述、政治叙述、历史叙述，无论有多少不确切性，甚至虚假性，说话者是按照非虚构性的要求编制叙述，接受者也按照非虚构性的要求重构叙述。但是既然是事实性的，叙述主体必须面对叙述接受者的“问责”，要在这点上撇清是否有意作伪。说某人撒谎，就是因为有关的叙述是“真实性”的。恺撒的回忆录式历史著作《高卢战记》用第三人称写自己，给人叙述客观性的印象，取得了叙述的几乎绝对的“可靠性”。

---

① 孟华：《真实关联度、证据间性与意指定律：谈证据符号学的三个基本概念》，《符号与传媒》2011 年第 2 辑，第 41—51 页。

实际上它原是给罗马元老院的报告，后来才集合为历史书。不是说恺撒用第三人称就肯定完全说实话，没有美化他的征服者英雄形象，而是这种文体就必须是绝对可靠的：叙述者说的意思，就是构成隐含作者的价值。

1852年，普鲁士当局制造了“科伦共产党人案件”。马克思评论说：“普鲁士政府已经使自己陷入了这样一种境地：原告方面为了面子不得不提出证据，而法庭为了面子也不能不要求证据，法庭本身已经站在另一个法庭——社会舆论的法庭面前。”[①] 既然成为庭辩叙述，一种事实性叙述，那么作者-叙述者就得接受询问并提出证据，因为在身份上无处逃遁。同样，在牧师面前，一个人绝对不可能说“我代某人忏悔”；在特殊情况下，揭发人害怕打击报复，可以“匿名揭发”，但是他依然是叙述者又是作者，他只是不亮出身份，他不可能代替别人做揭发。

不可否认，大量的坦白忏悔是作假，大量的历史或新闻也是作伪，大量的承诺是欺骗。正是因为这点，从学者到一般使用者都误以为事实性叙述可以有不可靠性。的确，这些叙述体裁的事实性，成了撒谎的保护伞，但是没有事实性这个题材规定，撒谎就不可能撒谎：**谎言之所以可以被称作谎言，正是因为它是“事实性”的**，而它们再撒谎，叙述者依然是可靠的。

新闻本身必定是可靠叙述，因为叙述者表达的意思就是隐含作者的意思。而新闻是否可信，则是读者对新闻作者（对其道德、品质、诚实度等）的质疑。法律与政治叙述不可能不可靠。在事实性叙述中，叙述者与作者合一，两人之间没有距离，只能说整个叙述是理解有误，违背事实，有意说谎，甚至道德沦丧。但是这些也就是文本的隐含作者的价值观：隐含作者就是如此道德有问题的人格，叙述者对这样的隐含作者而言，没有任何不可靠。申丹以自传为例子分析所有的“非虚构叙述”，

---

① 卡·马克思：“揭露科伦共产党人案件”，《马克思恩格斯全集》第8卷，北京：人民出版社，1961年，第463页，原中译文的“社会舆论的法庭”，英译为“社会舆论的陪审团”。

申丹的补充说明是："非文学叙述"之不可靠，原因往往是作者能力不足（limitations），往往造成叙述在事实（facts）上的误报或低报（underreporting），因此非虚构叙述的不可靠，需要"文本外"（extratextual）的比较，即是与客观事实，或其他文本比较，才能发现。她的意思是，只要自传的作者违背事实有意"把自己的经历虚构化"，就会形成不可靠，因为已经不是事实。申丹认为许多叙述学家都同意：一旦虚构成分进入非虚构叙述，非虚构叙述就可能不可靠。[①]但同时，申丹引述费伦"自传（以及其他非虚构叙述）的隐含作者即叙述者"，两个人格"合一"（collapse）。[②] 她可以看到，这种人格合一，就使她在同一篇文章中定义的叙述不可靠（"叙述不可靠即是叙述者与隐含作者之间的距离"），[③] 成为不可能。

那么如何理解犯人"翻供"？证人"承认作假"？正因为原供词的叙述者是可靠的（忠实于当时的"执行作者"的行骗意图），他这次才能"翻供"，不然无供可翻。例如他如果写的是虚构小说，就不存在翻供问题，改变观点后可以另写一本，却无法说原先那本"是假的"。犯人一旦翻供，翻供中的叙述者也是忠实于此刻的执行作者（"重新做人"的价值观，或"进一步搅浑水"的意图）。

这点听起来似乎复杂，实际上并不难懂：纽宁所说的所谓事实性叙述的不可靠，应当是"不真实"（untruthful），或不可信（untrustworthy），是读者有关内容的判语；而叙述不可靠，是叙述文本能让读者穿透自身，找出文本真正意义的品格。同样的观察方法，可以用到纪录片、电视直播等事实性叙述：例如里芬斯塔尔拍的纳粹党纽伦堡大会的纪录片《意志的胜利》（*Triumpf des Willens*，1934），影片歪曲真相，但影片

---

① Dan Shen，"Unreliability"，http：//hup. sub. uni-hamburg. de/lhn/index. php/Unreliability，§40，§41，§42，2012年6月26日查询。又见 Dan & Dejin Xu，"Intratextuality，Intertextuality，and Extratexuality：Unreliability in Autobiography versus Fiction"，*Poetics Today*，28. 1，2007，pp. 43—88。

② James Phelan，*Living to Tell about It*. Ithaca：Cornell University Press，2005，p. 67.

③ "A narrative distance between the narrator and the implied author." Dan Shen，"Unreliability"，http：//hup. sub. uni-hamburg. de/lhn/index. php/Unreliability，§4，2012年6月26日查询。

的叙述不可能不可靠，因为叙述者的表意，与隐含作者的价值观是一致的："歌颂纳粹"。

新闻也可以充满讥讽，此种新闻叙述的隐含作者，价值观也是否定的，与叙述者人格是一致的。例如这样一篇新闻评论："新春罕见的风平浪静，透着捷报频传的喜气。好莱坞柯达剧院的门口不再聚集着游行的示威者，斑斓绚丽的领奖台上也没有再响起异见者的抗议声。政治与军事上的强势令美国电影愈发显得气吞山河，而奥斯卡……似乎更绽放出空前夺目的光芒。"[①]

这与真正的不可靠差别在哪里呢？差别在于叙述价值与隐含作者的价值观究竟是一致的还是冲突的。我们可以拿《红楼梦》第二十九回一段作对比："原来宝玉生成来的有一种下流痴病，况从幼时和黛玉耳鬓厮磨，心情相对，如今稍知些事，又看了些邪书僻传，凡远亲近友之家所见的那些闺英闱秀，皆未有稍及黛玉者，所以早存一段心事，只不好说出来。"[②]《红楼梦》的隐含作者对宝玉、黛玉的恋爱抱同情的态度，而《红楼梦》叙述者却不愿意在情节问题上直接表态，而宁愿用"反话"评论来引出社会流俗标准造成的张力。一比较就可以明白：上面的大段新闻的叙述者，与隐含作者一样是反对好莱坞的，因此是可靠的，而《红楼梦》叙述者的这段评论是不可靠的。

这个格局也适用于拟事实性叙述，例如算命、预测、诺言，这些关于未来事件的叙述，事件尚未发生，因此是"拟事实性未来叙述"。作为解释前提的时间语境尚未出现，因此叙述的情节并不是"事实"；但是这些叙述要接收者相信，就必须讲述未来的事实性：叙述者就是执行作者本人。正因为作者用自己的"人格"担保，而且听者也相信预言者的人格——相信算命者的本领，相信预言者的能力，信任许诺者的人格——才会听取他们的叙述，而且信以为"真"。

① 朱靖江：《这个时代最富于寓言性的反讽》，《新闻周刊》2004年第8期。

② 曹雪芹：《红楼梦》，北京：人民文学出版社，1962年，第96页。

## 四、局部不可靠

本章上面几节讨论的是整个叙述文本之可靠与不可靠。使问题复杂化的是：叙述者的不可靠性并不一定会延展到整个文本，经常可以在整体可靠的叙述中，看到个别词句、个别段落、文本个别部分表现出“局部不可靠”。这样的话，叙述者就会一会儿可靠（与隐含作者价值观一致）一会儿不可靠（与隐含作者价值观不一致）。

至今没有读到叙述学者讨论过这个局面，虽然某些学者讨论的叙述不可靠，明显是局部性的。费伦讨论石黑一雄小说《长日回光》中的不可靠叙述，分出“事实/事件轴”“价值/判断轴”“知识/感知轴”三条轴线上的不可靠性，都是一些片段中的不可靠。[①] 但是这正是不可靠叙述变得很复杂的原因所在。例如《红楼梦》叙述者并非不可靠，整部小说的叙述者与隐指作者的价值观一致。但是这部小说充满了局部不可靠。上一节引用的那段就是个佳例：此种不可靠不是《红楼梦》叙述者的贯穿性做法。而整体性不可靠的小说在现代与后现代作品中非常常见，但也只出现于虚构性（非事实性）的小说或电影中。

局部不可靠在事实性叙述中也会出现，这就是所谓“反讽笔法”。在新闻与历史中，这种叙述风格不是经常出现，因为会导致误会。一般来说，出现这样的句子后，会尽快予以纠正。例如这样一段报道：“针对网友质疑云南红河州政府大楼‘奢华’，红河州委宣传部长伍皓表示，州委、政府等5栋建筑加市民公园，总共才花4亿多，比预算少花近12亿元。”这里的关键是“才”花4亿多。下面的报道，就在这个字上做出符合隐指作者价值观的叙述：“实话说，伍皓的‘节俭说’并不离谱：在国内，政府大楼极尽奢侈，已是蔚然成风，算不上什么新闻；而政府楼稍显简陋，便能引起舆论追捧。以至于全国政协委员俞敏洪炮轰：

---

① James Phelan and Marry Patricia Martin, “The Lessons of Waymouth: Homodiegetic Unreliability, Ethics and the Remains of the Day”, in David Herman et al. (eds.), *Narratologies*, Columbus: University of Ohio Press, 1999, pp. 91－96.

‘政府的大楼太漂亮了，我跑了很多国家，跟国外形成了太大的反差’。”[①] 所以事实性叙述的局部（上面这段新闻中宣传部长说的部分）不可靠，没有破坏整体可靠性：就全篇来说，此新闻叙述依然是可靠的。

局部不可靠性延长到一定长度，情况就会复杂一些。在事实性叙述中，多见于广告。很多广告讲的故事有意夸张过分，例如说开某个牌子的跑车，就能吸引到美女；穿上某明星代言的跑鞋，打球就像他一样神勇。实际上观者并没有笨到这种地步，他们把这些看作无害的，有意思的夸张，他们允许这样的修辞，但是这就像比喻与象征，叙述者与读者从叙述中最后归纳出来的价值观（也就是执行作者——广告公司的意图）并没有冲突。观众可以不接受这种过分的夸张，甚至对夸张过度有所反感，却不会认为叙述者在说反话拆台：如果广告说得天花乱坠的减肥产品可以“十天见效”，其隐含作者的价值就不可能是相反的，不可能是“一心减肥是愚人愚行”。因此，广告的夸张是顺势的，正方向的。

哪怕广告看起来是明显的不可靠叙述，即所谓“自贱广告”，貌似说反话、丑话、不雅话，接收者乍一看以为错了，眼睛一亮，就会特别注意，广告招牌就产生了欲擒故纵的效果：“天天精彩，要你好看”是电视广告；“不打不相识”是打字机广告；理财产品广告“你不理财，财不理你”；酒吧广告“情人节到了，别便宜了那小子”。但是这样的不可靠会在关键点上，即商品信息前打住：隐含作者的价值观必定是说商品好，应当购买，不然不成其为广告。此时广告叙述之局部不可靠，是说服读者明白商品之好。

广告的释义开放程度是有限的：它必须保证接收者不弄错劝说购买商品的意思。它的隐指作者价值观恒定不变，任何理解偏差，都会被出现在广告的商品“尾题”（End Title）[②] 所纠正。这就是为什么广告可以用相当长段的“局部不可靠叙述”，但整体上依然是可靠的。商品是

① 《信息时报》2011年12月01日。

② “尾题”（End Title），是四川大学广告符号学专家饶广祥老师提出的概念。

广告最牢靠的“事实性”锚固点，广告文本的某些局部可以成为罔顾事实性的“半虚构体裁”，其局部不可靠可以延展到几乎整个文本。但是就广告文本的整体而言，它依然是事实性叙述，依然是一种不可能不可靠的叙述体裁。

广告如此，其他事实性叙述就更是如此，这是由文化的体裁规定性所致，凡是事实性叙述，不可能有例外。本章开头，纽宁建议研究“在法律和政治中使用不可靠叙述者的现象”，这个任务恐怕不可能完成。笔者这一说法不是对律师和政客的品德判断，在这两批人中，撒谎者可能超过别的人群。但是他们能撒谎，正是因为诺言和庭辩是事实性叙述。

至于本章导言中提到申丹的观点：“在非文学的叙述中，叙述者不可靠性经常是作者的局限性所致”，也就是说不可靠叙述可以有“（无能力者）无意为之”和“（有能力者）有意为之”之分，只是她认为这种情况只限于“非文学”叙述，也就是新闻这样的事实性叙述。但是这个逻辑一旦成立，虚构性叙述同样可以出现“能力不足不可靠”。有论者就认为前者是叙事者价值观和判断力存在问题，即所知有限或力所不及造成的，因此是非策略性的；而后者是具有策略性的建构行为。前者是误导性叙述，给受众造成误识和误读；后者是不充分叙述、迷宫叙述等策略性叙述，给受众自为的阐释空间。[①]

而笔者主张坚持本章开头所引申丹的意见：“叙述的不可靠，不可能来自作者的错误与能力不足。”申丹认为这只属于“虚构”叙述，本章检查各种不可靠叙述，得出的结论是：“不可靠”永远是计算周到的修辞策略。一个无能或无德的新闻记者写的报道，一个无能或无德的小说家写的故事，叙述者和隐含作者两者都体现出“缺乏观察或道德能力”：缺乏正常的观察能力，写出的文本是“不可信”的；缺乏正常的道德能力，写出的文本是“不可取”的，但是叙述者与隐含作者没有冲突，依然是可靠叙述。

---

① 刘进、曲元春：《不可靠叙事及其与电影艺术的离合》，《电影文学》2008年第24期。

再强调一遍：凡是“事实性”叙述，无论作者的意义能力，或道德价值有什么局限，他在发出文本的时刻，与文本叙述者是同一人格，两者不可能冲突。由此产生的文本，很可能不可信，很可能“不真实”，很可能“不可接受”，但不会形成“不可靠叙述”。

# 第三部分

## 艺术学、艺术风格学

# 第十六章　从符号学定义艺术：重返功能主义

【本章提要】 艺术是否可以定义，甚至是否有必要定义，成为近半个世纪以来艺术哲学讨论的中心课题。在这场旷日持久的辩论中，紧接着维特根斯坦式的“艺术不可定义”论，所谓“程序主义”兴起，在当代艺术界影响巨大：丹托-迪基-莱文森的理论，构成了“体制-历史论”，艺术的社会文化历史定位，代替了艺术本身的定义。程序主义实际上是放弃了艺术内在定义的追求。本章分析了程序主义的几个内在缺陷，这些缺陷可以导致程序主义的衰亡。然而艺术在当代社会的地位越来越重要，迫使人们重新思考艺术究竟何为。本章主张回到功能主义，但不是回到已经被放弃的集中功能说，而是从符号学出发，建议一种新的艺术“超脱说”定义，把艺术性视为藉形式使接收者从庸常达到超脱的符号文本品格。

## 一、为什么要定义艺术？

凡是某个概念普遍存在于人的意义世界中，定义就不可避免。尤其当各民族的语言大致都有相仿说法时，更需要定义。对此，艺术不是例外，至于能否定义，则是下一步的问题。

定义本身是人类认知的必然过程：要真正理解一个事物，必然要把它归之于一个范畴，范畴就是一个命名加一个定义，定义保证了这个命名有大致稳定的外延和内涵。没有定义，我们对某对象的认知就只是一堆无形态的感觉。皮尔斯称这种感觉为“第一性质符”，它只是一种质地的显现，无法独立地表达意义。[①] 人的认知，必须把它与其他品质辨析异同，找出外延边界，加以定义，才能形成论说范畴。

定义过程似乎是高度智性的逻辑展开，其实在我们平时的生活中无处不在。每个孩子都自然而然地把他喜爱的某些东西（例如某些玩具）归在一起，放在他的一个小篮子里。他已经在心里做了一个“思想-符号”定义，哪怕尚未给它一个称呼。人类意义世界中的任何事物都躲不开这样一个被归类过程，而当一个文化群体共同重复这一归类认知，就不得不给予这种归类行为以命名和定义。命名就是定义的起跳，一旦命名就必然随之以定义，用来厘清对象。

由此可见，人类为艺术定义，本来就是应当做而且不得不做的事。近半个世纪在学界热火朝天的“艺术可否定义”讨论，本身就说明了为艺术定义的需要。有这样的需要并不说明艺术是一种特殊事物，恰恰是在肯定它是人类文化中的一种事物类别，与其他任何类别一样，这个类别不得不要求定义。

假若范畴的命名混乱，一物多名，或不同文化中有完全不同的名称，的确就会给定义造成很大困难，甚至不可能定义。但“艺术”不在此列，“艺术”一词在全世界的语言中写法与语音各异，相差却并非很大。随着现代性的全球化，意义更趋向一致。[②] 汉语词“艺术”本身的独特文化史，并没有妨碍中国学者加入关于艺术定义的讨论，就是一个证明。实际上，人类的文化生活中大量范畴术语，例如“体育”“宗教”“仪式”“神性”，定义比艺术更为模糊而混乱。

必须定义，并不是说必定能做出完美定义，定义与不可定义之间的悖论，单一定义之必要与多线定义之难免，这些困惑贯穿了整个人类思

---

① 皮尔斯：《皮尔斯：论符号》，赵星植译，成都：四川大学出版社，2014 年，第 50 页。

② 艾欣：《从比较语言学角度再探西方艺术定义问题》，《美术研究》2017 年第 2 期，第 42—49 页。

想史，是任何人为的意义范畴所不可免的。《道德经》第一句“道可道，非常道”，就点出这种宿命。柏拉图借定义几个概念，也提出明察：任何定义都是不充分的，不完整的。[①] 艺术理论界经常引用的维特根斯坦名言“对不可言说之物，必须保持沉默”[②]，维特根斯坦心中的例子是“游戏”，虽然他没有点明艺术“不可言说”，显然包括艺术在内。

奥格登与瑞恰慈在《意义的意义》（*The Meaning of Meaning*）一书中，拿来做复杂定义剖析样品的，是“美”和“意义”这两个范畴。1932年瑞恰慈《孟子论心》一书，就《孟子》的主要章节，逐句翻译并讨论“心”“性”等在西方语言中更难说清楚的术语究竟是什么意义。[③] 奥格登后来的《边沁关于虚构的理论》（*Bentham's Theory of Fiction*，1932），瑞恰慈后来的《柯勒律治论想象》（*Coleridge on Imagination*，1934）都是测试各种疑难术语如何“在语境中形成复合定义”[④]。

本章坚持一个观点：人类思想中几乎所有的概念，不可定义是正常的，但定义又是必需的，也是能在比较的意义上可以做到的，也就是说，定义至少有较合适与较不合适之分。本章将用定义“艺术”，来证明这个悖论并不必定阻碍定义。

既然如此，那么为什么定义“艺术”的困难在学术界掀起了轩然大波？如果说艺术的界定成了一个实际问题，让美术学院、展出机构、美术馆、拍卖行，甚至海关都不堪其扰，那么“体育”（Sports）的定义困难更让奥运会和各国体育机构为“上不上某项目”而争吵不休。实际上艺术定义引出的争议还没有进入过于功利的冲突，而体育定义差别，经常成为吵架和行贿的原因。当今这个“闲暇时代”，体育与艺术都越来越重要，只是体育界没有引发学界沸反盈天的“能否定义之争”。

---

① 《柏拉图对话集》，王太庆译，北京：商务印书馆，2004年。见以下诸篇：关于“正义”（《理想国》第一卷），关于“美”（《斐多篇》），关于“知识”（《美诺篇》）。

② Ludwig Wittgenstein, *Tractus Logico-Philosophicus*, London: Routledge, 2001, p. 89.

③ C. K. Ogden & I. A. Richards, “Preface to the Fourth Edition”, *The Meaning of Meaning*, New York: Harcourt Grace Janovich, 1989, p. 8.

④ I. A. Richards, *Mencius on Mind: Experiments in Multiple Definition*, Richmond, Surrey: Curzon Press, 1996.

笔者猜想这里的原因是：定义艺术，更是对人类智慧的挑战。奥斯本曾经提出：人类追求定义的动机，“根本上是智力的求知欲……哲学是一种智力上的自我奖赏的兴趣所激励的”[1]。这句话很对，但没有能说明为什么定义艺术，比定义其他文化范畴，更能撩动哲学家和艺术理论家的热情。许多关于艺术的定义，反而把艺术弄得更加神秘：柏拉图的“迷狂”说、克罗齐的“直觉”说、弗洛伊德的“升华”说，都给艺术增添了层层神秘面纱。这可能不完全是因为艺术最难定义，而是因为在神学退潮之后，艺术可能是人类文化活动中最接近超越性的问题，定义它能给予人们更多的“智力自我奖赏”。尤其是在当代艺术创作成为艺术家斗智斗勇的场地之后，学界更受到挑战的诱惑。

定义艺术的重要性并不完全是无功利的。随着世界进入休闲时代，“泛艺术化”使得艺术成为社会生活不可或缺的组成部分，艺术直接带来了商业利益。不仅艺术品收藏成为套利敛财的重要手段，几乎所有的商品都以增加艺术性作为增加品牌价值的理由，古物古迹成为增加“艺术感”的要素；“艺术化”的包装与广告，成为奢侈品牌溢价的借口；旅游地的“艺术”设计，成为增加地方吸引力的重要手段。

而在另一方面，当代艺术“已经成为政治和智力的激进主义最后的避难所”[2]。毕加索《阿维农少女》之后的架上绘画，勋伯格之后的“非调性音乐”，杜尚《泉》之后的现成物艺术，凯治《4分33秒》之后的行为艺术，罗伯特·巴里在墙上涂写开始的装置艺术，[3] 安迪·沃霍尔的从汤罐连续图开始的波普艺术，使当代艺术实践不断突破艺术程式。艺术似乎以推翻自身的定义为乐，每出现一个定义，就给艺术家提供了采取颠覆定义的机会。

在这样的氛围中，定义艺术，就成为既满足实在需要，又前揽未来

---

① Harold Osborne, “What Is a Work of Art”, *British Journal of Aesthetics*, 1981, No. 5, p. 56.

② 转引自彭佳：《艺术的符号三性论》，《当代文坛》2017年第5期，第56页。

③ *All Things I Know but of Which I Am Not at the Moment Thinking*, 1: 36, *June* 15, 1969.

发展的一项事业。无怪乎近三四十年来，哲人云集，新说频出，艺术定义不断更新。艺术哲学一波波新潮，似乎在与艺术实践比赛创新能力。

## 二、“美学”与“艺术哲学”

在现代之前，定义艺术是一种自然而然的事，毕竟艺术品是人类在生活中经常遇到，而且几乎是人人都能无需思考一眼识别的物品。

希腊人称呼艺术为“技艺”（techne），指与“自然”对立的人类心灵手巧的产物。至今西方语言中 art（艺术）保留了“与天然相对的人工技巧或技艺”意义。[①] 其实汉语的“艺术”本意也是如此：“藝”字原意为种植，甲骨文字形左上是“木”，植物；右边是人用双手操作；而“術”字，《说文解字》释为“邑中道也”，指的是“路径”或“手段”，引申为技能、技艺、技术，“艺术”原意与西方古典期几乎完全相同。

自从 1735 年德国哲学家鲍姆嘉通提出“美学”（aesthetics），成为讨论美的哲学分支，反而引起许多混乱。这个词源出自希腊词 aisthetikos，意为“与感觉有关的”，因此原意应当是“感性学”。实际上，所谓 aesthetics，不久就抛开了关于什么是美的讨论，而成为“艺术哲学”的另一个称呼。

休姆已经把 aesthetics 的讨论对象定为“趣味性”；康德讨论“审美判断力”实际上已经是在讨论艺术性的标准；黑格尔《美学》序的开始就说：“这些演讲是讨论美学的；它的对象就是广大的美的领域，说得更精确一点，它的范围就是艺术，或则毋宁说，就是美的艺术。”[②] 至今已经很少有人把“具有美”作为艺术的标准，坚持在“美学”或“审美”的旗帜下讨论艺术，经常使讨论进入不必要的纠缠。

早在 1978 年，美国“美学学会”主席门罗·比厄斯利（Monroe

---

① *Concise Oxford Dictionary* 对 art 定义为：“Human skill or workmanship as opposed to nature”.

② 黑格尔：《美学》第一卷，朱光潜译，北京：商务印书馆，1994 年，第 3 页。

Beardsley）就指出："艺术哲学在今日史无前例的繁荣，aesthetics 这个术语也被广泛接受为这个学科的称呼，但是 aesthetics 越发达，aesthetics 这个词就越成问题。"[①] 他接着列举了几种"aesthetics 的错误用法"，其中之一就是"与艺术无关"，他认为这种用法"会使我们的整个事业失去根基，因为本来就是艺术作品（artworks）的存在才让我们进入 aesthetics"。因此，他的这篇大会主题发言的标题"In Defense of Aesthetic Value"，按他的意思显然应当译成"为艺术价值辩护"，但中文只能违心违意地译成"为审美价值辩护"。[②]

艺术学界权威的《格罗夫艺术词典》列出"aesthetics"的四个中心议题："1. 何为艺术，如何定义？2. 美的判断是客观的还是主观的？3. 艺术的价值何在？4. 艺术品是如何产生的？"[③] 显然，aesthetics 的主要研究对象是艺术，只有第二条，可以说关系到"美的判断"。实际上 aesthetics 在西方学界，重点很早就集中到艺术上来，aesthetics 的目标实际上是"寻找艺术的特征中的共相"，因此 aesthetics 就是艺术哲学（philosophy of art），两个词（词组）实际上经常互换使用。[④]

为避免混乱，很多艺术哲学家拒绝使用 aesthetics 一词。中文的"美学"与"审美"意义离"艺术哲学"更远，造成的困惑更多。本章尽量不用这个词，这实际上也是大部分讨论艺术问题的中国学者无可奈何的做法。某些学者坚持认为"艺术学"是一门独立的学科，有自己完全不同的学术谱系。[⑤] 如果这个看法能被学界普遍接受，倒也干脆，但艺术哲学的历史就得全盘改写。当代追求艺术定义最活跃、最顶真的一

---

① Monroe Beardsley, "In Defense of Aesthetic Value", in *Proceedings and Addresses of the American Philosophical Association*, August 1979, p. 723.

② 刘悦笛：《作为"元批评"的分析美学：比尔兹利的批评美学研究》，《外国语文》2009 年第 6 期，第 76—80 页。

③ "Aesthetics" 条目，*Grove Dictionary of Art*, Jane Turner (ed.), New York: Oxford University Press, 2003.

④ 例如 1942 年美国美学学会（ASA）创立，学会的刊物就重床叠屋地称作 *Journal of Aesthetics and Art Criticism*；再例如 H. Gene Blocker, *Contemporary Philosophy of Art: Readings in Analytical Aesthetics*, New York: Charles Scribner's Sons, 1979，标题就是把二者当作同义词。

⑤ 李心峰：《艺术学的诞生与历史》，《艺术学论集》，北京：北京时代华文书局，2015 年。

批艺术哲学家，中文译为“分析美学派”，他们其实从未讨论“美”。中文译成“美学”，把这门学科的对象铁板钉钉地规定为“关于‘美’的研究”，抟在“美”上不得动弹。[①]

## 三、“不可定义”立场

在分析美学兴起之前几千年，所有关于艺术的讨论，都是所谓“功能主义”的（functionalist），即是弄清艺术对接受者起什么效果，或在人类文化中完成什么功能（此为说明性定义），而且靠此功能区别于非艺术（此为辨别性定义），这二者是基本上一致的。在众多关于艺术定义的论辩中，可以看出两种主要路线：一是追溯创作之源，认为艺术来自创作者一定的“艺术意图”（模仿、情感等），另一种认为艺术出现于艺术为接受者带来的艺术效果（愉悦、美感、经验、意味等）。

功能主义之所以在当代艺术哲学中不再盛行，最主要的原因是艺术外延的急剧扩大，使许多艺术品不再具有原先讨论的功能，这样的反例很多。例如许多艺术品并没有给我们“美的愉悦”；另一方面，“美的愉悦”，也不再是艺术品专有的功能：大量的日常用品也给我们以“美的愉悦”。如果一种功能已经不限于艺术，就只能过时。

虽然某种功能说的过时，并不是功能主义的过时。功能主义的失败，更主要的原因，是思想界的主要潮流。不可定义的首要原因，是哲学家对任何定义的强烈怀疑主义。海德格尔一生关心艺术问题，他特地写了文章《艺术作品的本质》，却坦白说：“艺术是什么的问题，是本文没有给出答案的诸种问题之一。”[②] 中国艺术学家也提出了相似的看法，李泽厚说“艺术与非艺术的划分非常困难”[③]，他虽未直截了当说不可能，也没有谈如何定义这个最基本的问题，就是承认不可能。近年艺术

① 参见赵毅衡：《都是“审美”惹的祸》，《文艺争鸣》2011年7月号，第15—18页。
② 马丁·海德格尔：“艺术作品的本质”，《林中路》，上海：上海译文出版社，1997年。
③ 李泽厚：《美学三书》，合肥：安徽文艺出版社，1999年，第548页。

学家周宪改而讨论“艺术的边界在哪里”[①]，也没有对艺术定义问题做正面回应。

以维特根斯坦为代表的分析哲学，尤其是后期维特根斯坦的“使用即定义”和“家族相似性”这两种反本质主义立场，启示了很多艺术哲学家。“反定义派”一时大盛，包括莫里斯·韦茨、威廉·肯尼克、蒙罗·比尔兹利，都认为艺术品之间只有“家族相似性”。其中韦茨的1956年的名文《美学中的理论角色》中，“反定义”态度最为明显而坚决，他认为“艺术极易扩张且富有冒险精神的特征，经常存在的变化和新颖的创造，是使得任何一组清楚规定的属性的做法在逻辑上都是不可能的”[②]。此种断然决然的观点，引起至今未息的波澜，以至于艺术哲学竟然分为“前韦茨时代”与“后韦茨时代”。

“不可定义”论有一种变体，就是高特基于维特根斯坦思想提出的“簇概念”（cluster concepts）方案。这种思维方式，在物理、设计、生物等学科中得到广泛的应用，在逻辑语义学中却是一个有争议的课题，语义哲学家塞尔与克里普克对此曾有激烈的争论，最近尚未平息。[③] 其他领域的簇概念问题我们暂时不谈，高特想说的是：艺术并不需要单一的定义。

分析哲学界对于“家族相似论”的批评，主要是说它使所有的范畴都变得无边无际。世界上任何两个事物都可以说有某种“相似性”，正如世界上任何两个人都可以说有某种“属于同一家族”的品质。高特的理论强调这个“相似点”的单子并非无边无沿，就艺术品来说，它们分享的只能是他提出的十个相似点中的任意几点，如“情感表现力”“复杂统一”“技艺高超”，等等。只是他指出“这些属性没有一样是所有艺术品所必须的……这样便避免了范式相似说面临的第一个难题：不完整

① 周宪：《换种方式说“艺术的边界”》，《北京大学学报》2016年第6期，第19—26页。

② Morris Weitz, “The Role of Theory in Aesthetics”, *Journal of Aesthetics & Art Criticism*, 1956, 15 (1), p. 30.

③ Martin Kusch, “Rule Skepticism: Searle ' s Criticism of Kripke ' s Wittgenstein”, *Philosophy*, 2007.

性。正因为它们无需迎合任何范式，便不会产生不完整性。”[①] 这句话说得很坦白：这是一种逃避定义的方式。而且很明显太多的“非艺术”事物，符合其中一条或几条（例如哭泣有“情感表现力”、电脑软件相当“复杂统一”），“簇概念”就变得无边无沿，无怪乎这个理论受到冷遇。

其实这种“复数定义”做法，本章前面已经说到过：奥格登与瑞恰慈在20世纪二三十年代，已经做了他们称为“复合定义”（compound definitions）的工作。不同的是，他们在这些定义中分出优劣：各种定义并非完全并列，可以任意挑，而是在某些语境下，某种定义更为适用。例如他们在此书中指出，要定义“意义”，符号学式（symbolist）的定义最合理。[②] 这也就是本章的任务，找一个比较合理的，尽管不会是一个绝对正确的定义。

## 四、程序主义的兴起

20世纪五六十年代反定义热潮之后不久，就卷来对“反定义派”的反对浪潮，一开始或许并不是基于冷静分析，而是对号称“清理现代学界”的失败主义立场之不满。但是新出的“定义派”普遍接受了“反定义派”的一个主要立场，即“反本质主义”。他们不再追求对艺术本质的理解，而是追求如何从文化惯例、文化体制，以及艺术史等外在条件，来辨认艺术。

1964年阿瑟·丹托发表了著名论文《艺术界》（“The Artworld”），开启了这一波在艺术学史上被称为“后维特根斯坦主义”的浪潮；丹托认为艺术界是一个“文化-经济网络”，是社会的“职业体系”（system of professions）。属于艺术界的人拥有“可操作的艺术理论，让参与者

---

① Berys Gaut, “The Cluster Account of Art Defended”, *British Journal of Aesthetics*, 2005, No. 3, pp. 273—288.

② 赵毅衡：《意义的意义之意义》，《学习与探索》2015年第2期，第56页。

可以用来区分艺术与非艺术"[①]。因此，当艺术界公认某件作品是艺术，它就是艺术。乔治·迪基的"体制论"也是在1964年成形的，[②] 但要到1969年的《定义艺术》一文中才得到充分的阐明。[③] 迪基修整丹托过分精英主义的观念，提出"每个自认为是艺术世界成员的人就是艺术世界成员"[④]。

体制论者明显不同意"不可定义"立场，认为在艺术品中寻找内在品质（即艺术性）是不可能的。一物是否为艺术品不是由个人的认知理解决定的，而是由一定的社会体制决定的。因此，艺术定义问题，不是"什么是艺术?"而是"何时某物成了艺术品?"或用丹托和迪基更为尖锐的说法，定义艺术，是找出为什么"在适当情况下，任何事物都可能变形为一件艺术品"[⑤]。

体制论看起来是一种共时分析方式，莱文森提出了"历史论"给予补充：艺术史就是艺术体制的形成与变迁，而任何一件物品要成为艺术品，就是在"郑重地要求用先有艺术品被看待的相同方式来看待它"[⑥]。这是一种艺术判断的"案例法"。

丹托-迪基-莱文森三人观点互补，形成的"体制-历史论"影响极大，他们提出艺术体制论思潮，成为近半个世纪艺术学的主潮。学界认为是"程序主义"（Proceduralism）对"功能主义"的胜利。[⑦] 这些艺术哲学家不再讨论艺术的本质定义，而是讨论在社会文化中艺术的辨认程序。在20世纪下半期关于艺术定义的悲观气氛中，程序主义似乎是

---

① Arthur Danto，"The Artworld"，*Journal of Philosophy*，1964，No. 19，pp. 571－584.

② George Dickie，"What Is Art? An Institutional Analysis"，in Kennick（ed.），*Art & Philosophy* New York：St Martin's，1964，pp. 82－94.

③ George Dickie，"Defining Art"，*American Philosophical Quarterly*，1969，No. 6，pp. 118－131.

④ George Dickie，*Art and Value*，Oxford：Blackwell，2001，p 45.

⑤ 诺埃尔·卡罗尔："导论"，见诺埃尔·卡罗尔编著：《今日艺术理论》，殷曼楟、郑从容译，南京：南京大学出版社，2010年，第10页。

⑥ Jerrold Levinson，"Defining Art Historically"，*British Journal of Aesthetics*，1979，No. 19，pp. 232－250.

⑦ Robert Stecker，"Defining 'Art'：The Functionalism/Proceduralism Controversy"，*Southern Journal of Philosophy*，1992，Vol. 30，Issue 4，pp. 141－152.

指明了一条比较可行的出路，西方主流艺术学界基本上接受了这条途径。

也有不少论者提出，这种体制-历史论之提出，目的主要是为了对付“杜尚之后”的西方当代艺术出格的难题，因此有时代限制。斯蒂芬·戴维斯提出关于“原艺术”（first art，或 ur-art）的探究，因为任何文化的第一批艺术，不存在“历史”先例，也并不存在“艺术体制”。此时必定有某种功能在起作用。实际上这并不限于“原艺术”，对任何先前的艺术都会出现“当时的体制”与我们回顾的出发点“现有体制”的矛盾。另一个类似的挑战涉及非西方的艺术：任何体制-历史，必定是某种文化的体制-历史，而西方文化的体制-历史无法适用于全球。[①]“体制-历史论”留下的盲区，实际上抽掉了程序主义的基石，最后落到了比尔兹利所嘲笑的“这是艺术，因为被称为艺术”的立场。

如此一来，定义艺术又一次被证明是个绝望的事业：“无法定义论”是自我放弃；簇概念论事实上承认无法定义；近半个世纪最盛行的体制-历史主义，把确定某事物是艺术品的资格，交给了号称“艺术界”的一群代表“文化体制”的人物，也就是一切交给“社会惯例”，还是在回避定义。

其实这种“理论赶不上实践”的情况，在当代文化中普遍存在：文化的各种体裁都在加快速度剧烈变化，旧的样式消失了，新的样式需要新的理解，新的定义，新的命名。只不过艺术样式更新令人眼花缭乱，艺术理论要跟上不得不疲于奔命。艺术的发展似乎是故意挑战理论，理论如果追不上，也无权要求艺术实践停下来等待。鲍德里亚认为当代文化的普遍现象，是对象压垮主体：“诸如科学、技术或政治权利等主体，可能会这么以为，认为它们已经将其研究的对象，比如说自然、大众和世界，置于自己的控制之下了。可是，这种看法（导致了各种各样的压迫和异化）其实是完全可以推翻的。对象也许是在跟主体玩一场游戏，

---

① Larry Shiner, “Western and Non-Western Concepts of Art”, in Alex Neil & Aaron Ridley (eds.), *Arguing About Art: Contemporary Philosophical Debates*, London & New York: Routledge, 2008, pp. 85—98.

自然现象在跟科学逗着玩儿，大众是在跟媒体逗着玩儿，等等。这就是我们这个时代对象对我们的反讽。”[1] 可惜的是，艺术是一场人类不可能放弃的“玩儿”，研究对象演变再剧烈，理论也必须能够解释这些演变。

既然定义艺术变成了一个历史任务，学界就不能退缩。程序主义有功绩，但显然没有完全成功。现在是时候了，应当郑重考虑如何用新的艺术定义途径，即使不结束程序主义，至少使程序主义的缺陷得到弥补。

## 五、回到功能主义

哪怕程序主义不太成功，为什么要回到功能主义？回答很简单：人之所以为人，意识必定需要不断追求意义，而艺术就是人类追逐的一大类意义。[2] 梅洛-庞蒂认为“意义就是世界中的关联关系，而人就是‘关系的纽结’”[3]。艺术是有意义的，是任何人类文化中不可或缺的部分，艺术并不是可有可无的奢侈品，或是盲肠一样的进化残留物。我们不可能也不应该离开人的意义需要来讨论艺术。

德里达说：“从本质上讲，不可能有无意义的符号，也不可能有无所指的能指。”[4] 既然任何符号都表达意义[5]，而艺术必定是表达意义的符号文本，那么我们就必须回到“艺术究竟表达什么意义”这个问题上来，艺术作为一大类符号文本，就必然包含着我们可以称作“艺术性”的东西。

程序主义的最大内在矛盾，更在于它实际上在讨论艺术品，而不是

① 克里斯托夫·霍洛克斯：《鲍德里亚与千禧年》，王文华译，北京：北京大学出版社，2005年，第136—137页。

② 宗争：《符号现象学何以可能》，《符号与传媒》2015年第15辑，第15页。

③ 梅洛-庞蒂：《知觉现象学》，姜志辉译，北京：商务印书馆，2001年，第571页。

④ 雅克·德里达：《声音与现象：胡塞尔现象学中的符号问题导论》，杜小真译，北京：商务印书馆，1999年，第20页。

⑤ 文一茗：《“意义世界”初探：评述赵毅衡的哲学符号学》，《符号与传媒》2017年第14辑，第159页。

艺术。著名的“何时是艺术”命题，实际上是问“某物何时是艺术品”（When is something an artwork）。定义艺术，就是找出可称作是“艺术性”（artworkhood）的品格，而这种品格应当先于艺术品而存在，艺术品只是这种品格的实例化。卡罗尔曾经对此提出过反驳意见，他认为“一个真正的艺术定义是与我们推定的艺术实践的开放性相一致的”[①]。他的意思是说艺术的定义，就是艺术品的定义。但是非艺术品的物件，是可以逐渐获得艺术性，从而变成艺术品的，大量古董的艺术性就是如此获得的。由此，我们不得不把对艺术性抽象出来加以定义。

程序主义在当代艺术理论中已经取得了重大成就，也解决了一些让人困惑的问题，但是它主要解决的是当代艺术外延扩张所造成的艺术品“何时为艺术”的问题。它并没有能解决“究竟什么是艺术”，即“艺术品的共同特征何在”这个根本问题。任何文本大类不可能只有社会文化地位，而没有一定的内在的社会文化功能。程序主义只是在解决“何人称之为艺术，才是艺术”，这个“何人”就是手持“艺术史”的“艺术界”。

程序主义是有成绩的，尤其是在反本质主义立场上，在强调社会历史关注上，但是程序主义并不一定需要完全踢开功能主义。实际上功能主义并没有被“祛魅”，而是如影随形地潜藏在关于艺术的哲学讨论中。程序主义一路猛进，似乎是把功能主义作为假想敌，实际上只是把某种特定的功能说作为对手，至今没有一种功能说能够覆盖艺术全域而不受挑战，因此至今的功能说都可以被艺术哲学暂时“悬搁”。功能主义是自古至今人们（包括“艺术界”与“平民”）觉得最自然的选择，只是至今评论家还没有找出一种可以覆盖艺术全域的功能说。[②]

艺术不可定义论，是从逻辑出发的，却可能是一种逻辑错误。韦茨认为：因为艺术的边界必须是开放的，而定义封闭了艺术，就违反了艺

① 诺埃尔·卡罗尔：“导论”，见诺埃尔·卡罗尔编著：《今日艺术理论》，殷曼楟、郑从容译，南京：南京大学出版社，2010年，第10页。

② Stephen Davies, “First Art and Art’s Definition”, *Southern Journal of Philosophy*, 1997, Issue 1, pp. 19—34.

术的本质。艺术被定义，就不再是艺术，因此艺术不可定义。卡罗尔正确地指出：韦茨在这里混淆了两个概念：艺术品的种类或样式不可封闭，但是艺术实践有一以贯之的特征："区分艺术品与非艺术品的条件，与区分艺术实践与其他实践（如宗教）的条件，也许始终并不相同。"[①]与别的概念区分，本身就是定义的出发点，否则艺术就消失于万事万物。

我们今天的任务，并不是要让功能主义复辟，取代程序主义，而是功能主义本身至今没有从艺术哲学中消失，更没有从艺术接收者的认知中消失。只是我们要找到一种能有效地覆盖在当代急剧扩张的艺术全域的功能说：不仅覆盖先锋艺术，而且覆盖当今"泛艺术化"社会的巨量工艺艺术。因此，今日"寻找艺术意义"任务，不是回到过去曾有过的功能说，而是找到新的功能说。为此，我们可以简要地回顾一下历史上几种最主要的艺术功能说。

## 六、各种曾经的功能说

最明白无需说明的功能说，是"艺术给人以美感"，或者换一句话说，艺术"让观者产生审美愉悦"。这是常识无需解释，似乎也无需学理。aesthetics 的产生把这个问题学理化了，结果反而把艺术哲学弄糊涂了。在西方语言中，幸好这个词并未在字面义上就指明研究的是"美"，中译为"美学"，就直接把学科与对象铸押在一处。

很明显，"美感说"无法解释为什么有的作品让我们忧伤，有的恐怖故事让我们害怕，有的惊悚电影让我们恐惧，有的艺术让我们悲伤，大部分"现成物"并不给我们"美的愉悦"。看来艺术家经常不想给人任何愉悦：蒙克的《尖叫》让人恐惧，塔伦蒂诺的电影《水库狗》（*Reservoir Dogs*）血腥得让人恶心。纽曼总结说："现代艺术内部蕴含

① 诺埃尔·卡罗尔："导论"，见诺埃尔·卡罗尔编著：《今日艺术理论》，殷曼楟、郑从容译，南京：南京大学出版社，2010 年，第 9 页。

着一种摧毁美的冲动。"[①] 我们不能否认它们是艺术品，而且还是相当杰出的艺术品。

如果说艺术品就是“美的事物”或“引发美感之物”，美却是相当主观的，每个人感受不一样。汉语通用“审美”一词，如果美感是“审”出来的，那么定义审美过程即可，艺术就无须定义。大部分艺术哲学家已经放弃“美感说”，王祖哲在《概念分析：快感、美、美感、审美与艺术》一文中一针见血地指出：“这五个美学的基本概念中，前四个都含糊不清，对美学有积极意义的概念只有‘艺术’。”[②] 既然艺术中“美感”不再普遍，从“审美”寻找艺术的共同特征就是徒劳，“美感功能说”已经被过多的反例推翻。

第二种关于艺术的传统定义是“情感说”。《荀子》中说“夫乐者，乐也，人情之所必不免也”；《尚书》说的“诗言志”一直被解释为“情动为志”（孔颖达《春秋左传正义》）；《礼记·乐记》强调音乐是“由人心生也”，“人情之所不能免也”；一直到清代袁枚依然强调“诗者，认知情性也”。

柏拉图的《理想国》虽然认为情感是人心“知、情、意”中较低劣的一级，但他把诗歌定义为“诗人表达自己的情感”[③]；古人关于诗歌“表现说”的说法比较素朴，但是后世坚持诗歌“激情说”的人，比坚持其他功能说的人都多。一直到现代，康德认为艺术的基本特征就是表达感情，托尔斯泰也作如是观。瑞恰慈认为诗歌语言不同于科学语言，在于“情感地使用语言”[④]；朗格依然把艺术定义为情感的表现，只不过转了一个弯：“艺术家表现的不是他自己的真实感情，而是他认识到的人类情感。”[⑤] 在当代，依然有许多学者为之辩护，例如杜卡斯认为：

---

① Barnett Newman, *Selected Writings and Interviews*, New York: Knopf, 1990, p. 172.

② 王祖哲：《概念分析：快感、美、美感、审美与艺术》，《济南大学学报》2011年第4期，第31—35页。

③ 柏拉图：《理想国》第三卷，吴献书译，北京：商务印书馆，1957年，第56页。

④ I. A. Richards, *Principles of Literary Criticism*, London: Routledge, 2001, p. 267.

⑤ M. H. 艾布拉姆斯：“批评理论的类型与取向”，《以文行事》，赵毅衡、周劲松译，南京：南京大学出版社，2010年，第10—16页。

"艺术并不是一项旨在创造美的活动……而在于客观地表现自我。"[1] 例如古德曼强调由此艺术"不要求提供审美优异性的定义"，但是他还是要求"艺术的首要功能是激起情感"[2]。

表现情感是否为艺术的基本特点，经过学界一个多世纪的论辩，现在已经不必详加反驳了。兰色姆批评瑞恰慈立场时指出，表达感情无法作为艺术定义："没有任何讲述可以毫无兴趣或感情。"[3] 自从艾略特提出"诗不是表现感情，而是逃避感情"[4]，艺术不能定义为感情的表露，这一点已经得到公认。其实不只是感情，艺术远远不是表现任何东西的有效形式，美学家弗莱说得一针见血："到画展寻找表现纯是徒劳。"[5] 情感在许多符号表意（例如咒骂）中出现，它远远不是艺术的专有特征，而艺术也并不一定以感情为动力。瑞恰慈自己也承认：实际上"言说者不想获得感情反应的情况，是很少见的"[6]。

第三种功能说，是形式论（formalism）。此说看起来似乎相当"现代"，形式理论最早的提法，是认为艺术的形式特征是"想象论"（imagination，又译"形象思维"）。在 19 世纪这个看法很盛行，俄国的别林斯基、英国的柯勒律治提出了最热烈的辩护。但是在 20 世纪艺术理论中，此观念受到重大挑战。俄国形式主义者都反对"形象思维论"，什克洛夫斯基代之以"陌生化"，布拉格学派的穆卡洛夫斯基继之以"前推说"。这两种学说都是指艺术形式的目的是滞缓感知过程，或凸显了艺术的质感。但日常生活中有许多东西，凡是要吸引人的注意，都追求这两种效应，例如广告就用滞缓认知来取得"记忆效应"，各种招牌

---

① 杜卡斯：《艺术哲学新论》，王珂平译，北京：光明日报出版社，1988 年，第 12—14 页。

② 纳尔逊·古德曼：《艺术的语言：通往符号理论的道路》，彭峰译，北京：北京大学出版社，2013 年，第 40 页。

③ Morton Dauwen Zabel (ed.), *Literary Opinion in America*, New York: Harper and Brothers, 1951, p. 641.

④ T. S. Eliot, "Tradition and Individual Talent", *Selected Essays*, London: Faber and Faber, 1932, p. 8.

⑤ Roger Eliot Fry, *Vision and Design*, New York: Dover Publications, 1998, p. 294.

⑥ I. A. Richards, *Principles of Literary Criticism*, London & New York: Routledge, 2001, p. 269.

都使用背景上的前推。[①]

在符号学创始者皮尔斯看来，形象（image），是许多符号的共同特征，是符号的一大类别，形象远远不是艺术的排他性特征。美学家班森认为艺术的定义是："指示性现实之像似或然性"（iconic probability of the indexical reality）。[②] 这个拗口的定义过于卖弄术语，他是说艺术有形象，但并不表达意义的全部，而只是对现实做一种可能的提示。不过，任何形象（例如一张报名照片并非艺术）也是非现实全部的形象指示符号。

唯美主义艺术潮流之后，20 世纪的美学家提出各种形式论，其中最为人所知的是克莱夫·贝尔与罗杰·弗莱提出的"有意味的形式"（significant form）之论："艺术品中必定存在着某种特性：离开它，艺术品就不能作为艺术品而存在；有了它，任何作品至少不会一点价值也没有。"[③]这个定义非常正确地点出艺术的"意味"必然寓于"形式"，却没有指出艺术必有的是什么意味。反例随处可寻：哪一种文本的形式没有"意味"呢？

不过贝尔之说很睿智地指明了一点：为艺术下定义，可以在形式中寻找方向，因为艺术的功能，不管何种功能，都是由形式激发的。这就为本章提出一种艺术的新定义提供了一个基础。他说："对纯粹形式的关注引发了一种非同寻常的快感，并使人完全超脱生活的利害之外。"[④]这句话中的"快感"之说，上面已经说过，不是艺术的独有特征，但是他的说法"纯粹形式"使人"超脱生活利害"，给了我们重大的启示。

---

① 蒋诗萍：《品牌视觉识别的符号要素与指称关系》，《符号与传媒》2016 年第 13 辑，第 184 页。

② 转引自 Winfred Noth，*Handbook of Semiotics*，Bloomington：Indiana University Press，1990，p. 424。

③ 克莱夫·贝尔：《艺术》，薛华译，南京：江苏教育出版社，2004 年，第 4 页。

④ 同上书，第 39 页。

## 七、从符号学给艺术下个定义

从符号学给艺术下定义的工作，自20世纪中期起，就有不少人在做。本章只是在总结各家观点之上，试图往前推进一步。

自从格尔茨提出“文化概念实质上是一个符号学概念”[①]，文化的符号本质说得到学界多数人的支持。既然文化是社会相关符号表意活动的总集合，艺术也必然是一种符号表意形式。只不过与其他符号文本不同，艺术符号文本的主导因素是文本的形式，它的表意反过来指向自身。这点雅各布森已经作了令人信服的讨论。雅各布森认为：当符号侧重于信息本身时，就出现了“诗性”（poeticalness）。这是对文本的艺术品格（不仅是艺术品）的一个非常简洁了当的说明：诗性，即符号把解释者的注意力引向符号文本本身：文本形式的品质成为主导。

艺术的本质寓于形式，也表现在所谓的“亲历原则”（Acquaintance Principle）：艺术给我们的感受，无论我们称之为什么，都必须亲自感知才能得到，很难用另一种媒介向别人描述，哪怕是摄影等“绝似符号”（absolute icon）也难以传达原感受。当然艺术之外某些其他事物，也要求亲历（例如试开新车的感觉），但是艺术对亲历的要求最高。[②]原因是艺术感受内在于艺术品的形式之中，换了形式，哪怕内容“相同”，原来的感受也就不存在了：如果小说改编成电影很成功，那也是另一个艺术品。

雅各布森在上述文中还作了一个有趣的观察，他认为：“‘诗性’与‘元语言性’恰好相反，元语言性是运用组合建立一种相当关系，而在诗中，则使用相当关系来建立一种组合。”[③] 这个说法似乎有点费解，

---

① 克利福德·格尔茨：《文化的解释》，南京：译林出版社，1999年，第4页。

② Malcolm Budd, “The Acquaintance Principle”, *The British Journal of Aesthetics*, October 2003, pp. 356－392.

③ Roman Jakobson, “The Dominant”, in Ladislav Mateyka and Krystyna Pomorska (eds.), *Readings in Russian Poetics*, Ann Arbor: University of Michigan Press, 1987, pp. 82－87.

笔者的理解是：元语言性指向意义，重点是文本的解释；诗性让文本反诸自身，重点不在如何引导正确解释。

这样就引出本章所谓艺术功能的第二个特点，即艺术“跳越对象”现象。艺术品，是人工生产的“纯符号”，它们只能作为表意符号，而且它们表达的意义中，无使用价值的意义占据主导。以音乐为例，音乐不一定是纯符号，常用来表达实用符号意义。《论语·阳货》：“礼云礼云，玉帛云乎哉？乐云乐云，钟鼓云乎哉？”孔子认为音乐的艺术形式只是细枝末节，教化功能才是它的大端。例如欧盟开会演奏贝多芬《第九交响乐》中的合唱，此时音乐起仪式性符号表意作用。音乐的纯艺术作用，却在这些实用功能场合之外，在“非功能”语境中才能出现。至于用于表达实用意义的音乐，它们有艺术表意“部分”，也有使用表意部分。我们讨论艺术定义，二者必须分开，只涉及艺术部分。

这个“跳过指称”现象，没有人如钱锺书说得那么清楚。钱锺书借《史记·商君列传》，称艺术符号为“貌言”“华言”。[①] 因为它们有意牺牲指称，跳过对象指向解释项。艺术符号指称的对象，哪怕可以找到，也多多少少只是一个姿势，一个存而不论悬置的因素。由此，艺术扭曲了符号表意的“文-物-意”三元关系，第二项是虚晃一枪，出现文意不称。正因为表意过程多少越过所指之事，艺术解释获得自由。

瑞恰慈称艺术的语言为“non-referential pseudo-statement”，钱锺书译此语为“羌无实指之假充陈述”，他认为这个说法与现象学家茵伽顿的“quasi-urteile”，奥赫曼的“quasi-speechact”类似，都是“貌似断语”[②]。“假充”“貌似”，点明了与对象的关系。而且钱锺书指出：《关尹子》关于“无实指”的说法，比西人之说更为生动：“比如见土牛木马，虽情存牛马之名，而心忘牛马之实。”[③] 艺术只是“情存而心忘”，借用对象而已。

不少研究艺术的符号学家，认为艺术是“没有所指的能指”。例如

---

① 钱锺书：《管锥编》第一册，北京：生活·读书·新知三联书店，2007年，第166页。

② 同上书，第168页。

③ 同上书，第167页。

巴尔特说，文学是“在比赛中击败所指，击败规律，击败父亲”；科尔迪认为艺术是“有预谋地杀害所指”。但是，人类文化中没有无意义的符号。艺术符号文本只剩下一个形式，完全没有意义，这样的艺术就是非传达的，不可想象的。这些论者没有看到，艺术只是多少“跳过了”意义的实指部分，直接进入解释项。艺术只是意义比较特殊，哪怕对艺术符号的指称对象，按钱锺书的说法，不能“尽信之”又不能“尽不信之”，因为“知物之伪者，不必去物”。[①]

因此，索绪尔的符号学体系，在分析艺术时并不适用。一旦用皮尔斯的三分式，就可以看到，艺术符号的特点是对象指称尽量虚晃一枪，甚至完全取消对象（例如无标题音乐），而专注于解释项。艾略特有名言：“诗的‘意义’的主要用途……可能是满足读者的一种习惯，把他的注意力引开去，使他安静，这时诗就可以对他发生作用，就像故事中的窃贼总是背着一片好肉对付看家狗。”[②] 传统上认为艺术给“真善”的内容加上“美”的包裹，艾略特说法正好相反。兰色姆的比喻更清晰：诗的“构架”即其“逻辑上连贯的意义”，起的作用只是一再给艺术文本的“肌质”挡路，艺术就像跨栏跑，不断跳过对象。[③] 中国传统艺术理论，很关注“形似”与“神似”之间的区别：南朝宋宗炳主张“万趣融其神思”；东晋顾恺之说得更明确，即“以形写神”，“形似”就是指向对象，只是“写神”的幌子。

这就是为什么艺术学院的写生，技巧精准，肖似对象，却不成其为艺术，而用笔稚拙（民间的无意稚拙，大师的有意稚拙），不像对象，反而成为艺术。究竟应当跳越对象到何种地步，却无法规定：各种艺术的要求不同，各种文化的习惯不同，各个时代的欣赏口味也不同。

艺术并不直指对象，它只是一种似乎有对象的姿态，从而开拓解释项无限衍义之可能。司空图说：“诗家之景，如蓝田日暖，良玉生烟，

---

① 钱锺书：《管锥编》第一册，北京：生活·读书·新知三联书店，2007年，第167页。

② T. S. Eliot, *Selected Essays 1917—1935*, London: Faber & Baber, 1932, p. 125.

③ John Crowe Ransom, “Criticism as Pure Speculation”, Morton D. Zabel (ed.), *Literary Opinions in America*, New York: Harper, 1951, p. 194.

可望而不可置于眉睫之前”[①]，可望而不可即的原因，正是由于推开符号的直接对象。朗格作过一个非常敏锐的观察：“每一件艺术作品，都有脱离尘寰的倾向，它所创造的最直接的效果，是一种离开现实的他性。”[②] 由此，朗格把她的老师卡西尔的认识论，推进到艺术的本体论地位。艺术不再是人把握世界、认识世界的环节或补充，而是人类生命的创造方式、人类存在的方式。[③]

## 八、崇高说

因此，在组成文化的各种符号文本中，艺术的这种跳越对象现象，演化成反庸常的精神超脱感觉，而不一定是“美感”或“愉悦”，因为不美的、不愉快的艺术，也能给人超脱感。席里科 1819 年的《梅杜莎之筏》，满画幅的尸体，是美术不美的先例，哪怕是席勒指出的描述美狄亚杀死子女，俄瑞斯特杀死母亲的希腊悲剧，哪怕是描绘山崩地裂，狂风暴雨的画幅，尽管此时我们得到的感性认知是恐惧，却都让人在痛苦的激情中，在巨大和可怕的对象前，得到“对意志敬畏”的超脱感。[④]

熟悉艺术史的朋友马上明白我这里用“超脱”来代替艺术史上许多人谈过的“崇高”。自从罗马时代朗吉弩斯的名文《论崇高》之后，讨论艺术的“崇高”概念者极多：贝克特、布瓦洛、博克、康德、席勒、谢林、黑格尔、叔本华，各有各的一套理论，到 19 世纪中期后现代艺术运动兴起，持此说的人就比较少了，“崇高说”似乎已经从艺术哲学中消失。或许是因为艺术题材的重大变化，“崇高说”看来很难为先锋艺术与工艺美术辩护。实际上“崇高”的原文 sublime，也可译成“超

① 司空图：“与极浦书”，见于民、孙海通编：《中国古典美学举要》，合肥：安徽教育出版社，2000 年，第 481—482 页。

② 苏珊·朗格：《情感与形式》，北京：中国社会科学出版社，1986 年，第 58 页。

③ 苏珊·朗格：《艺术问题》，北京：中国社会科学出版社，1983 年，第 66 页。

④ 席勒：“论崇高”，《席勒美学文集》，张玉能译，北京：人民出版社，2011 年，第 54 页。

脱”，意义相近，本章的“超脱”的确是继承了“崇高”论而来。但是“崇高说”讨论的基本上是文本的品质，而本章的“超脱说”则着重于艺术的效用功能。

朗吉弩斯的《论崇高》认为艺术的崇高有5个来源：庄严伟大的思想、强烈而激动的情感、运用藻饰的技术、高雅的措辞、整个结构的卓越堂皇。语言艺术中能引发“崇高”的，主要是形式的特点，而其共同点是“一切使人惊叹的东西，无往而不使仅仅讲得有理，说得悦耳的东西黯然失色”。他说得很清楚：崇高超过“悦耳”，其根本原因是“人天性好追求崇高”[①]。

此后讨论“崇高”的论者，无不发现这个概念中有超出“美感”的因素。1759年艾德蒙·博克认为崇高是“恐惧”和“愉悦”融合而成。只是这种恐惧是“张而未发”的，与观者有距离的。[②] 也就是说一种可以与美感混合的感觉。1763年康德写出《论优美感与崇高感》，但在《判断力批判》中则对崇高做了更仔细的讨论，他认为崇高也是一种审美判断，同样是无功利的，但是美有形式，而崇高无形式。美可以在对象的形式上找到根据，而崇高只能从我们主观的心灵中找到；[③] 1793年后席勒连续发表论文讨论崇高，他认为在崇高中“理性与感性不协调，矛盾冲突、动态激荡”[④]；而黑格尔则认为：崇高“要溢出外在事物之外，所以达到表现的只不过是这种溢出或超越”[⑤]。他们的论述对本章有很大启发，但是我们可以看出他们互相矛盾之处甚多，我们不能直接采用任何一种“崇高说”。

而且，所有这些崇高论者，都认为崇高艺术的对象是威严的、巨大的、令人敬畏的，而美是柔顺的，这有点类似中国传统美学说的阴柔与

---

① 朗吉弩斯：“论崇高”，见《缪灵珠美学译文集》第一卷，章安琪编订，北京：中国人民大学出版社，1987年，第34、37页。

② Edmund Burke, *A Philosophical Enquiry into the Origin of Our Ideas of Sublime and Beautiful*, London: Routledge, 2005.

③ 康德：《判断力批判》，宗白华译，北京：商务印书馆，1996年，第84页。

④ 张玉能：《席勒的崇高论：崇高与美》，《甘肃社会科学》2014年第5期，第72—77页。

⑤ 黑格尔：《美学》第二卷，朱光潜译，北京：商务印书馆，1997年，第91页。

阳刚。如果二者区分如此显而易见，那么崇高只是另一种美感，上述那么多复杂的讨论就失去目标。叔本华曾经仔细讨论过崇高，他把美-崇高分成六个等级，美是最弱的，然后是从弱到强五个强度的崇高，最后是人与大自然合一的“最崇高”。[①] 叔本华反陈说，把美看成崇高的一种，但他依然认为崇高与美是同一类艺术感。

19 世纪初期之后，一直到当代，讨论崇高的论著较少出现，弗洛伊德的“性力升华说”，可以被视为“崇高论”的一种变体。当代艺术哲学的困境，主要是由先锋艺术的实践造成的。先前美学家还能坚持说“艺术基本上是美或崇高的”，在面对先锋艺术时，这个标准已经无法维持。1948 年先锋艺术家巴尼特·纽曼写了一篇“Sublime Is Now”的宣言，然后在几十年中，他创作了一系列的绘画与雕塑。利奥塔受纽曼作品的启发，成为几乎是唯一重新讨论 sublime 的当代思想家，他认为：“sublime 也许是构成现代性特征的艺术感觉模式……正是在这个名词的范围内，美学使其对艺术的批评有了价值。”[②]

无论是纽曼的艺术，还是利奥塔的分析，都没有涉及传统 sublime 观念的宏大阳刚，而是用之说明艺术的普遍规律，利奥塔说：“现代艺术正是从 sublime 美学那里找到了动力，而先锋派的逻辑正是从那里找到它的原则。”[③] 什么原因呢？因为艺术需要“动用感觉官能，用可感知的去表现不可言喻的……一种纯粹的满足会从这种张力中油然而生”[④]。因此当论者将 sublime 作为艺术性，合适的翻译，就是“超脱”，而不再是与宏大阳刚联系的“崇高”。下一节将详细讨论究竟是什么样的“不可言喻”的“张力”，导致超脱感。

---

① 亚瑟·叔本华：《作为意志和表象的世界》第一卷，刘大悲译，哈尔滨：哈尔滨出版社，2015 年，第 121 页。

② 让-弗朗索瓦·利奥塔：《非人》，北京：商务印书馆，2000 年，第 103—105 页。

③ 让-弗朗索瓦·利奥塔：《后现代与公正游戏》，谈瀛洲译，上海：上海人民出版社，1997 年，第 135 页。

④ 让-弗朗索瓦·利奥塔：“呈现无法显示的东西：崇高”，见利奥塔等编：《后现代主义》，北京：社会科学文献出版社，1999 年，第 23 页。

## 九、超脱说

艺术使接收者脱离庸常，感受到人的存在可以有超脱意义，使人们在一生中感到“别样”：别具一格，别有新意，别有天地，这种别样让人想到生存并不只是平凡的日常事。人的意识不断地寻求意义，但是不会满足于实用的意义，而需要追求（虽然不一定得到）对平庸的超越，用以把我们从世俗功利中解脱出来。这是我们的意识的本质存在所决定的。人的心灵需要超脱，不是作为点缀，而是人的意识的自我肯定的需要。人的这种超脱的需要，是中西古人、今人都观察到的。《淮南子·泰族训》：“从冥冥见炤炤，犹尚肆然而喜，又况出室坐堂，见日月光乎?”；德国当代论者伊瑟尔说艺术：“超越世间悠悠万事的困扰，摆脱了束缚人性的种种机构的框架。”[①]

马克思对艺术的超脱感，总结最为精辟。他认为艺术“有音乐感的耳朵、能感受形式美的眼睛，总之，那些能成为人的享受的感觉，即确证自己是人的本质力量的感觉”[②]。在这里，马克思已经点出了艺术性的三个要素：艺术性是接收者的一种“感觉”，“形式”是其来源，而这种感觉是平时感受不到的“人的本质力量”。这也就是本章讨论的艺术的“超脱说”定义的三个组成部分。而且，马克思总结这段讨论时说：“五官感觉的形成是以往全部世界历史的产物。”对人的本质力量的感悟，是人类在文化史中发展出来的能力。

人的平日生活不得不为之的实用追求，使艺术在对比中成为标出项，即在“日常-艺术”二元对立中比较少见的一项。日常使用的各种符号表意，必然以“达意”为目的，必然以实践效用为价值标准，因此，实用的符号表意与传达，不得不以“得意妄言”为代价。诚然，在

---

① 沃尔夫冈·伊瑟尔：《虚构与想象：文学人类学疆界》，长春：吉林人民出版社，2003年，第12页。

② 卡·马克思：“1844年经济学哲学手稿”，《马克思恩格斯全集》第42卷，北京：人民出版社，1979年，第126页。

日常生活中很多人，也会有各种脱离庸常的机会：行善者能为急需者服务时，僧人、传教士能救人于苦海时，母亲迷醉地看着婴儿的脸时，哲学家或诗人突然得到神启时。为什么能让我们从庸常超脱的事物有很多，而唯有艺术地位特殊呢？为什么黑格尔认为艺术是一种意义对有限的事物、现象的溢出或超越？

首先，哪怕对上述人而言，超脱感也不是即唤即来。而艺术是唯一能让每个接收者有可能脱离庸常的，只要静心去感受。艺术是一大类的符号文本的共同品格，而其他超越感来自某种符号意义行为的“特殊时刻”。无怪乎上一段列举的各种特殊时刻，经常被感受者惊呼“这真是（造化的）艺术”，但是它们转瞬即逝，不像艺术似乎是专门为超脱而存在。这也就是为什么对于以此盈利的艺术品收藏家来说，艺术品是他的庸常，并不给他们超脱感受。

而最主要的是：艺术让人脱离庸常的途径，不是靠其所描述的对象，而是其形式。应当说，任何符号的解读都是无限衍义的，接收者解读各种符号，最后都有可能取得超越性的解释。例如仪式也能给人超脱感，但必须通过其元语言，凭借其历史文化资源获得；例如科学或讲经也能给人超越感，却是通过其指称，凭借对其表意对象的理解才能得到。而艺术不同，艺术凭借形式，让解释更直接地进入超脱感，正因为艺术的符号形式尽可能跳越对象，丢开指称，解释项就成了它的意义主导。

“形式直观”是人的意识对事物最根本的直观，形式可以不借逻辑的分析思索而得到，因此艺术形式的观赏，是获得超脱感的方便途径。从艺术得到超脱感，方式有如“禅悟”，指心可得；禅说“即心皆佛”，而艺术让人感到“人自己的本质力量”。既然任何符号都是有意义的，而艺术丢开了（或冲淡了）指称意义，回避了实用的意义，那么人如果悟得艺术的意义，就能够比较直接地进入超脱感。

如果超脱本来就是人类精神追求的“共相”，只是被淹没在动物性的庸常需求之下，那么艺术性就是人性的揭示。尼采说过：“没有什么是美的，只有人是美的。在这一简单的真理上建立了全部美学，它是美的第一真理。”[1] 虽然19世纪的尼采说的是“美”，但他点明了艺术的第一感觉，是人性的存在。正如朗格所说：“真正能够使我们直接感受到人类生命的方式，便是艺术方式。”[2]

如果存在本身是超越的，只是被日常的平庸所遮蔽，那么艺术就是在剥离平庸，敞开存在本有的超越性之门。海德格尔明确宣称：“美是真理作为无蔽性而显现的一种方式。”[3] 海德格尔说的是“一种方式”，是非常正确的，揭示存在的超越意义，有多重方法，艺术只是其中之一，但它是最方便的方法。海德格尔也明确地指出：“艺术可能是什么这个思考，只有与存在问题相联系才能得到圆满的决定性的确定”[4]，他没有提出一个如何联系的艺术哲学方案，却给我们指出了从形而上学方向定义艺术的可能。研究后现代艺术的卡谢尔进一步指出，后现代的“越轨艺术”，目的就是“对抗‘审美静观模式’，创造一种观念化倾向”[5]。

由此，本章得出了对艺术的定义：在组成文化的各种表意文本中，艺术是**借形式使接收者从庸常达到超脱**的符号文本品格。这样一个定义，或许能弥补现代艺术思想的一个重大断裂：康德在感性领域分析“美”，在精神领域分析“崇高”，二者是隔断的；黑格尔认为艺术是绝对精神自我觉醒过程的关键，但是其感性特征使它不能达到纯粹理念的终极目标，形式与超脱依然是无法融合的。

先前的各种功能说为什么不能覆盖全域，总是遇到反例？为什么只有这种“藉形式达到超脱”功能说，能覆盖艺术全域？任何符号文本都具有形式，只不过艺术具有形式的主导性。所有的符号文本形式都有“意味”，因此贝尔之定义不能成立，只有艺术文本的形式具有超越庸常的意味。远非所有的艺术品都能“提供美感”，但所有的稚拙的、惊悚

---

① 尼采：《悲剧的诞生》，北京：生活·读书·新知三联书店，1980年，第71页。

② 苏珊·朗格：《艺术问题》，北京：中国社会科学出版社，1983年，第66页。

③ 马丁·海德格尔：《诗、语言、思》，郑州：黄河文艺出版社，1989年，第65页。

④ 同上书，第61页。

⑤ Kieran Cashell, *Aftershock: The Ethics of Contemporary Transgressive Art*, London: Taurus, 2009, p. 4.

的、恐怖的艺术品，哪怕不能回应观者的“审美观照”，都让观者有脱离平庸而得以精神超脱的机会，这样我们就摆脱了艺术定义与“美”“美感”或“审美”的多少世纪的纠缠。

“超脱说”也能回答程序主义为什么是不够的。迫使程序主义祭出“体制-历史论”以挽救艺术的，是当代实验主义艺术，如杜尚的小便池、凯奇的无声钢琴曲、沃霍尔的肥皂擦子盒，等等。这些作品以其创新的大胆使我们惊奇，使我们不仅在日常之物中看到摆脱庸常的可能，而且也看到艺术摆脱陈陈相因的可能，它们有可能给接收者双倍的超脱感，因此它们是符合“超脱说”的艺术；同样，人造物品的形式部分（例如设计新颖的盆碗杯盏、后现代设计的博物馆歌剧院），电子技术产生的令人惊奇的图像（例如滴水的高速摄影、射线望远镜拍到的天外星系之灿烂），也能让人感到超出庸常的超脱，它们也是艺术。甚至本章提到过的“古物逐渐获得艺术性”也变得容易理解：因为它们的日常使用性越来越少，最后尽归于无。

“超脱说”这个定义是开放的，能容纳将要出现的新的艺术，这点很重要，因为艺术家永远不断地在创新。创新本身是艺术取得超脱效果的原因，因此创新本身就是艺术的目的，如果一个艺术的定义在邀请艺术家来突破，这个定义本身就必须面向尚未出现的未来艺术。“超脱说”包含了自身的突破。它是一个无边界的开放定义，突破超脱说更是一种超脱，恰恰符合它的定义，这一点是其他定义所无法做到的。

本章前面举出的所有的定义都无法躲过反例的摧毁，而这个艺术定义是不可能有反例的：一件艺术品可以没有美感（例如描绘地狱场面），可以不带感情（例如所谓零度风格小说），可以缺乏崇高品格（例如微型工艺品），可以缺乏“体制-历史”支持（例如没能进入画廊展出的作品），但其形式必须有超脱品格。因为一件艺术品如果不能给观者脱离庸常的感觉，它就是日常生活的实际表意文本，本身就是庸常的一部分。

“超脱说”这个定义也不是本质主义的，本质主义是现代理性思维的一种话语霸权，它强调从本质的唯一性（一物不可能拥有两种本质）

与普遍性（外延所及无例外）开始，作为研究的基本要求。而“超脱说”定义包容了艺术可能具有其他的品格，例如本章上述的各种功能说：美感、强烈感情、形式感，都能符合“超脱说”的要求，日常平庸就是缺乏美的，感情不强烈的，形式上不引人注目的；而崇高感本身就是一种超脱，虽然并非全部超脱感都是崇高感。

尤其是这个定义吸收了程序主义的成果：今后将会出现的新的艺术，只要它们的形式能给相当一部分接收者从庸常超脱的感觉，就符合莱文森要求的“郑重地要求用先有艺术品被看待的相同方式来看待它”，尤其如果让程序主义者强调的所谓“艺术界”得到超脱感，它们也将成功地成为艺术。

笔者可以想象将会听到的质疑是：“谁得到超脱感才能算数?”“要求多少人得到超脱感才能算艺术?”任何定义都躲不开这个价值与真知的普遍性问题，此种质疑首先应当要求主张“艺术界”的程序主义学者来回答，其实他们一直没有回答清楚。笔者只能说这个问题并非无解，但需要另文解决。[①]

---

① 参看赵毅衡：《哲学符号学》第5章第3节“解释社群观念重估”，成都：四川大学出版社，第249页。

# 第十七章 论艺术中的不协调

**【本章提要】** 艺术文本中会出现无法纳入整体的不协调因素，这种情况古已有之，在现代艺术中则形成潮流。艺术理论对此的解释，却很不相同。有人认为不协调的艺术作品，是“形式主义”，有人却认为是“反形式主义”；常听到的是不协调艺术是潜意识的产物，但是很多艺术家对此却是自觉地实践；有很多论者认为不协调就是拒绝表达意义，但很多艺术史家又认为意义重大。本章认为单一理论无法给出令人信服的解释，因为不协调是当代美学的一个原则，由复杂的社会文化推动而形成。

## 一、艺术学的协调说

文本中各种因素互相协调，一直被认为是艺术的真谛，艺术学者也把艺术文本各元素的协调性，看作艺术理论中永恒的原则。

三千年前毕达哥拉斯学派提出“杂多统一”之说；《左传》中也有“和如羹焉……一气、二体、三类、四物、五声、六律、七音、八风、九歌，以想成也……若琴瑟之专一，谁能听之?”从毕达哥拉斯起，欧洲学者也一直尊奉和谐美学原则，直到当代美学家莱顿依然认为：“文化理论的一个内在尺度，是看其世界观的内在一致性所达到的高度。"[1]中国美学家周来祥在20世纪50年代就提出，和谐是从文本到文化的一以贯之的原则：和谐之美存在于感性对象与形式、感性对象与内容、内容与形式、审美对象与审美主体、感性与理性、肉体与灵魂的和谐，甚至认为宇宙的运行规则："和谐乃宇宙、人间之大法，之根本原理与运动规律，不可谓不大也。"[2] 他甚至认为，这是跨越人类世代永恒不变的原则：古代崇奉"素朴和谐美"，近代提倡"对立与崇高美"，现代崇仰"辩证的和谐美"，甚至未来新人"才能创造新的和谐的美，才能观照和谐的美"。[3] 周来祥几十年来为此发表论著极多，包括2003年的《文艺美学》一书，反对者不多，赞成者似乎也不多。作为一条美学原则，有的批评者认为他的理论太简单了，过于守成，没有发展，"倘若没有发展与开拓创新，和谐美学也就不和谐了"[4]。

实际上最大的问题尚不在于在矛盾中才能辩证发展，而在于如何解释现有艺术文本中的"不协调"因素。在艺术中，文本中的不协调因素是否存在呢？存在，如果能断定说那就是不美，必须尽量剔除，问题也就很简单了。周来祥的公式就很干脆："和谐为美，不和谐就是不美，反和谐就是丑。"[5] 有类似如此想法的人其实很多，虽然他们没有尊奉此为艺术的第一原则。托尔斯泰曾经指责莎士比亚《李尔王》一剧"有诸多艺术上的不协调，是一部糟糕作品"[6]。

然而，不协调因素偏偏大量存在于艺术之中。它们在传统艺术观中，只可能是两种作用："讽刺"或"谐谑"，否则，就是托尔斯泰说的拙劣艺术，或是"艺术的异化"，甚至非艺术。[7] 而本章认为，不协调因素既然在艺术中大量存在，就不能开除了之。不协调因素有多种性

---

① 罗伯特·兰顿：《艺术人类学》，桂林：广西师范大学出版社，2009年，第7页。

② 周来祥：《和谐美学的总体风貌》，《文艺研究》1998年第5期，第4页。

③ 周来祥：《古代的美·近代的美·现代的美》，《东岳论丛》1983年第6期，第81页。

④ 木风：《不和谐的和谐美学》，《中国图书评论》2005年第3期，第17页。

⑤ 周来祥：《和谐美学的总体风貌》，《文艺研究》1998年第5期，第4页。

⑥ Leo Tolstoy, *Tolstoy on Shakespeare*, V. Tchertkoff et al. (tr.), New York: Funk & Wangnalle, 1906, p. 59.

⑦ 刘星：《现代性与艺术审美异化》，《美术》2003年第12期，第56页。

质，应该探讨它们的复杂作用。

首先，应当承认，协调是美感的主流，协调与均衡是美感的基本要求。人类的美感，对人脸的识别和鉴赏最为敏感，美的人脸首要的条件就是平衡匀称。哪怕有正有偏，也形成互补，即所谓“黄金分割”。至今美容外科医生，还是按此标准动手术。[①] 从牛顿开始的色彩学的“补色”观念，也来自协调陪衬。[②] 这些协调观念如此深入人心，以至于有调查者发现，附图画得匀称的专利申请，容易获得通过。[③]

在一个文化内部，常常有亚文化文体（例如“讽刺”“戏仿”“谐谑”等），他们也经常以特别的风格（所谓恶搞）区别于正常文本，这成为幽默的主要机制。[④] 此种意义暗示，至今隐藏在不协调之中，哪怕文本整体并没有讽刺的目的。中央电视台新大楼建筑引出的“是否有性暗示?”“是否讽刺中国文化?”的争议，就是一个典型的例子。应当说，大楼的设计大胆而杰出，是世界建筑史上的杰作，可以说是对（整个人类文明史）传统匀称建筑信条的颠覆性创造。某些艺术家，例如沃霍尔、孔斯的作品，当代中国方力钧、岳敏君、刘炜等人的“玩世现实主义”，坚持用扭曲比例来嘲弄世人。戏谑在某些现代工艺设计，例如时装表演、街舞中，几乎是必不可少的因素。

不协调成为文学艺术构成的主流方式，在 20 世纪初出现了令人印象深刻的实践，也出现了有力的论证，什克洛夫斯基 1917 年的名文《作为技巧的艺术》首先提出了艺术需要的“陌生化”，是“在协调的背景之流中不协调的感知”[⑤]。可以说，传统的协调美取悦观众，艺术过

---

① L. G. Farkas & J. C. Kolar, “Anthropometrics and Art in the Aesthetics of Women’s Faces”, *Clinic in Plastic Surgery*, 1987, p. 77.

② John Cage, “Signs of Disharmony: Newton’s *Optiks* and Artists”, *Perspective on Science*, 2008, p. 156.

③ P. H. Jesen et al., “Disharmony in International Patent Office Design”, *Fed Cir. BJ*, 2005－2006.

④ Linda Hutcheon, *A Theory of Parody: A Teachings of Twentieth-Century of Art Forms*, Illinois: University of Illinois Press, 2000, p. 146.

⑤ 维克多·什克洛夫斯基：“作为技巧的艺术”，见《俄国形式主义文论选》，方珊等译，北京：生活·读书·新知三联书店，1989 年，第 8 页。

程含而不露，最后呈现的是用神话的、仪式的规范美化后的世界经验；现代的不协调美震撼观众，强调表达过程本身，强调给观众自由解释。布莱希特的“离间论”（distancing）要求观众保持批评距离，是这种美学的社会文化信条。本章的任务并不是在这两种美学中评判优劣，而是指出为什么不协调可以产生美感，这种美感与协调美感为什么能并存，如何并存。

## 二、现当代艺术中的不协调

在20世纪初，现当代艺术各种体裁，几乎不约而同地发现了不协调因素的魅力，达达主义在诗歌和美术中的兴起，是现代“先锋艺术”的起端；在第二次世界大战后的六七十年代，出现另一波“新先锋主义”的高潮，二者是艺术中的不协调变异的两次浪潮。

实际上各种体裁的“界”，在专业艺术家群体中，划分还是比较分明，很难发动一场各界艺术家统一的运动。超现实主义诗歌进入了实验电影或戏剧，或许是达利这样的艺术多面手的推动，但音乐和舞蹈也在这个潮流中发生类似变异，就不是偶然。笔者只能说，这些体裁同时受到一种文化氛围的影响，而这种文化氛围，是艺术史重构的，并非当时各界的艺术家（哪怕是实验艺术的先行者）都服膺某种理论指导。而且，有些体裁，例如小说和电影、建筑、室内装修、时装等实用艺术，不协调因素的凸现，就来得较晚，比绘画雕塑等晚出许多。某些作家、艺术家（例如小说家卡夫卡）也是在潮流之后，在追认中成就身后之名。

必须声明：不协调因素，不等于不协调作品。几乎所有艺术文本，从来都有一些不协调的细部，例如古典油画细看也能看到笔触，古典音乐的和声中也有不协调音。只是当不协调因素成为主导，才成为不协调作品。所谓主导，不仅仅是由数量决定，而且是说这些因素成为影响解释的主要因素。[1] 例如达利的画是典型的超现实主义，局部很写实并无决定性影响；而杜尚把《蒙娜丽莎》画上两笔胡子，就推翻了整个文本的基调。

**美术**（绘画和雕塑）与诗歌，是开风气之先的体裁，可能的原因在于这些体裁的文本生产和消费都比较个人化。艺术家的创作，材料成本较小，几乎可以完全不考虑接受者的理解困难，只要不想“媚俗式”地成功，就可以完全无拘束地进行实验。

美术从达达主义与超现实主义开始以各种方式增加不协调，用以破坏传统美感。绘画可以说是不协调因素运用的最让人眼花缭乱的体裁，达达主义与超现实主义几乎横扫欧美画坛。毕加索与布拉克的“立体主义”，彻底地解脱了传统绘画的形象规则。20世纪30年代在美国出现的抽象表现主义，格林伯格提出了一套纲领，似乎可以解释波洛克等人花样百出的实践。

20世纪50年代的“波普”艺术，产生了沃霍尔等人破坏常规的作品，近来美国的萨利主张的“新表现主义”画面用了各种“视觉废料”（通俗杂志插图、性手册等）；德国的基弗甚至用贝壳、沙土、树枝、铅条、相片、文字等，把先锋艺术的“拼贴”传统推到极致。此种“露迹”，有意让创作过程中的笔触或材料暴露出来，用这些不能归入形象的因素推开观者，使他们不可能产生现实幻觉。

“露迹”作为不协调因素入画的主要方式，从印象主义就已经开始，在当代发展到极致。在20世纪60年代以来的第二波先锋主义中，“露迹”从色彩线条上画幅进一步（或后退到）“以创作过程为艺术”。美术形成了装置艺术、行为艺术等极致的流派样式。各种艺术体裁对不协调因素的阻力，源自于体裁本身的“公众化”程度，越是需要观众参与，就越难破除传统。但诗歌、美术、音乐自由度比较大，戏剧、音乐、电影、建筑自由度较小。要谈吸纳不协调因素，显然是艺术家比公众更为

---

① 罗曼·雅各布森：“主导”，见赵毅衡编选：《符号学文学论文集》，天津：百花文艺出版社，2004年，第13页。

主动，更为积极。

**舞蹈**从19世纪末开始出现对传统芭蕾的刻板模式的反抗，摒弃华丽的圆润样式。从伊莎朵拉·邓肯开始的“解放双足”，就以肢体动作直来直去的大幅度冲击为主型。此后德国与美国产生了接连几代先锋舞蹈家，德国拉班发展了“表现主义现代舞”，此后又有约斯、巴兰钦等承继衣钵。美国有格莱慕的收缩-舒张风格、韩芙丽的跌倒-复起风格，而坎宁汉则从训练体系上就推翻了芭蕾动作。西班牙编舞大师杜阿托的《缓流》，瑞典编舞大师艾克的《烟》《睡美人》等，用肢体变形不协调的舞蹈动作，用强烈的身体张力，来表现当代生活的复杂性。

先锋舞蹈刻意追求动作不流畅，摈弃陈式的美感，似乎偶然随性而得。由此，任何身姿动作都可以相接，身姿的连接也是任意的，甚至可以用骰子编号任意连接成“随机编舞法”；在所谓第二代先锋舞蹈家崔斯·布朗等人那里，舞蹈越来越加强“即兴”成分，也就是说无需事先编定。

在**音乐**中，20世纪之交，不协调音已经出现在瓦格纳、拉法尔、巴托克等人的音乐中。斯特拉文斯基的芭蕾舞曲《春之祭》1913年演出时，满场喧闹谩骂，迫使他与编舞家谢尔盖·迪亚吉列夫翻出剧院后窗逃离，可能是不协调艺术的轰动性登场。20世纪初，维也纳“分离派”形成，勋伯格的十二音阶音乐，尤其是他1897年的交响诗《升华之夜》（*Transfigured Night*）成为“无调性音乐”的开场。此后贝尔格等人继续推进无调性音乐；斯托克豪森发展出“序列音乐”。而在美国，米尔班、辛德米斯、西格发展出“不和谐对位法”。这个潮流经常被称为现代音乐的“新古典主义”潮流，实际上是借回归古典主义音色简约之名，反欧洲浪漫主义音乐的甜蜜圆润。

1954年凯奇的“无声音乐”，以及当代秋田昌美和谭盾等人的“噪音音乐”，音乐完全没有调性、和声、曲式、节奏，甚至连声音都没有。凯奇认为“噪音即音乐”，作品被称为“音乐事件”。在他们看来，调性（tonality）就像美术中的透视，已经是一种束缚艺术感觉的陈规。大量不协调音的使用，有时夹杂在调性音乐之内作为对比，已经成为当代音乐经常的做法。

管弦音乐如今经常被使用在电影配音中，非调性音乐相当自然地成为烘托某些场合（例如恐怖、慌乱）的音乐。埃德加·瓦雷兹的《电离》完全由城市噪音构成，只是加了节奏，证明乐音并不是音乐不可或缺的组成部分。一旦节奏开始变乱，或各种节奏混杂，音乐也就成了乐音与不协调音的混合。利盖特的《气氛》干脆放弃节奏，听起来就像落到一个绝对的空间中，被库布里克用作《2001 太空漫游》的背景音乐，此时的不协调音绵延，有时称为“白噪音”，对渲染太空无边无垠十分合体。

不协调趋势从纯艺术开始，渐渐扩展到**工艺美术**，尤其是到了 20 世纪六七十年代之后，最难摆脱传统的公众美术，例如建筑（高迪圣家族教堂、比尔博雅艺术馆、中国中央电视台大楼），时装（“混搭”“乞丐装”“内衣外穿”），都大量掺入不协调因素。服装上大量明线毛边，作为大众服装的牛仔裤磨砂到出现破洞，都是拒绝以圆润的完成样式示人。按艺术理论家段炼的说法，“潜藏在技巧和运笔之下的偶然涂抹，以及溅点、涂刮、抹擦、走线、飞白，以及材料的破裂、肌理和色彩的凹凸、破痕、碎裂、结皮”[①]，也包括音乐中似乎“心不在焉”偶然加进去的元素，如违背乐谱规定的“滑音”“颤音”等，都是“随意因素”。

各种体裁有自己的传统，也有自己的反传统，因此不宜做简单的综合，但在艺术史的回溯中，不同体裁之间有一种“同声相应，同气相求”的呼应。例如蓬皮杜艺术中心适合展出现代作品，传统美术适合奥赛画廊（Musee d’Orsay）。

1956 年，坎宁汉演出组舞《时空中的五人组》（*Suite for Five in Space and Time*），就用了劳申伯格的舞台设计、凯奇的音乐。凯奇的音乐没有音符或旋律，只有喘吁和口腔发出的各种怪声。1964 年坎宁汉《水枝》（*Waterbranch*），用劳申伯格的舞台设计、拉蒙特·杨的音

---

① 段炼：《视觉文化与视觉艺术符号学》，成都：四川大学出版社，2015 年，第 102 页。

乐，音量大到震耳欲聋，灯光直刺观众眼睛。这样的不协调体裁联手合作，显然意图互相声援。但反配合也不是少见：马兹·艾克极其成功的舞剧《卡门》，故事情节上完全推翻了经典原作，舞蹈动作有大量异常姿势，却沿用了比歌剧优美的原曲。协调音乐中的不协调动作，让观众耳目一新。

究竟什么是“不协调元素”？是艺术中违背传统程式的部分吗？是作品中错位与粗糙的部分吗？是作品中让解释者无法归入解释的部分吗？是使接受者感到不舒服的部分吗？显然都是，但不完全是。本章下面会讨论到“不协调因素”的确切定义，以及与程式和创新的关系。但有一点似乎微小的特点，可能是不协调因素的通例，那就是：不协调部分很难被模仿，甚至很难被记住。无怪乎现当代编舞家都是学芭蕾出身，音乐家都从和声学起，先锋画家都是“画写生起步”：程式可学，反程式几乎无法学。《兰亭序帖》模仿者、临帖者极多，但是涂改部分很难临摹，刻意为之反而不像。不协调的音乐极难演出，除非演出者自己也离开乐谱做随机演出。

为什么可以用这种方式衡量不协调元素呢？因为不按程式元素安排，文本就没有可以借助指示符号构成的序列方式。哪怕单个元素可被审视，其组合方式超越意识的掌握，其序列不可掌控。在当代艺术界看来，精致、程式、协调的组成，有一股“学生腔”，是未能精湛自如掌握这门艺术的初学者所为，也可能是对程式亦步亦趋的模仿者的作品。这些程式比较容易被大众理解接受，因此也成了“媚俗”艺术的标记。贡布里奇就提出过：模仿的世界总是具有某种结构方式，是给自然化妆，“其主要结构因我们的生物和心理需要而改变”。

用如此简短的总结概括 20 世纪初以来的现代艺术，哪怕其中一个重要方面的发展，也是不可能做到的事。本章想做的，只是提出一个引子。这个讨论的最困难的地方，不是描述说明此现象，而是如何理解此现象？用一个比较明白的理论说清此现象。一百多年来艺术学界对这个基本问题，回答大相径庭，各种纷纭的说法，不仅没有说清，反而引出一些根本性的学理矛盾。下面分别讨论几个主要争执点。

## 三、不协调艺术是“形式主义”，还是“反形式主义”？

不协调的艺术作品，究竟是“形式主义”，还是“反形式主义”的？这一字之争，却关系到艺术学的最根本问题。许多现代艺术理论家，认为这种不协调性占主导的艺术，是“反形式主义”。其中最有名的是巴塔耶提出的“非形式论”（inform，即英文 formless），但他没有解释清楚他究竟指什么，只说这个术语“是一个可以给这个世界带来一些东西的词汇”①。

“非形式”最早被超现实主义用来反对“伯格森式的直觉形式”。在第二次世界大战之后的巴黎，沃尔斯、杜步菲等人再次提出这个口号，他们认为“形式主义漂亮的外表无法解释人类在战争中暴露的罪恶”，因此主张用暗淡诡异的画面解释人性中黑暗的一面。1996 年这个口号被策展人博瓦斯与克劳斯用作巴黎蓬皮杜艺术中心展览会的总标题。他们认为形式是具象再现的条件，博瓦斯提出：“非形式，是还原现代主义本来面目的运作”，因为这样就可以“拒绝再现，强调过程”。

他们反对的是传统艺术“再现”现实物的“形式”，也反对现代主义的“纯形式一致性”，具体说就是反对克莱夫·贝尔与罗杰·弗莱为后印象主义辩护的著名理论“有意味的形式”（Significant Form），认为这个理论一直延伸到格林伯格为抽象表现主义辩护的整套理论。问题在于，偏偏这两种理论也都自称反对再现。克莱夫说：“再现之缺场（absence of representation）是形式主义理想的关键。”② 而格林伯格的著名论点是：“现代艺术向工具节节后退”，意思是现代艺术放弃再现，转而让艺术过程表现自身。

“非形式”这个口号似乎是一种荣耀：杜尚、沃霍尔、诺曼、史密斯逊都乐意被称为“老牌反形式主义者”。艺术究竟如何才是“非形

---

① Goerge Bataille, *Visions of Excess*: *Selected Writings*, Minneapolis: University of Minnesota Press, p. 31.

② Clive Bell, *Art*, New York: Frederick Stocks, 1914, p. 23.

式”? 很少人提出清晰的理论。有的论者意识到“反形式”之不通，无形式的艺术不可能存在，每个新起的形式只能反对他所反对的形式，就如舞蹈界一直要求破除“可舞性”(danceability)，当新的舞蹈风格立足后，后一辈的艺术家又把它视为应当打破的可舞性。

只有在一个意义上，可以说不协调艺术是“反形式”的，即不协调作品超出了完形心理能整理的地步。所谓完形心理（即格式塔）指我们的意识的一种能力，能赋予不全面感知较完整意义，即尽可能把感知到的各种元素，组合成一个尽可能蕴有的意义，简单而清晰的符合经验的结构。眼睛看到的，耳朵听到的，都可能混杂着对意义没有必要的噪音，甚至不协调因素。凭借这种选择再组能力，意识能突出有意义部分，这是我们追求意义的本能所致。

这样就有两个极端之间的一系列中间可能性，一种极端是符合物世界的认知所需的经验完美形态，例如高清晰度照相，只要辨认而无需重组。文本形态不够完美的，例如在大部分画幅中，只要现有的感知已经具有“最低形式完整度”，也可以被妥帖地认知。例如一幅儿童乱涂的水果“写生画”，我们求其大概就可以认知。它可能会有溢出完美造型之外的笔触，这就是我们上面说到的偶发性不协调因素，但是哪怕我们注意到了，也会被我们的意识所忽略，意识会使不完美的再现趋向完善。实际上，要有意发现混乱瑕疵，反而需要花费接受者的注意力。

因此，我们能从几乎无图形的视觉感知，几乎无音调的地方听出规律。我们能从云层、火烬、树皮等完全没有图形的地方看出人影婆娑，或龙虎相斗。如果我们听到的是一连串音，我们会努力设法听出音调节奏，对其中的“不顺”之处尽力抹平。这就是为什么音乐家经常在音乐中偶尔有意无意地加入非协调音，却不会破坏音乐的感知。直到出现另一个极端，即不协调因素主导文本到极端程度，意识的完形“整理”能力，才会无法再起作用。

理解语言文本，也可能需要类似完形心理的意识的语义组合功能。一种情况是读句子时，遇到外形上不协调的字词（例如插了黑体、斜体），空白，有意无意的错字错句，我们会自然地忽略，或是注意到异常，但归入某种文本意义原因（例如明白作者在强调，或是原谅作者文化不高，或校对马虎，等等）。然而，如果接近另一个极端，无法再辨识，这时此语言文本就落在识别的门槛上：有时候能认出这是一首特别大胆的诗，或是疯子的日记，有时候就进入完全的无意义。

也就是说，无论是形态异样，或是意义错乱，都只能异乱到一定程度，在这个程度内的异乱，造成意识获取意义的滞后，需要在头脑中回味，或是再读，需要重新加工。[①] 对于艺术来说，这不是坏事，而正是前面提到过的“陌生化”效果的产生机制。

我们的成形能力或许能让我们在毕加索《阿维农少女》《哭泣的女人》中看到人体形状，但他的《斗牛》就几乎超越成形的可能，要靠标题提供意义解读的线索，波洛克的滴沥画《夏日的节奏》，杰斯帕·约翰斯的作品《三面旗子》(灰色版)，米罗的部分作品如《加泰罗风景》，都很难成形为某种形象。我们可以把所有“几乎不能成形”的，与“完全不能成形”的作品都称为不协调文本。弗莱德曾经著文，提出以“现场性”（presentness）代替艺术形式，这种艺术如果依然是艺术，就的确摆脱了形式。[②]

很多论者认为不协调元素是有意“反再现”的结果，非再现性的艺术，常常被看成“非艺术”。以色列的美学理论家亚菲塔讽嘲说：“这种艺术不再关心对现象世界的再现，而是关心人类思想和经验的深层普遍本体层次。实际上，到底怎么实现这个伟大的理想，他们却连个想法的影子也没有。”[③] 这句话应当说对了一半：艺术界至今并未找到一条道路，可以一劳永逸地通向思想的“普遍本质”层次，他们至今做的只不过是不断尝试新的方式，在此过程中否定别人做过的方式。而否定太多，否定累加否定，也就把艺术逼到不断苦苦求新，剑走偏锋，已经太新了依然还要更新一步的绝地。不协调到就看不出任何形体，也联想不

---

① Marta Kutas and Steven A. Hillyard, “Reading Senseless Sentences: Brain Potentials Reflect Semantic Incongruity”, *Science*, Vol. 207, January 1980, pp. 203—205.

② Michael Fried, *Art and Objecthood*, Chicago: University of Chicago Press, 1998.

③ 齐安·亚菲塔：《艺术对非艺术》，北京：商务印书馆，2007 年，第 9 页。

到任何意义的作品，恐怕也就是只有“非形式”的艺术，此时的意义实际上是标题在提供。

## 四、不协调艺术是无意识的?

最常听到的，而且似乎最振振有词的说法，就是不协调艺术是潜意识的产物，不是意识控制的创作。不仅许多理论家一再论证此说，实际上从达达主义开始，艺术家们自觉地在实践各种随机（例如用《易经》）的方法，让潜意识控制或渗透艺术创作。“非形式”展览的策划人克劳斯坚持认为，杜尚、毕加索、波洛克等人的共同特点是“有意颠覆形式和逻辑，以便探讨深层无意识”①。

为什么不协调是无意识的产物？这里的确有个相当明白的逻辑：既然协调的形式，是意识对世界观察的结果，那么不协调就顺理成章地成为无意识的产物。② 正因为是无意识的，所以是不受意识控制的创作过程，随意（random）的笔触或动作，不做任意筹划安排的创作。这个对比明确而有说服力，中国美术史家段炼介绍了艺术理论家牛顿（Stephen J. Newton）提出的一个整齐的对比表：

表意形式 articulate form vs 非表意形式 inarticulate form

有意形式 conscious form vs 无意形式 unconscious form

牛顿的意见是：“如果某种形式内含了预设的形状如格式塔之类，那么这种形式一定是有意识的，是具有完形倾向的有意形式。”③ 这样就把不协调的出现，归于无意图。凡是在创作前有预设意图，就不能容忍明显的不协调因素，只有完全无意图，“信笔由缰”，涂写弹舞到哪里

---

① Rosalind E. Krauss, *The Optical Unconscious*, Cambridge, Mass.: MIT Press, 1996, p. 25.

② Marshall Bush, “The Problem of Form in the Psychoanalytic Theory of Art”, *Psychoanalytic Review*, Spring Issue, 1967.

③ Stephen James Newton, *Painting, Psychoanalysis and Spirituality*, Cambridge: Cambridge University Press, 2001.

就是哪里，才有可能创作出以无意识为驱动力的艺术。

这样一来，传统艺术的写实再现，甚至部分抽象艺术如蒙德里安的“方格画”，就不可能是不协调艺术，因为它有一定的规划在先，是有意为之的“有意形式”。只是在仔细观察笔触细部时，我们能看到笔触和刮痕，看到过程留下的可能的无意痕迹。世界本应是任意的，意识总是在以意义操作整理感知。

对于无意识创作动力，与偶发（accidental）形式之间的关系，论述最多的是奥地利-英国艺术哲学家艾伦茨威格，他提出的所谓inarticulate form，段炼译成“率意形式”[①]，在上表中笔者译成“非表意形式”，因为这的确是这个英文词的原意，而且与articulate相对，即“不表达”（un-expressive），“说不清”沉默而不显露。艾伦茨威格说，这个词的反义词是“实质性”的（substantive）。[②] 译成“率意”有可能过分强调创作意图，而创作意图很可能是不清晰的，很可能既不是清晰的有意识，也不是清晰的无意识。超现实主义画家米罗如此描述自己的创作过程：“当我画时，画在我的笔下会开始自述，或者暗示自己，在我工作时，形式变成了一个女人或一只鸟儿的符号……第一个阶段是自由的，潜意识的。第二阶段则是小心盘算。”因此，大部分艺术家（除了动物或婴儿）意图本身可能在有意识与无意识之间漂浮穿梭，很难全部在无意识中运作。用段炼的妙言来说，就是“无意识的运笔，有意识的绘制”[③]。

艾伦茨威格有一句话很中肯：“（艺术中）表面上无意义或偶发的细节，很可能是最重要的无意识符号（unconscious symbolism）。”[④] “偶发的细节”就是不协调因素，因为协调是需要有意识地控制的。艾伦茨威格没有直接在不协调因素与无意识之间画等号，而是说很可能是无意识

---

① 段炼：《视觉文化与视觉艺术符号学》，成都：四川大学出版社，2015年，第122页。

② Anton Ehrenzweig, *The Psychoanalysis of Artistic Vision and Hearing: An Introduction to Theory of Unconscious Perception*, London: Routledge, 1953, p. 4.

③ 段炼：《视觉文化与视觉艺术符号学》，成都：四川大学出版社，2015年，第101页。

④ Anton Ehrenzweig, *The Hidden Order of Art: A Study in the Psychology of Artistic Imagination*, Berkeley: University of California Press, 1967, p. 67.

的符号表现，应当说是有道理的。只是他认为过去的艺术理论一直太注意“表意形式”，需要纠偏。他说：“威廉·詹姆斯，弗洛伊德，以及今年的格式塔心理学，没有互相通气，却共同把注意力用到我们的（表面）感知层上活跃的表意形式，让我们大抵倾向于注意简单、紧凑、准确的形式，同时从我们的感知中消除模糊的、不协调的、非表意的形式。”[①] 因此他对非表意的偶发形式的强调，态度也是比较折中的。

偶发因素多半是不协调的，不协调的因素很可能是潜意识控制。但说整个现代艺术都是无意识控制，可能有点夸张了。所谓弗洛伊德式错误（Freudian slip，又称动作倒错 parapraxis），是精神分析学中的一个概念：人不经意间出现的口误、笔误、动机性遗忘等并不是无意义的，而是受到其潜意识的影响。弗洛伊德指出，不能完全肯定所有的差错都是潜意识活动的结果，很可能有其他与潜意识无关的因素影响。[②] 同样，艺术中的不协调因素，也许就像“口误”那样，哪怕无意为之，也只有部分可能来自潜意识，艺术中的“错位”也不会都是潜意识作用。达达主义的诗人用《易经》或随便翻词典页数决定如何写诗，肯定写出来的是不协调词句，但很难说一定是潜意识在起作用。艾伦茨威格就承认，勋伯格是“有意识地使用貌似滑音和颤音”，而滑音和颤音原先是演奏者可能无意为之的不协调元素。[③]

更进一步说，许多不协调艺术文本，是观者看来如此，艺术家心中不必如此。我们举一个典型例子：重庆市大足县宝顶山的石雕佛像群由于常年暴露无遮蔽，而且当地多雨炎热，容易风化，大部分佛像早就失去原先的金碧色彩。有个别塑像，风化比较严重，看起来类似后期罗丹的雕塑，充满了生动的不协调细节，但我们绝对无法从中找到“创作心灵的无意识驱动力”。

---

① Anton Ehrenzweig, *The Psychoanalysis of Artistic Vision and Hearing: An Introduction to Theory of Unconscious Perception*, London: Routledge, 1953, p. 3.

② 西格蒙德·弗洛伊德：《日常生活的心理分析》，林克明译，上海：上海译文出版社，2015年，第66页。

③ Anton Ehrenzweig, *The Psychoanalysis of Artistic Vision and Hearing: An Introduction to Theory of Unconscious Perception*, London: Routledge, 1953, p. 5.

重庆市大足县宝顶山石雕佛像

## 五、不协调艺术到底有无意义?

传统的艺术家，在作品成稿过程中，有过一些不协调因素占上风的阶段，它们只是过渡性的。艺术作品完成的过程，会把一切都整理到满意的完成状态。现代艺术的确有一种回到工具，回到草稿，回到原初感受的趋向，有人称之为“还原论”(reductionism)[①] 或“过程论”，也就是不希望有完美的成品，而让作品停留在粗糙的、半途的色彩和形式的完成状态。这个特点在各种体裁的现代艺术中都有所表现，雕塑中的斧砍痕，乐器的调音过程，留在艺术作品的正文，也使某些前现代的艺术(例如“狂草”、涂改的书法、某些禅诗、怪石)被看出了现代意味。不协调，有一种“未完成态”，这是当代艺术最明显的形式特征。当代建筑中模仿工业建筑(所谓 LOFT 文化)，例如巴黎的蓬皮杜艺术中心、伦敦的劳埃德保险公司大楼，把管道放在大楼面上；再例如保留旧工业建筑的沧桑之态，如北京的“798”、成都的“东郊记忆”，直接把旧机械当作雕塑；凯里用旧货摊上买来的儿童玩偶做成装置艺术，简特利用废旧翻转照相胶卷拼贴的画，徐冰用建筑工地废料做成雕塑《凤凰》，

① 齐安·亚菲塔:《艺术对非艺术》，北京：商务印书馆，2007 年，第 10 页。

都是“过程比完成好”风气的典范。这个作风甚至进入小说和电影，暴露甚至反复玩味叙述过程（例如小说《橘子不是唯一的水果》、电影《源代码》），成为所谓后现代“元小说”的重要样式。

然而，未完成，不成形，就意味着除了工具笔触本身，拒绝表达任何意义（因为“没有准备好”表意），作品就可以声称是“无主题”，或“非语义”（non-semantic）。那么不协调艺术究竟是否表达某种意义呢？许多艺术家认为是不表意，但他们给作品取的标题却意义清晰甚至宏大。受格雷姆指导的坎宁汉的舞蹈，几乎都有戏剧性的标题，如1942年的《图腾祖先》、1944年的《非焦点之根》、1968年的《热带雨林》，但是坎宁汉在挑战格雷姆的舞蹈理论时，一再提出舞蹈没有语义，动作除了本身不表达任何别的东西。他宣称：“在我的舞蹈艺术中没有包含任何想法，我从来不要一个舞蹈演员去想某个动作意味着什么……舞蹈并不源于我们对某个故事，某种心情，或构思某种表达方式，舞蹈容纳的是舞蹈本身。”①

基弗的画，标题都是神话、异教、乌托邦等宏大概念，甚至有标题为《信仰、希望、爱》。他的画中甚至经常有文字，例如莉莉丝（Lilith，亚当的“前妻”）、“炼丹炉”（Athanor）。他明白标题以及画中的文字带来的语义，却强辩说“我画中的文字大都是用来误导观者”。大部分艺术家再三强调他们采用不协调因素，目的就是反对“语义”，这种立场获得相当多批评家的赞赏，博瓦斯与克劳斯的《非形式》展览会，目的就是要求“从主题的语义学奴役状态中解放出来”②。

另一部分艺术批评家主张正相反的观点，他们认为不协调艺术放弃形象再现，目的是表达某种观念：“观念摄影”甚至成了“后现代摄影”的代称。舞蹈界普遍认为，现代舞是一种观点，而非一种技术体系。③

---

① N. V. Dalva, "The *I Ching* and Me, A Conversation with Merce Cunnigham", *Dance Magazine*, March, 1988.

② Yve-Alain Bois and Rosalind E Krauss, *Formless: A User's Guide*, Cambridge, MA: Zone Books & MIT Press, 1997, p. 245.

③ 转引自曹争：《谈现代舞的风格与特点》，《艺术教育》2011年10月号，第109页。

不协调就是现实中的不合理，因此不协调的作品是反再现的。沃林格在《抽象与移情》中说："现代艺术家的危机在于逃避自然"，拒绝再现自然。华莱斯·马丁说，一旦叙述挑战艺术体裁的文化框架，"这位作者就立即成了一位理论家"，也就是表现观念。[①] 的确，实验艺术的主要意义，就是用艺术讨论理论，尽管使用的不是理论语言。实验艺术实际上是一种批评演出，是文本替代批评家、理论家，用文本批评文化规则。

关于不协调艺术的"思想性"，最深刻的理论可能是法兰克福学派的阿多尔诺和马尔库塞提出的。阿多尔诺为勋伯格的"无调性音乐"辩护时，提出这种音乐是表达一种"异在性"：传统的调性音乐，实为社会规范的价值秩序，无调性音乐则用异在性表现资本主义社会的伦理冲突和心灵苦难。在资本主义文化中，传统音乐方式，只可能是商品化的大众音乐，只能用堕落的拜物教欺骗大众，思想是真正的不协调艺术才拥有的品格。[②]

马尔库塞进一步推进"艺术异在性"理论，他说："艺术的自主性表现出极端的形式，即不可调和的疏离。"[③] 艺术应该通过背离传统形式因素，颠覆造成日常意义，以此来打破人们的理解惯性。这种说法，看起来只是重复什克洛夫斯基的"陌生化"，只是什克洛夫斯基认为"陌生化"是更深切地感知现实，马尔库塞认为艺术用"对自身叛逆"，来颠覆现实秩序，因为"艺术作为社会现实的异在，是一种否定的力量"[④]。因此，不协调艺术本质不只是一种手法，而是一种社会批判，艺术不仅不必"再现"现实，"形式不是现实透明的表现，而是现实的改造"[⑤]，在当代资本主义汪洋大海中建立一个批判的净土，一个颠覆

① 华莱士·马丁：《当代叙事学》，伍晓明译，北京：北京大学出版社，1990年，第228页。

② 杨小滨：《否定的美学：法兰克福学派的文艺理论和文化批评》，台北：麦田出版，1995年，第45页。

③ 赫伯特·马尔库赛：《现代美学析疑》，绿原译，北京：文化艺术出版社，1987年，第9页。

④ 赫伯特·马尔库赛：《审美之维：马尔库赛美学论著集》，李小兵译，北京：生活·读书·新知三联书店，1989年，第194页。

⑤ 同上书，第79页。

秩序的乌托邦。因此，马尔库塞对当代艺术不协调因素评价极高：“不正常艺术”（Art of Non-Normality）有可能避免艺术被现实的同一性所取消。[①] 不协调艺术不是不表达社会性意义，相反，是把人类从资本主义的桎梏里解放出来的武器。此后不少受马克思主义影响的艺术理论家（例如德勒兹等人），延续了这条“解放性思想”的辩论路线。

在审阅所有这些为不协调艺术辩护的理论之后，应当说，没有一种理论给出了完美的解答，甚至令人信服的解释。不协调是一系列难题的汇合，是一个复杂的社会-文化-心理现象，既解释创作方法，又建立接收理论，用一个理论回答这里的全部难题，相当困难。不协调艺术实践，很容易质疑本章列举的这些理论。

如果不协调艺术极力保留斧凿痕，退回工具，回到过程，但并非所有的“以半程为全程”，的作品，都是艺术成品。不然一个艺术作品就有无数艺术价值相同的文本？停留在什么“半成态”才是好成品？

如果不协调艺术既反对旧的形式，又创造新的形式，追求陌生的形式本就是形式。没有任何形式的作品不可能存在，那么用多少不协调因素“取消”形式，才能称作“非形式”作品？

如果不协调艺术又可能是靠无意识创作出来的，但潜意识与意识之间没有明确的界限，许多不协调因素可以是有意为之，那么如何鉴别有意识与无意识的不协调因素？

如果不协调艺术努力不表达意义，虽然不少理论家试图把这种非语义视为一种批判资本主义的艺术乌托邦，这些作品的非大众性，如何让乌托邦保留“革命性”？

没有一个理论家能确定地回答以上问题。要理解艺术中的不协调因素，需要一种新理论，而这种新理论实际上已经出现，因为以上每个理论家都说出了一些有部分解释力的想法，综合起来或许能相当令人信服地解答这问题：艺术中的不协调因素，其创作过程在很大程度上由无意

---

① Christopher R. Williams, “Reclaiming the Expressive Subject: Deviance and the Art of Non-Normality”, *Deviant Behaviour*, Vol. 25, Issue 3, 2004, p. 233.

识控制；其形式让人觉得似乎是在特意暴露工具痕迹；不协调因素主导的作品故意躲开已成程式的形式，因为程式会使不协调归回协调；而创造新的艺术，这种动机就是一种思想的产物。

# 第十八章　符码分层：风格与艺术风格

**【本章提要】**　符号风格学最困难的题目，莫过于寻找艺术与非艺术符号文本的区别。要看到这二者的区别，首先要区分风格与修辞的符号学特征。一般认为风格是修辞的效果，实际上二者的功能很不同：修辞构成符号文本的核心文本，依靠主要符码完成意义的指称。而风格是加之于核心文本之上的附加符码。但是在许多文本中，风格起了主导性作用，尤其是在艺术文本中，指称意义往往只是虚指，艺术的真正意义体现在风格上。

艺术是人类文化中最特殊的一种符号表意方式，艺术的各种风格最不容易捉摸。艺术的风格组成必定有其特殊性，或反过来说，艺术是带有特别风格构成的符号文本，这就给风格符号学出了大难题，也带来大挑战，艺术成为解剖风格构成的好样本。实际上，中西古人，都是想整理艺术经验，想揭开艺术的秘密，才开始讨论风格的：整个风格学传统，实际上是从讨论语言艺术与美术开始的，而最后依然要回到艺术上去，风格符号学的讨论才能算有个比较圆通的论辩。

为此，本章首先要解开文本的非艺术部分与风格研究的关系。文本的核心意指部分，大致上相当于其逻辑修辞部分。因此我们首先就遇到了修辞风格问题。

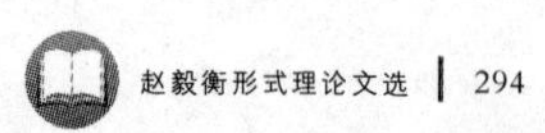

## 一、风格学与修辞学的区别

人们经常说“修辞风格”，修辞学著作中，也经常有“风格研究”章节。这二者究竟是什么关系，或许是风格研究中最复杂的，最难解答的问题：风格与修辞有何区别，有何联系？风格学与修辞学又有什么区别，有什么重叠？当代学界对此没有得出一个清晰的方案，讨论量很大，背后没有共识。

最清楚的回答，干脆把二者合一。黎运汉在总结了学界40年在风格定义上的努力之后，明确提出：“风格学是从修辞学中脱胎出来的新兴学科”①，这意思是说两者只是新旧称呼不同。唐松波的看法更为直截了当，他认为“风格为一般修辞特点的总和……语言风格学便是修辞学”②。二者没有区别，一物二名。

即使我们同意这是同一个学科，作为两个不同范畴，依然要回答：何者范围更大，何者包容何者。不少论者认为风格是修辞的“效果”“表现”，张德明说：“语言风格是修辞效果的集中表现”，“表现风格着眼于修辞与表达效果，又叫‘修辞风格’。”③ 风格研究看来是修辞的一部分。这样风格就是修辞的功能部分，二者是前因后果关系。也就是说：修辞为主，风格为辅；修辞为里，风格为表；修辞为因，风格为果。

然而风格比修辞的变化可能性多得多，“修辞格”有一个系列，风格却更难总结成一系列，它更为变化多端。所谓的“备用风格”（即文化中已有的风格模式）就有“民族风格”“时代风格”“社群风格”“流派风格”“地域风格”；而所谓的“应用风格”（即每部作品附加的比较个别的符码）如“个人风格”“情感风格”“文本风格”，那就更为多样。

---

① 黎运汉：《1949年以来语言风格定义研究述评》，《语言文字应用》2001年第1期，第100—107页。

② 唐松波：《语体·修辞·风格》，长春：吉林教育出版社，1988年，第41页。

③ 张德明：《论风格学的基本原理》，《云梦学刊》1993年第4期，第73、77页。

在当代新媒介时代，体裁层出不穷，表演、歌舞、体育、竞技、棋类，甚至理论都有风格。所有的人类文化活动都有风格，甚至非文化的个人意义表现（例如仪态举止）也都有风格。

既然上面引的大部分论者，认为风格即是文本全部因素的综合，那样风格学就应当大于修辞学？哪怕说，所有这些风格都与符号文本的修辞构成有关，都是修辞的派生物，都是修辞手法的效果，修辞的类别显然无法与风格的多姿多态相比。即使如此，修辞学很难兼含风格学。风格研究在现代过于扩大，修辞学与风格学显然已经各成一个学科。哪怕它们的长期研究史既有交叉又有平行，我们依然必须弄清这两者究竟是什么关系？划不开领域边界，两门重大学科都会受累。

为了解开这个纠缠，笔者提出一个基本的界定：风格是符号文本的附加符码，而修辞是符号文本本身的构成符码。

这个说法并不是凭空而论的标新立异，实际上不少论者接近这个看法。首先看一下皮尔斯符号学的基础构成，即符号构成的“逻辑-修辞”路径[①]。皮尔斯认为：任何符号与对象的连接方式，即所谓“理据性”(motivatedness)，形成最基本的符号与对象关系三分法，即像似符号(icon)，指示符号（index)，规约符号（皮尔斯用 symbol)。而像似符号实为隐喻，指示符号实为转喻，规约符号是一种替代，它们是从修辞格演变出来的。因此，在皮尔斯的体系中，修辞是符号文本构造的最基本条件，不是文本追加的效果。皮尔斯把符号学的最高阶段称为“普遍修辞学”(universal rhetoric)，他认为修辞学是符号学架构中“最高且最活跃的分支”，它将“导向最为重要的哲学结论”。他甚至认为任何理论的提出，“理论中所得出的推论、准预言都需要转而求助修辞证据”[②]。推而广之，任何文本的核心部分是由修辞方式构成的。

如果说皮尔斯符号学倾向于修辞，是他作为逻辑学家的职业本色，那么语言学家出身的索绪尔的符号学构成，也接近修辞方向。索绪尔提

---

① 赵毅衡：《符号学：原理与推演》第3版，南京：南京大学出版社，2016年，第13页。

② C. S. Peirce, *Collected Papers of Charles Sanders Peirce*, Vol. 2, Cambridge, Mass.: Harvard University Press, 1932, p. 233.

出的四对“二元对立”（即“能指”/“所指”，“言语”/“语言”，“历时”/“共时”，“聚合轴”/“组合轴”）中，至今最富有生命力的，对当代学术最有启发力的，是“聚合轴”/“组合轴”理论。雅各布森指出，这双轴关系，实际上是两大修辞格隐喻与转喻的关系。从这套理论中发展出当代符号学的一系列命题。他 1956 年的名文《语言的两个方面与失语症的两种类型》，[①] 指出组合关系就是邻接（contiguity），聚合关系就是相似（similarity）。此后他又往前推论一步，提出依靠相似性形成关系的，正是组成比喻（metaphor）的方式，因此聚合轴上各组分，互相关系类似比喻。而邻接的组分之间，形成转喻（metonymy，雅各布森说的转喻包括提喻）。这样，雅各布森就把符号文本的双轴，都拉到显现文本的修辞运作平面上。弗洛伊德在名著《梦的解析》中提出的梦的工作机制，即移置和凝缩，拉康解释说实质上也就是隐喻与提喻；[②] 而电影符号学家麦茨进一步推论认为，这也就是白日梦和幻想，它们是电影文本的基本修辞构成方式。[③]

中国学者王希杰曾经列举汉语艺术取得美感的几种修辞手法，例如“均衡”“变化”“侧重”“联系”。[④] 这些都是文本的构成方式，而不是附加的风格特征。另一位学者王委艳也指出：“修辞并没有以积极的论辩与说服的形象出现在法庭上……而是作为案件事件左右了读者对判决的看法。”[⑤] 例如艺术文本，从来就不是为了说服或论辩。[⑥]

因此，本章再三强调：修辞与风格本质上不同，修辞不是为了表现特定的意图，或取得特定的效果，修辞是符号文本的最基础构成方式，

---

① Roman Jakobson, “Two Aspects of Language and Two Types of Aphasic Disturbance”, *Selected Writings II*, The Hague: Mouton, pp. 239－259.

② 雅克·拉康：《拉康选集》，诸孝泉译，上海：上海三联书店，2001 年，第 442 页。

③ 克里斯提安·麦茨：《想象的能指》，王志敏译，北京：中国广播电视出版社，2006 年，第 267 页。

④ 王希杰：《汉语修辞学》（修订本），北京：商务印书馆，2004 年。

⑤ 王委艳：《叙述转向与交流叙述学的理论建构》，《符号与传媒》2016 年第 14 辑，第 91 页。

⑥ J. Anthony Blair, “The Possibility and Actuality of Visual Argument”, in *Argument and Advocacy*, 1996, p. 33.

它不是文本之上的一种附加符码——解码，因此与风格非常不同。在表意实践中，二者可能联手，以取得某种效果，但是在基本立足点上非常不同。这一点应当说不难理解，而这一区分就是本章立论的关键。其实这些术语的使用者（作家、记者、编辑等）心里是明白的。例如《解放日报》2012年8月11日文章标题：《中国女足：风格学日本，体系学美国》，估计这是女足教练团队提出的方针，他们明白其中差别。

如果把修辞看成是文本之上附加的行文方式，只是为了增加文本的说服效果，那的确与风格有不少重合；而在“新修辞学”与当代符号修辞学看来，修辞是任何符号文本本身的构造方式，是人类意义活动的根本方式，如果说修辞有目的，就是意义生成本身。[①] “新修辞学”的重要理论家布斯一再强调：“修辞学不再是传授从别处得来的知识，不是‘劝使’人们相信在别处发现的真理，修辞本身就是思考的一种形式。”[②] 他的意思是：修辞不是说话的修饰，而是思维本身：人用不着对自己修饰语句，但是人必须理解自己的思维，这些思维的构成与推进方式，显然与示形于外的风格非常不同。从符号学来讨论，修辞是核心文本本身的组成方式，它依靠主要符码导向指称意义；而风格是文本之上的附加符码，更见诸形式特征，这就是修辞与风格的根本性区别。因此，“修辞风格”是合理的说法，也是重要的研究课题。它是文本风格的一部分，研究的是文本构造中的修辞手法如何叠加了风格符码，但是它不是符号文本的全部风格研究，因为风格编码-解码可以发生在符号文本的各部分之上。

如果觉得这个说法有点玄奥，可以举一个简明的例子：例如冰舞，观众对于技术动作可能会眼花缭乱，不甚了解，专家才能对技术正确打分。而观众对冰舞的表演风格却亲眼目睹，感受深切，高下立判。技术部分动作是文本的主要部分，它们有风格；过渡的“非技术部分”的动作也有风格。

---

① 方小莉：《形式“犯框”与伦理“越界”》，《符号与传媒》2017年第14辑，第98—108页。

② 韦恩·布斯：“修辞立场”，《修辞的复兴：韦恩·布斯精粹》，南京：译林出版社，2009年，第39页。

修辞以指称达意为目的，让接收者明白所说的是什么；风格以“接收者印象”为目的，让接收者觉得生动、优雅，有特点。可以看到，虽然不同接收者效果不同，对于接受者总体而言，风格强度与指称的清晰度成反比。风格追求总是在牺牲指称的清晰度。在某些情况下，风格可以是意义效果的主导因素，主要价值所在，在艺术中尤其如此。

为此，我们可以做一张半开玩笑的表格：洗手间标记。例子简单，对比却非常清楚：文本的修辞，用各种方式朝向指称意义，而风格却是加在这个核心文本上的各种附加符码。因为洗手间标志必须是明确的使用符号文本，所以指称修辞必须清楚，但是风格却可以各有千秋：

| 文本 | 修辞方式 | 风格特点 |
|---|---|---|
| 男洗手间—女洗手间 | 直接指称（规约） | 对中国人而言几乎无风格 |
| 男—女 | 准直接指称 | 简洁风格 |
| 男洗手间—女洗手间 | 准直接指称（规约＋像似） | 古典书法风格 |
| 男洗手间—女洗手间 | 准直接指称（规约＋像似） | 艺术书法风格 |
| Men's—Ladies' | 准直接指称（规约＋指示） | 国际化风格 |
| Herren-Damen | 准直接指称（规约） | 德国风格 |
| 观雨轩—听雨斋 | 联想间接指称 | 幽默而雅致风格 |
| 凸-凹 | 联想间接指称（提喻） | 污秽无节操风格 |
|  | 间接指称（像似比喻） | 国际通用风格 |
|  | 间接指称（部分提喻） | 优雅风格 |

## 二、各种风格与实指不一致的意义活动

风格因为给接受者的感性冲击比较强烈，所以经常被误会为表意文本的主要部分。上面这张表中，风格虽然多样，指称意义却至关重要，任何人都不愿意搞错。这是日常的/科学的符号表意方式，是大多数符号表意文本所必需的。但是人类文化的无穷表意行为中，许多时候风格因素比指称意义更为显眼，也更为重要。这是艺术构成的一大特点，但

并不是艺术专用的，也就是说，并不是文本的意义越过指称，引发风格主导，该符号文本就是艺术。例子很容易看到：在街上可以看到很多人的T恤衫，上面印的英文无法辨认，或是拼错到无法辨认，或是完全不相干的国外广告，这样的T恤衫设计“没有指称”，因此谈不上修辞。但是有风格，大多是追求“洋气”。这样一种风格压倒指称，实为“以虚带伪”，并不能使这件T恤衫变成艺术。

英国伯明翰文化批评学派，专注于亚文化研究。赫布迪奇的名著《亚文化》一书，仔细讨论了欧美青少年亚文化的一大特点：“威胁性表现”，包括衣装、发式、吸毒，以及他们特殊的喧闹刺耳的音乐（当时“朋克”音乐刚兴起），他发现这些“亚文化叛逆青年”只是风格上的，或“能指”上的叛逆，他们没能提出一个挑战资本主义制度的意识形态。到了一定年龄，他们会归化成劳工阶层，生儿育女，循规蹈矩度过余生。赫布迪奇的这本书的副标题“风格的意义”（“Meaning of Style”）意味深长，言下之意是亚文化的这些“反社会”风格往往并无“所指”意义。[①]

再例如鲍姆出版于1900年的著名儿童小说《绿野仙踪》（*The Wonderful Wizard of Oz*），其中有一个有趣人物“胆小的狮子”（Cowardly Lion），空有狮子的威仪和唬人的外表，却毫无狮子应有的勇敢和凶猛。这个“人物”得到历代读者的喜爱，他是我们社会上经常见到的一种典型：徒有其表，名不副实，有风格而无实质，有花哨而无真本领，风格过分大于实指。

风格与实指可以有意脱离，甚至意义完全相反。这样的符号表意行为，是典型的谎言骗局。埃科再三指出，谎言的表意方式，能揭示符号学的秘密。他再三强调说：“撒谎理论的定义应当作为一般符号学的一个相当完备的程序”。因为“不能用来撒谎的东西，也不能用来表达真

---

① Richard Dick Hebdige, *Subculture: The Meaning of Style*, London: Methuen, 1979, p. 45.

理，实际上就什么也不能表达”。①

《三国演义》小说中的“空城计”是个好例：魏兵将到，蜀方已无兵守城，诸葛亮无奈计穷，索性大开城门，只能用此奇怪的表现形式。如此守城太出格，加上“诸葛一生唯谨慎”。司马懿看到的是一个风格过于奇特的文本，反而疑惑而中计。

《三国演义》另一个“示之以伪形”的例子是诸葛亮在军营砌灶上做文章，正好反孙膑之例而用之。《三国演义》中说孔明退军：“可分五路而退。今日先退此营，假如营内一千兵，却掘二千灶，明日掘三千灶，后日掘四千灶：每日退军，添灶而行。”部下杨仪说：“昔孙膑擒庞滑，用添兵减灶之法而取胜；今丞相退兵，何故增灶?”孔明曰：“司马懿善能用兵，知吾兵退，必然追赶；心中疑吾有伏兵，定于旧营内数灶；见每日增灶，兵又不知退与不退，则疑而不敢追。吾徐徐而退，自无损兵之患。”遂传令退军。添灶与减灶都是在兵势的形式表现上做文章，有意让“风格”与实际意图不同，不让对方知道虚实。

第二次世界大战时盟军准备在诺曼底登陆，却在加莱海峡加紧真真假假的军事准备活动，使希特勒集重兵于此，甚至在诺曼底登陆之后，都以为只是佯攻。这些徒有风格的表意，可以称之为“虚有其表”“表里不一”，有时候此种表意的曲折，常常可以形成骗局或计谋。风格上做足工夫，实际上无其实指。风格本身并非表意文本的实指，但是在风格之下究竟有没有实指，如果没有实指是有目的的还是无心的，是“真”还是“伪”，是否可能有相反的实指，却是符号表意极端复杂的各种变体。虚假的表意方式，都是“就虚弃实”，但是在骗局中，是“以虚掩伪”；在无心之骗局，是“虚而非伪”；而在艺术，是“以虚取真”。要取得这个效果，艺术对符号文本就有特殊的风格学要求。

① Umberto Eco, *A Theory of Semiotics*, Bloomington: Indiana University Press, 1976, pp. 58—59.

## 三、艺术的风格符号学

从上文我们已经可以看到：风格学研究的最大困难，是文本构成的各种概念混作一谈。如果文本完全由风格因素组成，如果“风格是取得意义效果的综合手段”，风格学就与文本研究没有区别。但是艺术风格不同，风格在构成艺术符号文本的各种因素中，占据了更重要的，甚至是主导性的地位，这是由艺术风格的符号学特征所决定的。艺术的创造要求较高的区别性特征，而风格是提供特征的重要来源。尤其是现代艺术的最主要特征，就是创造了新的表现方式。

艺术的另一个特征，来自风格与符号文本的对象指称之间的关系。风格是符号文本形式中的特征，因此必须与内容切割开来。对这点分析得最犀利的学者，是雅各布森。他在 1958 年的演说中提出了著名的符号文本“六主导因素论”，其中五个，是各种文本的一般风格功能。而“诗性”，即艺术功能，来自符号文本的“自指能力”，即符号文本跳越指称的能力。钱锺书用《史记·商君列传》中语，称艺术符号为“貌言”“华言”。[①] 因为它们有意牺牲指称，跳过对象指向风格意义。艺术符号文本哪怕可以找到指称对象，也多多少少只是一个姿势，一个比喻，一个可以“悬搁”的因素。

艾略特曾经很形象地把指称比喻为“肉包子骗狗”：“诗的‘意义’的主要用途……可能是满足读者的一种习惯，把他的注意力引开去，使他安静，这时诗就可以对他发生作用，就像故事中的窃贼总是背着一片好肉对付看家狗。”[②] 这看法与传统上认为艺术是“寓教于乐”，正好相反。兰色姆的比喻可能更让人解颐：诗的“逻辑上连贯的意义”，作用只是对诗的“肌质”（texture）挡路，之美就在于跳过这些构架意义，

---

① 钱锺书：《管锥编》第一册，北京：生活·读书·新知三联书店，2007 年，第 166 页。

② T. S. Eliot, *Selected Essays 1917—1935*, London: Faber & Baber, 1932, p. 125.

进行障碍赛跑。[1] 他把艺术文本的逻辑实指称为“构架”（structure），与本章的说法非常接近。

正因为其符号文本或多或少越过所指，艺术才获得表意和解释的自由。瑞恰慈称艺术的语言为 non-referential pseudo-statement，钱锺书译此语为“羌无实指之假充陈述”，他认为这个说法与现象学家茵伽顿的“quasi-urteile”，奥赫曼的“quasi-speechact”类似，都是“貌似断语”[2]。“假充”“貌似”这样的译法，已经点明了与对象的关系。而且钱锺书进一步指出：《关尹子》中“无实指”一说，比西人更为生动：“比如见土牛木马，虽情存牛马之名，而心忘牛马之实”[3]。艺术雕塑的土牛木马，只是“情存而心忘”，用对象作借口而已。一句话，文本“本身”所负担的指称功能，成为一个借口，风格成为艺术意义表现的重中之重，实际上就是艺术的一切。

从这个角度，我们可以理解雅各布森提出的一条关于艺术风格的符号学原理：艺术功能不外求，因为艺术文本是“对等原则从选择过程带入组合过程”。无独有偶，大致上在相同时期，梅洛-庞蒂这位最接近符号学的现象学家，在《间接的语言与沉默心声》中，也提出风格是“等价系统”（systeme d'equivalence）与“连贯变形”（deformation coherente）的结合，这是聚合轴与组合轴的另一种说法：聚合轴是同一位置上可选择因素的结合，而组合轴是文本“连贯”。艺术的风格就是符号文本组成方式双轴联动的结果。也就是说，非艺术文本因为追求指称功效，组合紧凑，不必把已经做出的选择在文本中重复使用，而艺术文本则一唱三叹，把同一个意义可用的不同方式重复，选择的过程就成为呼应加强的过程。

徐冰在给自己的文集《我的真文字》写的序中说：“看起来我使用的都是属于文字，却又不是文字实质的那一部分。在我看来，文字有点

① John Crowe Ransom, “Criticism as Pure Speculation”, Morton D. Zabel (ed.), *Literary Opinions in America*, New York: Harper, 1951, p. 194.

② 钱锺书：《管锥编》第一册，北京：生活·读书·新知三联书店，2007年，第168页。

③ 同上书，第167页。

像一种用品，使用和消费是核，但外包装有时却更有文化内容……文字离开了工具的部分，它的另一面就显示出来了。其实书法的了不起也在于此：它寄生于文字却超越文字，它不是读的，是看的，它把文字打扮成比文字本身还重要。”[①] 这段话相当清楚地说明了风格的作用：书法(无论是否当作艺术)，实际上就是文字文本上的附加风格符码。他的所谓“非文字实质”却“比文字本身还重要”的成分，就是艺术风格，而书法写的文字，实际上只是艺术的“借用”。

从文学翻译学考察，或许可以把这个区分看得更清楚：文学翻译的难处，不在文本本身的语义指称上。一个人有外文能力，有足够后备知识，就能做语义翻译，各种修辞手法、成语熟语、近义词甄别、典故暗示、语义双关、上下文语义判断，都能做到不弄错、少弄错，甚至一台储存了大量语料库知识的电脑，也能找到适当前例做语义翻译。

而文学翻译的难处，在于风格。翻译风格学家贝耶尔一针见血地指出：“在某种意义上，文学翻译就是风格翻译，因为风格传达的不仅仅是原作的信息，而且还有原作的姿态。”[②] 严复说的“信达雅”，信就是文本内容翻译准确，达是让中文读者读懂的效果，关键在“雅”，雅就是风格的处理，这是最难的，因为大量风格性因素几乎无法翻译，只能寻找目标语中的接近风格手法作替换。因此，语言艺术的翻译就是风格翻译，人的文字修养和机变能力，在风格变化上几乎无可替代。

正因为这个原因，很多学者和翻译家都发现诗歌几乎无法翻译，诗人弗罗斯特甚至提出“诗正是翻译中丢失的东西”。诗歌是一种几乎全部由风格组成的体裁，需要翻译的全是风格性成分。实际上，翻译首先要读懂，而“带有风格学意识（stylistic-aware）的阅读，是读懂文学文本的唯一可行的方法”[③]。没有读出风格，就没有读懂诗。因此兰色

---

① 徐冰：《我的真文字》，北京：中信出版社，2016 年，第 4 页。

② Jean Boase-Beier, *Stylistic Approaches to Translation*, Shanghai: Shanghai Foreign Languages Press, 2011.

③ Ibid.

姆把诗歌的本质称为“世界的肉体”①，肉体是一个人的“外表”“外壳”，甚至可以说是灵魂与机体功能之外的“附加部分”，但却是我们见到的一个人区别于其他人的特征所在。

文学翻译如此，所有的艺术的接受都是如此。艺术的鉴赏，就是风格鉴赏。法国文学理论家拉库-拉巴尔特说得很明白：“文学‘风格’就是‘文学’本身，即‘纯文学’。”② 应当说，“纯文学”“纯艺术”不可能存在，因此“纯风格”也不可能存在，但是风格在艺术中具有本质性地位，这点并没有错。不是因为有“艺术风格”才有艺术，文本的“艺术式风格构成”才是艺术的本质。

艺术文本的内容，就像画家的题材那样，从观众都有的社会经验材料作“比喻性借用”。一个情节提要，与报上的新闻相差无几，与叙述艺术（电影、戏剧等）相差就极远。这个相差的距离，就是艺术风格的距离。固然，不同的艺术体裁，不同流派的作品，风格的重要性很不相同。与小说相比，音乐的风格重要性大得多；与歌曲相比，无标题音乐的风格分量大得多。但把所有的艺术文本，与非艺术文本相比，二者的最大区别在风格的地位上。在大部分日常符号文本中，风格是附加符码；而在艺术文本中，风格是“附加的，却是本质性存在：无风格不成艺术。甚至可以说（虽然这话有简单化危险）：风格就是艺术。

---

① 兰色姆：“纯属思考推理的文学批评”，见赵毅衡编：《新批评文集》，天津：百花文艺出版社，2001年，第85页。

② 菲利普、拉库-拉巴尔特、让-吕克·南希：“风格”，见闫嘉编：《文学理论读本》，南京：南京大学出版社，2013年，第82页。

# 第十九章　风格、文体、情感、修辞：用符号学解开几个纠缠

**【本章提要】**　情感研究、风格学、修辞学，以及文体学，这四个术语制成的学科，研究的范畴非常相近，甚至相同，在学术著作与普通文字中，有相当大的重叠，在很多人的用法中四者几乎是同义词。本章详细分析了这四者的关系，提出风格是符号文本所有的附加符码之集合，文体（体裁）是风格学领域中的一部分，情感是符号文本的风格附加符码之一类，而修辞（尤其是符号修辞）是文本的基本构成方式。这四者有重叠，有包含，有互相连接，但是绝不能混作一谈，必须仔细区分。而从符号学对文本和符码的关系进行讨论，可能是一个较为可行的做法。

首先明确，本章讨论的不是这四个词在中文中（或西方语言中）的用法，在日常使用中，甚至在相当多的批评论述中，“风格”“文体”“情感”“修辞”这四者来回跳跃，重叠使用。我们无法理清这四个词的用法，在现代汉语中四者似乎都是近义词，使用时几乎随意搭配，难以区别清楚。在国际学术界，风格的本质也是一个至今未解决的难题，克

林肯伯格称之为“人类认知的黑箱部分”[①]。“优美的风格”“优美的文体”“优美的情感”“优美的修辞”，在中文中好像都说得通，也的确说得通。

学术的主要任务，与其说是发现整理，不如说是厘清概念。朗格有一段话很中肯：“哲学是对我们所有的或真或假的概念框架的研究……假如我们用来论说的词语是矛盾或混乱的，那么，这些词语所归属的整个令人激动的知性活动将是无效的。”[②] 本章想讨论的是：这四者似乎指的是一件事，实际上指的是，或是说四个**应当有**不同的概念，它们在文本分析中的四个不同的方面，即符号表意与解释的不同范畴。

在开始讨论前，本章着眼的是跨媒介的广义符号文本分析，因此纳入视野的远远不止文字写作，这四者的区分在任何媒介文本中同样存在，同样严重影响到所有符号文本的表意与解释。有时本章会讨论“符号修辞”“视觉风格”等，但是本章提出的基本原则，希望能够在所有不同媒介的符号文本中通用。

对这四者的关系，本章最后会达到以下的结论，为了清晰起见，可以把结论在这里预先说出来。符号文本可以说是基本文本（核心文本，或中心文本）与伴随文本结合而成的全文本，全文本是接收者进行解释时作为整体处理的文本域和一部分伴随文本（例如标题与作者名，例如广告代言名人的名声，等等）的集合。[③] 全文本的基本解码（指称对象）靠的是符义性解码，风格是全文本所有的附加符码之集合，文体（体裁）与情感是符号文本的各类附加符码中的两个大类，而修辞是符号文本的构成方式。这一切都围绕着文本的编码-解码进行。“情感的对象必须是一个被当做整体符号对待的文本。”[④]

---

① Jan van Klinkenberg, “Style”, in Thomas A. Sebeok and Marcel Danesi (eds.), *Encyclopedic Dictionary of Semiotics, Third Edition*, Berlin: Mouton de Gruyter, 2010, pp. 1040—1041.

② 苏珊·朗格：《感受与形式：自〈哲学新解〉发展出来的一种艺术理论》，高艳萍译，南京：江苏人民出版社，2013年，第3页。

③ 关于文本、伴随文本、全文本三者的关系，请参看赵毅衡：《哲学符号学》，成都：四川大学出版社，2017年，第119页。

④ 谭光辉：《情感直观：情感符号现象学的起点》，《当代文坛》2017年第5期，第45页。

用文字描述这些关系，即使下面详为讲解，或许依然过于复杂。直观的代价有可能是片面，但是本章依然尝试用以下示意图说明其中的关系。

| 风格附加编码 | 情感附加编码、体裁附加编码等 |
| --- | --- |
| 符义基本编码 | 情感符义编码等 |
| 全文本<br>（基本文本＋进入解释的伴随文本） | |

当然，即使有说明有图，问题依然需要仔细讨论。下面的分节细论会详尽说明这张图表。

## 一、风格学

风格可能是本章讨论的三个概念中最说不清道不明的，而且经常与另外两个概念混用，很多论者认为风格与修辞基本上重合。本节的目的是区分这两个概念，以及这两个学科各自的领域。为此我们必须做出一个必要的分工界限：风格是符号文本的所有附加符码的共名，其中也包括上一节说的情感符码，但是风格表现的远远不止于情感。

本章的这个说法并不是毫无由来，著名语言学家高名凯很早就提出："组织成风格系统的，既可以是基本系统身上附加的色彩，也可以是不存在于基本系统身上的特有的附加色彩。"[①] 高名凯这段话，两次强调了"附加"。巴尔特看来也赞同这样的观点：在名著《写作的零度》中，巴尔特仔细分析了加缪的小说《陌生人》，认为这本小说是"风格零度"典范，而且巴尔特指出："语言结构在文学之内，而风格几乎在文学之外。"[②] 因为讲述同样的情节时，风格是可以更换的。

这种附加符码，是加在"全文本"之上的。文本有基本部分和与之

① 高名凯："语言风格学的内容和任务"，《语言学论丛》第4辑，上海：上海教育出版社，1960年，第879页。

② 罗兰·巴尔特：《写作的零度》，北京：中国人民大学出版社，2008年，第4页。

相连的非基本部分，非基本文本部分，就是笔者说的“伴随文本”，尤其是其中的“类文本”（标题、作者、出版信息、注解、价格标签，等等）。[①] 而风格因素是两个部分上的附加因素。文本基本部分要用符码来解读，文本非基本部分也要用符码来解读，而风格学研究的领域，包括了所有附加符码的集合。有的论者认为风格是文本全部因素综合起来的后果，“风格是在语言实践中语音、语法、词汇、修辞的基础上形成的特点综合的结果”[②]。这样就完全无法找出风格学的领域边界，把风格学等同于文本研究。

说“附加”，并不是说“不重要”，“非本质”。这些附加因素很可能比文本的基本内容更加影响意义解读。风格经常是艺术效果的主导因素、主要价值所在。各种特殊的“风格”，就是附加编码总集合之下的各种可识辨的“次集合”，所谓的“储备风格”（即文本中已有的附加风格编码模式）如“民族风格”“时代风格”“流派风格”“地域风格”“体裁风格”；所谓的“应用风格”（即每部作品个人化的附加编码）如“情感风格”“个人风格”，都是各种在文本的意义传达上的附加因素分类方式。

到底哪些符码是附加的？文本本身的基本信息需要符义编码-解码，文本的发送却需要风格性附加解码。比如一个信息发出：“八月秋高风怒号”，“怒”如果形容风的猛烈，在这里可能有两层意思：一是信息的基本符义（风势大），另一个是修辞移情（天怒），这二者都是基本文本，都需要符义性解码才能理解。而杜甫表情悲惨地说“八月秋高风怒号”，所以情感性的编码极可能是文本基本符义的一部分，更可能是附加风格的一部分，既可能是文本（例如诗句）表达的意义，也可能是伴随文本（例如标题）表达的意义，更可能是表现方式（例如朗读）的附加编码。

如果我们把“风格学”视为只是研究“附加符码”的学问，那么它

---

① 赵毅衡：《符号学：理论与推演》第3版，南京：南京大学出版社，2014年，第143页。

② 宋振华、王今铮：《语言学概论》，长春：吉林人民出版社，1979年，第65页。

的范围就清晰得多：风格是一种加载于文本符号集合整体之上的附加编码-解码方式。风格性附加符码的功能、范围很大，尤其当我们跨出语言文本的边界，进入各种多媒介符号文本的探究，我们可以发现，除了携带某种情感，各种功能附加符码更有可能影响接收效果。有的可以与文学相通（例如壁画的古朴、陶器画的稚拙、微信的简洁、弹幕的直率、歌曲的委婉、史诗的雄壮、抒情诗的缠绵，等等）；也有各种社会的、历史的附加符码（例如洛可可风格的繁复修饰、浪漫主义的高昂夸张、现代主义的反讽悖论、后现代主义的拼贴杂凑，等等）；或是民族的、文化的风格（例如律诗的工整、禅诗的平实、俳句的简练、宗教画的庄严、漫画的幽默，等等）；或是艺术家的个人风格（例如鲁迅的深沉、赵树理的平实、沈从文的悠远，或是张大千的气势、林风眠的雅趣、黄永玉的佻达、吴冠中的空灵，等等）；或是社群趣味的判断标准（例如风格矫情、做作、媚俗、假大空、高大上，等等）。这些因素混杂在一起，可以形成非常复杂的风格综合体，而且我们可以看到，风格贯穿于发出-文本-接受三个环节，但是三者经常不是保持一致。这里的配合关系，需要学者作仔细的研究，基本上与符号的解释学相通。其判断标准，笔者多次建议可以考虑从“解释社群”方向解决，在此就不作细谈。[①]

本章唯一想强调的是：风格是附加编码的集合，这里的关键问题是“附加”。因此风格可能与内容发生协调与否的问题。有的文本，例如程耳导演的电影《罗曼蒂克消亡史》，很多人认为风格化太过分（场面过多“设计感”，情节省略过多而镜头有意放慢，常用异国情调音乐，等等），以至于让观众弄不清故事线索，即所谓“风格大于内容”，风格附加覆盖层过厚，叙述的符义编码（例如谁为什么要爱上谁，谁为什么要杀掉谁）反而看不清楚。但是这与杜甫《秋兴八首》之难懂又不同，那是文本本身的构造（即修辞）过于复杂。这个问题我们到第三节讨论修

---

① 参见赵毅衡：《哲学符号学》第5章第3节“解释社群观念重估”，成都：四川大学出版社，2017年，第264页。

辞时再回顾。

## 二、体裁研究与情感研究

而在各种风格附加编码集合中，最大的两个种类可能就是“体裁”与“情感”。发出者在创造文本时（例如说一个事件时），第一个必须选择的风格附加符码，是体裁（genre）。由于文本发出者，往往只是一个特定体裁的专家（诗人、画家、电影人、音乐人、布道者，等等），体裁似乎并不是由他选择的，这只是个别性遮蔽的结果。我们看一下“亚体裁”（subgenre，例如七律、绝句、乐府古体等）的选择，就可以明白，哪怕说同一个故事，用什么体裁是可以选择的。

体裁是文化中形成的文本模式，是贯穿于发出-文本-接受三个环节的定型化表意-解读方式。发出者要表现“八月秋高风怒号”，他首先要决定的是用报告、新闻、史诗、抒情诗、歌曲等语言体裁，还是绘画、漫画，雕塑、摄影等视觉体裁，还是多媒介体裁如影视、MTV，还是新媒介如微信、微博、弹幕，等等。不同体裁的文本，说的可以是同一件事，例如几种体裁的文本都是关于某场战争的报道，但是体裁使它们的风格从表面上看就非常不同。

这就是为什么风格学（stylistics）在中国长期以来被称为“文体学”，因为“文体”这个中文词可以兼指“文字体例”与“体裁”。在过去这并无大碍，因为人类文化史上大部分文本体裁，是以语言文字为媒介的。各种体裁的选择对表意-解释影响重大，抒情诗与史诗不同，诗与散文不同。也正是因为体裁实在太重要，体裁的选择决定了文本的根本品格，是文本的根本性立足点，应当属于最基本的符义编码控制的范围，不可能被视为“附加符码”的品格，因此妨碍了我们取得对风格问题的真正认识。

从今天风格学的研究领域来看，“文体学”这个学科名称尤其不当，首先因为当今的体裁远远超出了“文字体裁”。而且多数体裁已经不是文字体裁，因此，最好还是分别处理“体裁研究”（genre studies）与

“风格学”，清晰地使用两个不同名称，而不再使用把二者合为一谈的“文体学”。不少“文体学”者自己也明白这个名称带来的苦恼，也已经转向使用“风格学”[①]，虽然新命名的“风格学”依然大量讨论体裁问题。[②]

看起来最容易明白的似乎是情感：情感是贯穿着意义表达与解释的一种主观状态，它是发送者的主观意图，但是在文本中必须有所表现，也在解释者理解文本时必须附带辨认的文本状态，所以虽然情感表现在符义中也会出现（文本就写到“怒”），它的主要手段是风格附加编码（“八月秋高风怒号”诗句、诗句上下文、诗句表现方式的凄惨之情）。文本经常携带着主观情感，但是并非所有的意义都携带着主观情感。情感并不等于意图，不等于文本，也不等于理解，而是可能贯穿整个表意过程中某种主观状态，这只是一种可能，完全不带着情感的意义表达和意义解释是经常可以见到的。

雅各布森著名的符号文本六因素论，认为发出者的主观意图成为主导时，符号文本才是“情绪性的（emotive）”[③]。他的意思是只有发出者的主观意识才能给予文本特殊的情感。情感是文本的基本信息上的一种附加符码，它可以是发出者给予的（例如“暴怒”语气），但是必须在文本中出现（文字的粗体或标点、图像的突出细部、照片的色彩应用），最后必须被接收者感知到。发出者给予文本的是“情感附加编码”，解释者从文本中解释出来的是“情感附加解码”。

因此无发送文本也可以有情感，它们是接收者在文本中“解读出来”的情感。“危崖”“柔绿”“解语花”这样的自然符号可以被读出情感。没有发送者，只有解释者，情感也可能发生，文本可以有似乎自带的“情感”特征。我们说“暴雨”“阵雷”“狂风”“酷暑”，气象并没有发送者，文本却带上了情感。这实际上是解释的“移情”，天气现象作

---

① 刘颖、肖天久：《〈红楼梦〉的计量风格学研究》，《红楼梦学刊》2014 年第 4 期。

② 刘兰芳：《艺术风格类型的初步构建》，《美与时代》2017 年下半年号。

③ 罗曼·雅各布森：“语言学与诗学”，见赵毅衡编选：《符号学文学论文集》，天津：百花文艺出版社，2004 年，第 175 页。

为无发送符号文本，可以被解释者认为文本“带着情感”。

这就是说，符号意义活动的每个环节都可能带着情感。一个暴怒的人，不一定能产生一个暴怒的文本，因为某种原因他说不出口（迫于对方威势、受制于自己的地位），也可能他的修辞能力有缺陷（所谓不会说话）；一个暴怒的文本不一定能被理解为带着暴怒，因为解释者可能会认为文本中的暴怒可怜、可悲，不得体，当然也可能因为解释者自己的理解能力差（所谓情商太低），因而没有得出带感情的理解。我们不得不承认：意义传播的发出-文本-解释这三个环节都可能有情感存在，哪怕三者不一致，情感在任何一个环节都可以独立地存在，而且情感是一种极端重要的意义范畴。[①] 那么，到底是什么因素让情感能维持贯穿于（哪怕不能保证）以上三个传播环节呢？

这种东西就是情感符码。一般情况下，情感在以上三个传播环节中是一致的，说话者可能表现出“暴怒”，文本内容带着“暴怒”，接受者感觉到“暴怒”。能把这种情感带出来的，应当是贯穿于意义过程中的“情感符码”。

## 三、修辞学

修辞究竟是外加于文本的手段，还是文本本身的意义方式，这个问题在修辞学界也一直争论不休。所谓修辞，一般被认为是文本为了达到在发出者-文本-接受者之间有效地传达某种信息的手段，例如张德明提出“表现风格又叫修辞风格”[②]。如果是为了这样的效果，那修辞学就与风格学很难区分，事实上很多论者的确二者不分。中国修辞学的元老陈望道提出“风格是修辞效果的综合表现”[③]。因此一定的修辞产生相应的风格，[④] 甚至可以说修辞是风格的一部分，风格包含修辞。

---

① 谭光辉：《重回葛兰西的“情感维度”》，《符号与传媒》2016年第13辑，第53—63页。

② 张德明：《论风格的基本原理》，《云梦学刊》1993年第4期，第74页。

③ 陈望道：《陈望道修辞论集》，合肥：安徽教育出版社，1990年，第450页。

④ 姜恩庆：《律师文书的修辞风格》，《应用写作》2001年9月号。

看来大多数论者的意见是风格涵盖修辞，或是说风格即修辞的效果。总之，二者几乎重合。这样的话，何必单独研究修辞？放在风格学里研究，或合在一起研究，讨论不是更全面一些吗？哪怕风格与修辞的区别是一个非常困难的问题，依然必须区分。现代形式文论的核心人物瑞恰慈在1936年出版的《修辞哲学》中已经指出"旧修辞学是争论的产物……是关于词语战斗的理论"[①]。传统的修辞学，无论是亚里士多德提出的"说服"目的（"在每一件事上发现可用的说服手段的能力"[②]），还是《大学》中说的"修辞立其诚"，都是把各种修辞格看成是在语言文字上加的手段，是发出者为了说服效果，对语言做的添油加醋的调味工作，这样修辞就与"风格"一样，是文本在基本符义之上附加的成分。

这个观念，自20世纪中期"新修辞学"的诞生，起了很大的变化。新批评派的肯尼斯·伯克，开始了"新修辞学"潮流。他认为修辞不是强求对方接受，而是寻求接受者的"认同"（identifying），修辞的基础是寻找与接收者的"同质"（consubstantial）之处。例如一位农家出身政客，竞选演说争取选票，就必定强调他与农民选民的出身同一，这样就可以"诱使那些本性能对符号做出反应的动物进行合作"[③]。伯克认为修辞是符号的必有品质，贯穿于人类的一切意义场合，包括促销、求爱、教育等语言行为，也包括礼仪、巫术等非语言行为。在这样的修辞过程中创造的意义，接受者可以怀疑、反驳、批判、思考，以决定是否认同。在当代修辞学看来"修辞不仅蕴藏在人类的一切活动之中，而且存在于组织与规范人类的思想和行为的各个方面，人不可避免地是修辞动物"[④]。当代娱乐体裁文本数量极大，我们一样可以看到玩家是否认

---

① I. A. Richards, *The Philosophy of Rhetoric*, London: Oxford University Press, 1936, p. 24.

② 亚里士多德：《修辞术》，《亚里士多德全集》第九卷，北京：中国人民大学出版社，第1997年，332页。

③ Kenneth Burke, *A Rhetoric of Motives*, Berkeley: University of California Press, 1969, p. 43.

④ Douglas Ehninger, *Contemporary Rhetoric: A Reader's Coursebook*, Clenview, Il: Scott, Forrestman, 1972, p. 9.

同电子游戏的修辞设计（例如“代皇上选嫔妃”的隐喻），是否认同一个旅游公园的修辞处理（例如“与白雪公主拍照”的提喻），是游戏或旅游地是否能成功的关键。

用符号学来观察，修辞就是文本本身的内部组成方式，而不是文本背后的符义编码或附加编码。新修辞学的重要理论家布斯一再强调：“修辞学不再是传授从别处得来的知识，不是‘劝使’人们相信在别处发现的真理，修辞本身就是思考的一种形式。”[①] 他的意思是：修辞不是说话的修饰，而是思想的根本形式。人用不着对自己修饰语句，但是人必须理解自己，因此，修辞是自我的存在方式。中国学者王委艳也指出：“修辞并没有以积极的论辩与说服的形象出现在法庭上……而是作为案件事件左右了读者对判决的看法。”[②] 例如艺术文本，从来就不是为了说服或论辩。召唤接收者想象力的“认同”，是艺术修辞的主要目的。[③] 王希杰曾经列举汉语艺术取得美感的几种修辞手法，例如“均衡”“变化”“侧重”“联系”。[④] 显然，这些都是文本的构成方式，而不是附加的风格特征，风格（例如嫔妃的诱人服饰，例如游乐场的异国华彩）只能加强这些基本的修辞构造。本章必须把这一点再三强调清楚：修辞与风格本质上不同，不是为了表现特定的意图，或取得特定的效果，才对文本进行修辞。修辞是文本的一般构成方式，它们不是文本之上的一种附加符码-解码，修辞就是文本构成。这一点应当说不难理解，而这一区分就是本章立论的关键。

而与新修辞学同时兴起的符号修辞学，则把对修辞本质的理解转换更推进一步。现代符号学的源头之一是修辞学，我们仔细观察一下，就可以看到符号学的基本概念，起源之一是对符号文本的修辞构成的分

---

① 韦恩·布斯：“修辞立场”，《修辞的复兴：韦恩·布斯精粹》，南京：译林出版社，2009年，第39页。

② 王委艳：《叙述转向与交流叙述学的理论建构》，《符号与传媒》2016年第14辑，第91页。

③ J. Anthony Blair, “The Possibility and Actuality of Visual Argument”, *Argument and Advocacy*, 1996, p. 33.

④ 王希杰：《汉语修辞学》（修订本），北京：商务印书馆，2004年，第92页。

析。索绪尔的符号学虽然基本上以语言为模式，讨论局限于语言符号体系，但是他提出的作为符号体系基础的二元对立，已经让修辞进入了符号文本的构成。例如他提出任何符号文本都必有“组合/聚合双轴”，就是符号文本的修辞构成法。雅各布森 1956 年的名文《语言的两个方面与失语症的两种类型》，[1] 指出组合关系就是邻接（contiguity），聚合关系就是相似（similarity），他又往前推论一步，提出依靠相似性形成关系的，正是组成比喻（metaphor）的方式，因此聚合轴上各组分，互相关系类似比喻。而邻接的组分之间，形成转喻（metonymy，雅各布森说的转喻包括提喻）。这样，雅各布森就把符号文本的双轴，都拉到显现文本的修辞运作平面上。索绪尔-雅各布森的讨论是一个非常简明扼要，却异常深刻的见解，至今依然是任何符号文本不可避免的修辞构成原理。

而皮尔斯的符号学最基本的理据性符号三分法，是像似符号（icon）、指示符号（index）、规约符号（皮尔斯用 symbol）。像似符号实为隐喻，指示符号实为转喻，规约符号是一种替代，它们完全从修辞格演变而来。把修辞格作为符号理据性的最基本条件，修辞就不再是文本追求的效果，而是符号文本构成最重要的依据。如此观察，意义就是符号，符号就是修辞。而符号文本的基本构成，需要符义符码来解读，不是靠修辞附加符码来解读。或者说，用莫里斯提出的符号学领域三分法来说风格研究的属于符用学的范畴，而修辞研究的属于符形学与符义学的范畴。[2]

符号文本的修辞构成，不是个别前辈学者的见解。20 世纪大量学者，尤其是形式论学者，虽然没有上引几位符号学奠基人说的那样清晰明确，却多少都点明了文本的修辞构成：俄国形式主义的什克洛夫斯基指出“陌生化”这种修辞的技巧，实为艺术之所以为艺术的根本原因；20 世纪中期新批评派领袖兰色姆，反驳瑞恰慈的“诗歌是语言的情感

---

① Roman Jakobson, “Two Aspects of Language and Two Types of Aphasic Disturbance”, *Selected Writings II*, The Hague: Mouton, pp. 239－259.

② 胡光金：《莫里斯话语类型及其符用思想分析》，《符号与传媒》2017 年第 15 辑，第 72 页。

用法”之说，指出那是“心理主义”，诗的语言并不诉诸接受者的情感。他再三强调，所谓“诗歌技巧”远远不是为取得某种效果而添加的因素，而是诗歌文本的“本体性”①。新批评派群起响应这个立场：燕卜逊认为“远距比喻”不仅是修辞技巧而且是诗歌文本本质；布鲁克斯认为“反讽”“悖论”不仅仅是修辞技巧；退特认为语言内涵与外延之间形成的“张力”不仅是修辞技巧，而且是诗歌这门艺术立足的本质特征。而弗洛伊德在名著《梦的解析》提出的梦的工作机制——移置和凝缩，拉康认为实质上也就是隐喻与提喻；② 电影符号学家麦茨进一步推论认为，这也就是白日梦和幻想，乃至电影文本的基本修辞构成方式。③ 从凯尔克郭尔起，许多现代与后现代的思想家，则强调反讽修辞的力量，德曼和罗蒂，都再三提出“反讽主义”（ironism），“反讽主义”承认语言无法穿透表象看到本质，因此依赖传统的“形而上学世界观”的交流，不可能达成社会“共识”。反讽是时代要求的最基本的思维方式。在他们看来，反讽绝不是一种风格特征。④

传统修辞学讲究说服，新修辞学着眼于认同，都是为了加强效果，但是“认同”依然与风格的目的相似。而符号修辞学是为了理解文本的意义功能是如何产生的。说服-认同-意义生成，这三者之间的变化，是修辞学的巨大进展，对本章的讨论则是至为关键。如果把修辞看成是文本之上附加的行文方式，是为了增加文本的说服或认同效果，那的确与风格很难做本质区分；而在当代符号修辞学看来，修辞是任何符号文本本身的构造方式，是人类意义活动的根本方式，如果说有目的，就是意义生成本身。⑤

从这样的理解出发，也就可以在具体的文本分析上，看出“风格

---

① John Crowe Ransom, *The New Criticism*, New York: Greenwood Press, 1979, p. 145.

② 雅克·拉康：《拉康选集》，诸孝泉译，上海：上海三联书店，2001年，第442页。

③ 克里斯提安·麦茨：《想象的能指》，王志敏译，北京：中国广播电视出版社，2006年，第267页。

④ Richard Rorty, *Contingency, Irony and Solidarity*, Cambridge: Cambridge University Press, 1989.

⑤ 方小莉：《形式“犯框”与伦理“越界”》，《符号与传媒》2017年第14辑，第98—108页。

学”“文体学”“情感研究”“修辞学”四者的不同：例如一张人物照片，可以说是一连串修辞的结果，它们是文本的根本构成方式。像似为“比喻”、拍半身以喻全身为转喻、帽子衣饰为某个民族或某阶段文化的象征，等等，这些都是文本本身的符义编码，是这张照片本身的之所以为这张照片的根本原因。而采用彩色照片是个文体学的亚体裁选择；在照片上作浓淡冷暖色调选择，是文本的风格性附加符码；如果这让照片带上情感（例如“可爱”或“欲呕”），此种情感可能是照片文本本身（人物造型）表现出来的，也可能是情感性附加风格符码（例如 PS 过分）的效果。这四者虽然都是文本的品格，但并非必定混作一团，而是可以区分清楚的。

# 第二十章　泛艺术化：当代文化的必由之路

**【本章提要】**　学界关于“泛艺术化”的讨论，由于当代社会文化的演变，由于数字传媒的巨大渗透能力而更加迫切。这并不是个“审美”问题，而是艺术的地位问题：艺术在生活化，而生活在艺术化。从符号学的观点来看，这是意义溢出造成符号文本与社会文化向艺术表意一端倾斜。这个宏观的社会潮流延续了几个世纪，若不细分成若干文化现象，就无法真正了解这个影响人类历史进程的重大趋势。“泛艺术化”有五个面孔，即商品附加艺术、公共场所艺术、取自日常物的先锋艺术、生活方式艺术化、数字艺术。这五者包括了“艺术生活化”与“生活艺术化”两个方面，包括了历史上人类生活的艺术化进程，也包括了“泛艺术化”在数字时代的发展趋势。对于艺术理论界来说，批判应当，理解更迫切，而更重要的任务是寻找一个适用的理论，来解释这个肯定要继续发展的历史进程。

## 一、问题的由来

新世纪以来，关于“泛审美化”或“日常生活审美化”的讨论，据高建平的看法，构成了20世纪50年代“美学大讨论”和80年代“美学热”之后现代中国美学的“第三次高潮”[①]。这场讨论似乎至今都没有结束，不过也没有看到学界比较一致的意见。这倒是正常，文化领域的讨论，不应当只追求结论。激发思索，可能是一个更理想的结果。但是课题既然如此重要，讨论无疾而终，岂不太可惜了？

更重要的是，迫使这场讨论发生的社会文化局面，不但没有消失，而且变本加厉迅捷发展，全世界皆然，中国尤甚。尤其是数字传媒近年的飞速发展，使当代文化“泛艺术化”的局面更为严重。既如此，这场讨论也就不得不继续进行。须知，所谓第一、第二场“美学高潮”，都是中国学术内部逻辑的发展结果——50年代需要总结五四以来的经验以适应社会主义的需要；80年代思想界亟须变革拥抱改革开放——而目前这场讨论，表面上是国外讨论延伸进入中国，实际上是全球社会经济的变化所致，更是理解中国文化的深刻变化倒逼出来的。既然问题的迫切性依然存在，辩论的实际意义比先前更为迫切。

况且，就学术探索本身而言，如果经过十多年的讨论，连最基本的概念依然处于混乱之中，恐怕也不是严肃的学术讨论应该休息的时候。就拿本章的标题来说，所谓“泛艺术化”或“日常生活艺术化”，一直被大部分讨论者称作“泛审美化”与“日常生活审美化”。这不是一个简单的名称翻译问题，它关系到我们对这个问题根本性质的理解。关于“美学”与“艺术学”的关系，关于“审美”与“艺术”的关系，作者有另文详为辩论：这两个借自日文的术语，已经很不方便。[②] 虽为一词之异，牵涉对面临问题根本性质的理解，不可不郑重其事地细辨，本章最后会说到计算机创作的艺术，如果称之为“机器审美”未免荒诞加倍。

不过本章所引文字，原文的 aesthetics 或同列派生词，如果译为“美学”或“审美”，本章自然不便擅改，但笔者可以在此郑重提醒：所

① 高建平：《日常生活审美化与美学的复兴》，《天津师范大学学报》2010年第6期，第34页。

② 赵毅衡：《都是“审美”惹的祸：说“泛艺术化”》，《文艺争鸣》2011年7月号，第15页。

有这些词，代之以“艺术学”或“艺术”意义都更为清晰，因为讨论的问题的确不是主观上对“美”的欣赏，而是艺术与生活的关系。仅仅从这个角度来看问题，重新审视这场讨论都是有必要的。例如本章最后一节引用的鲍德里亚观点，是西方艺术理论界讨论这个问题的出发点，译成“审美化”与“美学”显然不如“艺术化”与“艺术”清晰。陶东风对“审美”这个中国、日本的习用词似乎有所不满，他在好几个地方用“审美/艺术”这样的拼合词，[①] 作为缓冲计固然不错，但总不是长远之计。

虽然十多年来这个问题国内外的讨论已经非常丰富，本章的目的是在一些关键问题的基础上，简要回顾历史发展与现状，重点试图展望这个问题的前景。重启这场讨论，不仅对当代艺术学的发展至关重要，更是关系到我们究竟能否对当今社会文化前进方向，有一个起码的整体理解与把握。金惠敏有云：“‘审美化’已经成为当代西方社会理论家把握现代化进程的一个重大命题”[②]，笔者认为所言极是，中国社会经济的发展，已经使“泛艺术化”成为一个在中国特别迫切的问题，而中国的“社会理论家”尚未作如此把握。

## 二、现代性是“泛艺术化”的开端

日常生活的艺术化，并不是从亚当、夏娃开始的。先民胼手砥足求温饱，求种族生育繁衍，其中的快感只是一种生理的需要，与求生存的紧迫性紧密地联系在一起。到社会出现阶级之后，少量的财物富裕使王公贵族，才有可能以超出日常生活的需要求得艺术，例如住所布置富丽，用品加繁华纹饰，佩剑盔甲涂以色彩等。这样的艺术表意大半依然是实用的，是构成社会体制的必要。只有当宗教领袖与机制构成后，才

---

① 陶东风：《日常生活审美化与文化研究的兴起——兼论文艺学的学科反思》，《浙江社会科学》2002 年第 1 期，第 166 页。

② 金惠敏：《图像-审美化与美学资本主义：试论费瑟斯通“日常生活审美化”思想及其寓意》，《解放军艺术学院学报》2010 年第 5 期，第 9 页。

有可能出现看起来“非功利”的艺术，在标记权力、宣扬教义意义上，艺术依然是功利的。艺术性就是工艺技术制造的精美超出社会平均水平的一部分，正如艺术这个词的希腊含义（techno）所示。因此，可以说，艺术的开端是手工艺品艺术，虽然尚不是“日常生活”的艺术。

情况发生变化，要到19世纪中叶工业化基本立足，中产阶级进入历史舞台之后。英国与法国出现了最早的“唯美主义”，即首先提出“为艺术而艺术”的法国诗人戈蒂耶以及英国的“拉斐尔前派”绘画与诗歌。第一个自觉地把艺术向日常生活推进的理论家，应当是拉斐尔前派的领袖之一，著名的“艺术社会主义者”威廉·莫里斯。他的艺术社会主义严厉批判资本主义现实，其艺术宗旨是“回到中世纪”。他认为中世纪每位工匠都是“艺术家”。莫里斯是诗人、画家，而他最著名的艺术实践是布匹花样以及其他日用工艺品的设计。莫里斯的“艺术社会主义”在当年看来是幼稚的乌托邦，马克思与恩格斯严厉地批评过这位社会主义盟友。从今天解释“泛艺术化”的需要看来，他的理论或许能给我们一些启示。

工业化给艺术带来的最大特点不是机械复制，而是“世俗化”(secularism)，美术史家泽德迈耶尔描述说：“再也没有《黛安娜与仙女》这样的绘画，只有《浴女》，已经没有《维纳斯》，只有《斜躺的裸女》或《坐着的裸女》……没了《圣母》，只有《女人和孩子》。”[①] 权力与宗教的特名，变成了“日常”的共名，艺术明显与世俗结合，至少向“日常生活”迈出了一大步。泽德迈耶尔称这种标题与内容变化为“绝对美术”，意思是艺术不再以神话的名义立足，一旦画“日常生活”情景，地位就独立了。

继而我们看到了一连串前赴后继的唯美主义者：奇装异服招摇过市的王尔德，走向神秘主义的波德莱尔等。王尔德的名言“不是艺术模仿生活，而是生活模仿艺术”，当初听来是有意惊吓俗人的俏皮话，今天

---

① 泽德迈耶尔：《艺术的分立》，见周宪主编：《艺术理论基本文献·西方当代卷》，北京：生活·读书·新知三联书店，2014年，第69页。

却显现了异常的深刻性；他的另一句名言："成为一件艺术品，就是生活的目标"出乎意料地为当今的"生活方式美学"开了先河。

在这样一个背景下，艺术"世俗化"理论，也就是"生活化"的潮流一直没有中断：尼采最早提出生活的艺术化。他说："只有作为审美现象，生存和世界才是永远有充分理由的。"[①]"演员的时代来临了，表演的真实替代我们生活的真实。"本雅明赞扬机械复制的俗艺术抛开了经典作品的"光晕"，这是当时批评主流所无法接受的，因此在法兰克福文化学派大出风头的20世纪五六十年代，他是个被同仁忘却的人物；到六七十年代，福柯才能理直气壮地把艺术演化成对当代文化总体批判原则，他认为人的生活应当艺术化，"自我改变，改变自己独特的存在，把自己的生活改变成一种具有审美价值和反映某种风格的标准的作品。"[②]

"生活的艺术化"是瓦尔特·佩特在《文艺复兴史研究》的结论部分明确提出的，但是大部分艺术家身体力行的，还只是"艺术的生活化"。这两个趋势在当代迎头对接，合起来演化成为"泛艺术化"的宏大的文化潮流。这就是为什么"泛艺术化"的讨论范围宽大得多，与"日常生活艺术化"不是同义词。

## 三、什么是"日常生活"？

本章旨在重论"泛艺术化"这个当代社会文化的总体局面，而不是国内论者讨论得最多的"日常生活审美化"。但是本节先讨论"生活"与"艺术"究竟有什么不同。

究竟什么是"日常生活"？一般有两种看法：讨论日常生活的哲学家，如赫勒、列斐伏尔、费瑟斯通等，认为日常生活就是"普通生活"，即日复一日的，循规蹈矩的，人与人之间类似的，个人悲喜与公众无涉

---

① 弗里德里希·尼采：《悲剧的诞生》，周国平译，上海：上海人民出版社，2009年，第21页。

② 米歇尔·福柯：《性经验史》，余碧平译，上海：上海人民出版社，2000年，第261页。

的，没有特别事件的生活，即“庸常生活”（所谓 mundanity）；而讨论泛艺术化的学者，认为只要是“艺术之外”的，都是“日常生活”。

应当说，后一个界定比较清楚：芸芸众生的生活常态，绝大部分非艺术，但也有艺术化的场合。例如打扮起来进行社交，例如听故事、看表演、舞狮子、贴窗花、画眉毛之类常规活动，至少在普通百姓自己的生活中，是脱离常规的，一定程度上艺术化的。因此，日常生活中一直存在艺术活动，这是自有人类文明就必有的“人类共项”[①]。本章讨论的问题，只是现代以来，这种艺术活动是否在扩张，扩张到何种地步，今后会在这个方向上走得多远。

从符号学的观点来看，“艺术之外的生活”，有非空间-时间式的界定方式。从符号文本意义的分解而言，任何物或事物，都是意义“三联体”，在物性-实用符号-艺术符号三者之间滑动。自然物或人造物、事件、事物，都是这个符号学意义上的“物”，三联情况普遍存在于任何事。大部分情况下，物的使用功能、符号的实用表意功能，二者混杂，构成一个二联体。但是，当一种物有可能携带无实用性的意义，此时它就可能成为一件意义超出实用而被欣赏的物品，即艺术品。当代分析美学家热衷讨论的课题：不是“何为艺术?”而是任一件物“何时为艺术?”[②] 这种貌似极端的讨论，根本的符号学理论根据在此：任何物都可能有艺术意义。

符号是“被认为携带着意义的感知”，当一个符号文本或文本中一部分，被认为携带着超出实用价值的意义，它就成为一件艺术品。“日常生活艺术化”，就是讨论这种“艺术化”的日常文本，或日常文本的“艺术化”部分的品格，而“泛艺术化”就是文化的符号文本越来越多地进入第三联“艺术意义”这种文化现象。

任何物中都有三个意义结合，也就是说任何物都是“物-符号-艺术”三联体，都有使用功能部分、实用表意部分、艺术表意部分，只是

---

① 宋颖：《消费主义视角下的服饰商品符号》，《符号与传媒》2017 年第 1 辑，第 30 页。

② 纳尔逊·古德曼：《构造世界的多种方式》，姬志闯译，柏泉校，上海：上海译文出版社，2007 年，第 70 页。

“展示”的语境不同，造成某种意义突出显示，某种意义隐而不彰。因此，当一件物或事物被认为有艺术表意功能，依然可以是一件日用之物。例如一只碗，无论做得如何精美，物性上是用来进食。它也具有许多实用意义，比如可以是中国文化的表征。它的使用功能部分和表意部分倾向哪一边，要由接收语境而定：在纽约伦敦巴黎，西方人捧起瓷碗，很可能有强烈的欣赏中国文化的意义；在中国用此碗，可能用其物功能较多。但如果把此碗陈列在美术馆展柜内，就只展示其艺术意义。

对同一件“物-符号-艺术”三联体（例如这只碗），它的物使用功能、实用表意功能、艺术表意功能，三者成反比例：前项大，后项就小。当它作为表意符号（例如表示餐馆豪华），它的使用功能比例就缩小；当它成为艺术（例如一件“钧窑”珍品），它就只能观看欣赏，前面两项都趋于消失。工艺品是有用或原先有用的物品，但其艺术价值，是超出使用性与实用意义价值的部分。关于这种三分式，西方学者有时候也体会到了，例如达顿提出“艺术对象，就其自身而言，皆为愉悦的一种来源，而非实用性工具抑或信息的来源”[①]。只是他没有把这种三分明确化为一种人类文化的普遍规律。

艺术品，是人工媒介生产的“纯符号”，它们不太可能当作“物”来使用，它们表达的意义中，也只有一部分是艺术意义。诗歌、美术，是文化体制规定的核心艺术体裁，但它们也可以有实用意义。《论语·阳货》：“子曰：‘小子，何莫学夫《诗》?《诗》可以兴，可以观，可以群，可以怨；迩之事父，远之事君；多识于鸟兽草木之名。’”《集解》引郑玄注：“观风俗之盛衰。”朱熹注：“考见得失。”《诗经》的确有“非艺术”的民俗或教育意义。

音乐常用来表达实用符号意义。《论语·阳货》：“礼云礼云，玉帛云乎哉？乐云乐云，钟鼓云乎哉?”孔子认为音乐的艺术形式只是细枝末节，政治教化功能才是大端。音乐的“实用表意”处处可见：得金牌

---

① 丹尼斯·达顿：“但是他们没有我们的艺术概念”，见诺埃尔·卡罗尔编著：《今日艺术理论》，殷曼楟等译，南京：南京大学出版社，2010年，第278—301页。

时奏国歌，欧盟开会演奏贝多芬《第九交响乐》合唱部分，此时音乐起仪式性符号表意作用。音乐的纯艺术作用，却在这些符号功能之外，在“非功能”的接收中才能出现。所有这些意义，即使是感情意义（“可以怨”），都是“实用符号表意”，这个部分，不是艺术意义部分。

日常生活艺术化古已有之，却只是有限意义上的艺术化。艺术史从工艺美术开始，只不过局限于“衣食足”的王公贵族与宗教阶层，要让器物精致制作超出平均水平，而且只有贵金属与玉石等存留至今。到现代，能供得起工艺装饰的阶层，扩大到中产阶级；到了当代，社会财富下渗，商品供给大于需求，形成所谓的“过剩经济”。对生活有多少超出温饱要求的“新中产阶级”，几乎覆盖全部的“白领阶层”，都想表现得供得起一定程度的艺术化。而适当高价的消费物（即所谓“轻奢品”affordable luxury），在向部分蓝领阶层伸手。而生产效率提高产生的大量余暇，使得公共建筑与旅游设计竞相以奇巧炫人。这就是我们称为当今“日常生活艺术化”文化现象的经济基础。

当今社会文化中的“泛艺术化”可见于五个方面：商品附加艺术、公共场所艺术、取自日常物的先锋艺术、生活方式艺术化、数字艺术。

## 四、商品附加艺术

这个消费社会最常见的现象是商品附加艺术。它实际上包括很多环节上的艺术追求：商品（不仅是日常用品）计划时的品牌命名、生产中的艺术式样设计、装帧与包装艺术化、营销（包括网上营销）中运用的大量艺术手段、广告的艺术化（包括请艺术界明星代言），等等。加上那么多艺术因素，商品会成为艺术品吗？显然不会，它们只是“商品艺术”，除非原先就是艺术品的商品，例如画集、绘画、音乐CD、古董等，这些可以是“艺术商品”。它们的艺术化几乎包围着我们，但是这些都依然是商品，他们的艺术化部分是有实用目的的。

这个区分在哪里呢？可以在商品中看到符号的普遍三联关系：一是一件衣服，其使用性与其物质组成有关，例如材料质量、加工的精致；

二是符号的实用表意功能，如品牌、格调、时尚、风味、价值、穿着场合和合适的身份，这些都是实用表意；三是艺术意义功能，如构图美观、色彩、与其他衣装的配合等。对于商品来说，第三部分的意义追求实际上是混合的，也就是说，一切是为了盈利服务的。

艺术意义是物品不追求实际利益的部分，而商品不可能不追求实际利益，因此，商品的艺术化，是使消费者暂时“悬搁”其商品本质的一种品格。当我们拿到一瓶装帧雅致的酒，我们可以暂时忘记这件商品用途与其价格。绝大部分餐具，作为消费品显然不是艺术，它的装饰本身也不是艺术，只有特殊的“多余的”装饰才可能是艺术。这也就是说：上面说的设计、装帧、包装、营销、广告，就其本来的文化功能而言，并不是艺术，我们无法否认，商品上加的艺术，无论如何抽象化，依然是为了销售，为了卖个好价。只有在脱离语境，即“悬置”物质性的条件下，附加成分才成为艺术。霍克海默与阿道尔诺早就指出：文化产业已经驱逐了康德的“无目的的合目的性”，而代之以“有目的的无目的性”。[①] 如果艺术能使接收者感觉到脱离庸常的升华，那么这个目的依然是合理的“非实用意义”艺术功能。[②]

在当今社会中，工艺品的艺术成分在增加。不仅是富人在挑漂亮用品，一般市场上的商品也在增加美观程度、设计的新颖感。这是社会的总趋势，不以个别例子为转移。虽然商品设计者必须时刻记得此商品面对的消费者的品位：对于“土豪”，无妨金碧辉煌；对于趣味比较高雅的消费者，就切忌露富。所谓“八大设计风格”，实际上是针对顾客需要的模式化营销策略。如此的“艺术化”相当实用，实在不能算艺术，但是就商品社会的总体而言，艺术化是商品流通的润滑剂，它对世界经济的贡献，至今未见到统计数字；而它对整个社会的文化面貌所起的作用，怎样估计都不会过分。当我们在银幕上看到19世纪工业化烟熏火燎的丑陋场景，我们实际上是比照当今新款跑车的流线外形做出的观

① 马克斯·霍克海默、西奥多·阿道尔诺：《启蒙辩证法》，洪佩郁等译，重庆：重庆出版社，1990年，第148—149页。

② 赵毅衡：《从符号学定义艺术：回到功能主义》，《当代文坛》2018年1月号，第2页。

察。艺术化不仅使当代社会外貌上显得“美观”，而且使当代消费经济发展获得“增强幸福感”的伦理优势。

## 五、公共场所艺术

当今文化中最醒目的“艺术化”，出现于城市公共场所。现代之前追求艺术附加值的建筑是宫殿与教堂；现代性高潮时期的特征是金融区密集的摩天大楼，而当代最花力气的异形建筑，大多为公共场所。[①] 机场、地铁、公共汽车站设计争奇斗艳。各种桥梁公路，造得使人一见难忘，叹为天工。各种博物馆、纪念馆内外设计都力求美轮美奂。商场、广场与公园必然饰以各种雕塑或壁画，各种剧场与会馆也添加多种美术因素。

营造“艺术环境”的最着力的，非旅游地莫属。旅游是往昔的贵族特权，现在是刺激消费的最有效方式。各种自然资源早就被发掘出来，而现在追寻的是创造各种“名人故里”“特色小镇”，或是像迪士尼那样无中生有的伪宫殿。如果了解原先这里曾是一片田野，就会惊叹各种“艺术化气泡”让人已经离开自然有多远。艾略特曾经把现代城市描写成“荒原”，当代的城市，哪怕人心依然荒芜不堪，至少在环境上完全迥异于荒原。当然这大多是旅游企业推销的“商品性服务”，但也是由于产业利润溢出，财政税收增加的余力。公共空间的艺术化，自埃及、希腊、罗马时代已经开始，那是政权与神权集中全国财力的结果，在今日几乎是所有新建筑或多或少的追求。

公共场所艺术化，还涉及一些似乎代价不大的艺术设置，例如各种店铺、餐厅、楼盘花园等几乎必有的背景音乐，电影中与主题关系不大的插曲。虽然大部分这些音乐被嘲笑为“轻俗音乐”，如恩雅的歌曲、克莱德曼的钢琴，或是中国古筝等，被称为“无处不在的音乐”

---

① 陶东风：《日常生活的审美化与文化研究的兴起——兼论文艺学的学科反思》，《浙江社会科学》2002年第1期，第165—170页。

(ubiquitous music)[1]。中国各地无所不在的广场舞，更是中国式养生文化的艺术化。它们营造的氛围似乎是艺术占满了整个城市空间，所谓“泛艺术化”的最大特点，正是水银泻地，无孔不入，无可逃逸。

公共场所的艺术化，与日用商品的艺术化合作，深入日常生活的每个角落，成为人们无时无刻不在接触的意义方式。其实公共场所的艺术化则因为其体量，因为其公众话题，更为触目，成为当今社会文化“泛艺术化”的一个最吸引眼球的表象。而且，与不加遮掩地迎合大众趣味“媚俗”的商品艺术化不同，公共场所“艺术”，往往由于社会精英的意志，而与先锋艺术联系在一起（例如引发争议的首都歌剧院与“央视”大楼），这就把我们的讨论引向最富于争议的下一节。

也有论者把“公共场所”理解为抽象的“公共空间”，也就是公众的政治参与。舒斯特曼认为当今“美学不仅包含在实践、表现和生活现实之中，同时也延伸到社会和政治领域”[2]。如此的“公共空间艺术化”，会让重大的政治经济问题讨论烟云模糊过去。笔者认为这种情况是可能存在的，但社会政治讨论失去严肃性，却不一定来自环境“艺术化”。这是两个层次的问题，不宜混为一谈，否则会夸大失实，甚至让对“泛艺术化”的批判都失去准星。

## 六、取自日常物的先锋艺术

上面两节说的是“生活的艺术化”。本章说过，“泛艺术化”有另外一面，即“艺术生活化”。这与反映论所说的“艺术反映现实、来自生活”完全是不同的事。反映论说的是艺术表现生活，指导生活，而先锋艺术的“艺术生活化”指的是艺术的形式材料取自生活自然，取消了艺术与生活的界限，“生活即艺术”。以物的多少直接的呈现，跳越传统艺

---

① 陆正兰：《“无处不在”的艺术与逆向麦克卢汉定义》，《重庆广播电视大学学报》2016年第6期，第11—15页。

② Richard Shusterman, *Pragmatic Aesthetics*, *Living Beauty*, *Rethinking Art*, New York: Rowan Littlefield, 2000, p. 15.

术的再现，鲍德里亚精辟地说过，这些艺术家与达达-超现实主义不同，后者是在创造孤立于世界之外的“独立的艺术世界”，而“杜尚不是在创造艺术世界，是把生活伪装成艺术”[①]。

就这个问题而言，“实验艺术”出现两条路线：从达达主义-超现实主义开始的现代艺术，似乎完全脱离对现实的模仿，从毕加索《阿维农少女》开始的立体主义，20世纪上半期格林伯格提倡的“向工具妥协”，把模仿现实完全排斥出视线之外。20世纪中期后，如弗朗西斯·培根失去人形的“肖像画”，一旦媒介化，媒介的表现能力就被前推，离生活的距离越来越远。

先锋“实验艺术”的另一个相反的倾向，是用“自然物”作艺术媒介：从杜尚命名为《泉》的小便池，以及沃霍尔肥皂擦子箱《布里洛箱子》开始的“现成物”（objet trouve）艺术，成为现代一股至今未休的潮流；钱亮的《物非物》系列，只是各种各样竹子的摆放，他的口号很说明问题：“玩物尚志”。

用现成物加工则更让人感受到艺术与生活的边界之模糊。理查德·汉密尔顿在他的拼贴画（collage）《是什么使今天的家庭如此独特、如此具有魅力》上贴了现成的报纸、广告等“实物”；机械的复制性再现，如沃霍尔的连续复印《坎贝尔汤罐》《玛丽莲·梦露》也是拒绝“艺术加工”式的再现；劳森博格的拼贴《黑市》《峡谷》则打开了抽象表现主义的新路线；1962年戴维·史密斯焊接工地堆积金属，约翰·张伯伦大量使用机器甚至汽车的碎片，所谓“集合艺术”（Assemblage）开始大行其道，生产的过剩在艺术材料中再现；徐冰用城建垃圾焊接而成的《凤凰》则为中国民族风格的“废品艺术”开创了重要先例。最过分的可能是意大利艺术家曼佐尼1961年临终前做的90罐《艺术家的大便》，原先开玩笑说要“与黄金价格同步浮动”，后来的拍卖价格竟然超过黄金。

甚至，音乐舞蹈这个艺术的最神秘圣殿，越来越多地使用“自然

---

① 让·鲍德里亚：《象征交换与死亡》，车槿山译，南京：译林出版社，2006年，第108页。

物”：从“反芭蕾”开始的现代舞，以生活中的不协调“非艺术”动作，构成现代舞蹈各流派的共同特点。街道的市嚣进入阿龙·科普兰的交响乐《寂静的都市》（*Quiet City*）；谭盾用水流与刮纸声为音符作交响乐《水乐》《纸乐》。生活中处处可以听到的“自然”噪音，构成音乐的“生活化”。20世纪六七十年代的“偶发戏剧”（Happenings）拒绝剧本，拒绝导演，拒绝排练，演到哪里是哪里，只因为“生活无剧本”。其创始人卡普罗声称“沿14街走比任何艺术杰作更让人惊奇”①。

实验艺术的两种完全相反的趋势，一种是离生活现实越来越远，完全以艺术体裁自身的可能性构成新的作品，另一种则是以捡拾生活的自然材料为艺术，把非艺术的物直接当成艺术载体。它们的共同特点是号称在追求“观念”，拒绝走模拟生活形象的老路。只是它们用了两条不同的路子逃避再现：一是过分扭曲，故意“不像”；二是完全以自然之物原样取用，以“是”代“像”。与生活同一，反而不再是符号再现，因为符号学的最基本原理就是再现必有距离，同一则不是符号。②

实验艺术的这个“回到日常物”趋向，在今日越做规模越大，引出一些与公共空间结合的新派别。例如“大地艺术”（earth art，又称“地景艺术”land art）在自然环境中做出大规模的艺术；斯密森1970年的“螺旋形防波堤”，使用了655吨石块搭出一个海堤；再例如盛行于日本、韩国以李禹焕为代表的“物派艺术”（Mono ha），用石头等自然物作为公共雕塑。朝微小的方面走，例如“生物艺术”（bioart）将生命体本身作为艺术载体；卡茨的GFP转基因艺术，用细胞的本态作为艺术，让观众在显微镜下观赏，可以用紫外线改变细菌活动。③

这些号称最先锋的“物艺术”，与自然中的美景，如广西的梯田、海南的“天涯海角”、黄山的迎客松，应当说没有什么根本的不同。只

---

① Allan Kaprow, “Happenings in the New York Scene”, *Essays on the Blurring of Art and Life*, Berkeley: University of California Press, 1996, p. 15.

② 参见赵毅衡：《符号学：原理与推演》第3版，南京：南京大学出版社，2015年，第86页。

③ 彭佳：《试论艺术与“前艺术”：一个符号学探索》，《南京社会科学》2017年第12期，第127页。

是那些是“真正的自然”，而这些艺术家的作品，号称用物的“无加工呈现”作为艺术载体。它们意图成为艺术，也经过一定方式被展示为艺术。观者欣赏的原因，正是它们体现了艺术家与天争巧的“意图性”。

正因为这些艺术与自然物本身并无区别，他们需要伴随文本的衬托，构成“展现为艺术的条件”。即使是杜尚的小便池那样惊世骇俗之作，也是靠各种伴随文本支持才成为艺术品：如果没有链文本（展示在美术展览会上），如果没有副文本（杜尚签的艺名，《泉》这个传统图画标题），就不会被当作艺术品。它似乎横空出世，割断了与文化的型文本联系，但如果没有整个超现实主义的潮流，以及半个多世纪欧美先锋主义的浪潮，没有这些潮流“型文本”为背景，杜尚这个“创新”可能太过于提前。而它掀起的大争论，提供了有效的评论文本，帮助它在艺术史上确立地位，以至于这个小便池是艺术，现在几乎没有艺术批评家敢否认。绝大部分学者只是在说明，他们为什么承认这件“日常物”是艺术。

## 七、生活方式艺术化

“泛艺术化”的第四种方式是“生活方式艺术化”。很多论者会认为这是艺术家的故作姿态，或是求仁得仁，并没有影响到整个社会。所谓把生活过成艺术，就是随心所欲，除了美，除了感官的享受，其他一律不顾。前文说过这是唯美主义者王尔德开的头：故意打扮招摇过市，以惊世骇俗。在现代之前，这样的“艺术生活方式”是要有勇气的。马克斯·韦伯说：“纵然像歌德这样的大家，当他冒昧地想把自己的生活当作艺术作品时，在人格上也受到了报复。”[①] 王尔德本人也受到上流社会的排挤，最后被判刑入狱。用“艺术方式”生活的人，在任何社会都会破坏伦理秩序，因为它们的构成原则正好相反。

---

① 马克斯·韦伯：“以学术为业”，《伦理之业》，王容芬译，桂林：广西师范大学出版社，2012年，第34页。

但是，“部分地”把自己的生活变成艺术，却是我们每个人都在做的事，也是人类文化的“共相”。费孝通教授就指出，人类学先前关心的是人的温饱，到晚年他关心的是如何让中国人过上“美好的生活”，他自己解释即是“向艺术境界发展的……艺术化的生活”[①]。例如打扮，以美饰我们的身体外表，这是我们很多时候不得不特别在意的事。虽是自古有之，但在现代与后现代时期，身体装扮变本加厉，今天在全世界，彩色染发与文身已经成为正常可接受行为即是一例。随着近年的购房热，中国人对家居装修的讲究可能是世界之最：地板用何种木材，墙壁用何种色调，都要讲究一番。西方住宅交易常规的二手房，在中国不受待见，其中的一大原因是新房主要求“合自己口味地装修”。

从更广的意义上说，“小康社会”的一个表征就是居民的社会实践逐渐趋向艺术化，生活中艺术的部分日益增多。一旦相当一部分经济活动与艺术有关，那么此经济基础的上层建筑，也会趋向于艺术性。当市场供应的衣服超出了实际需要，生产商就不得不在衣服的形式上变出各种花样，才能维持业务运转。而继续购买衣服的人看上的，主要是衣服的艺术性。由此，我们每一个人，穿衣服哪怕不跟着时装秀模特的榜样，至少要跟上街头衣装潮流。

当日常生活物功能越来越淡化，甚至身份表达功能（例如显示富裕程度）也淡化，表达个性就越来越重要。艺术最忌讳雷同，弄得女孩子最怕“撞衫”。衣装学哪一位走红毯女星，唱哪一位歌星唱过的歌，即使不是我的原创，选择也要体现我生活的艺术追求。哪怕是模仿跟风，跟的对象选择也需是个人独到。许多青少年热衷的cosplay聚会，招摇过市，开始时只是模仿漫画人物，现在花样增加，角色众多，独创性渐渐增多，他们是在向王尔德遥遥致意。

而从艺术家的生活来看，现代艺术家更热衷于把自己的（或别人的）生活变成艺术。20世纪以来，不断冒出把自己的生活和自己的艺术混为一谈的人，也就是亲身试验“生活即艺术”的人。法国剧作家

---

① 转引自方李莉：《中国艺术人类学发展之路》，《思想战线》2018年第1期。

让·热内，意大利导演帕索里尼，美国波普画家沃霍尔，美国歌手诗人莫里森、柯本等人，中国演员贾宏声、周立波等人，都以出入监狱、戒毒所，死于非命为生活常态。这些是名声闹得较大的，他们给整整一代年轻人做了生活方式的标杆。

而所谓“行为艺术”则直接把生活本有的动作姿势作为艺术，例如著名艺术家 Marina Abramovi 在纽约大都会博物馆凳子上静坐半个月，让别人来与他对视。王小帅导演的《极度寒冷》根据真实事件改编，而且用了主人公的真名齐雷。齐雷是京城一名行为艺术家。他的行为艺术是他生命的四个部分：立秋日土葬，冬至日溺死，立春日是象征性的火葬；夏至日，他将用自己的体温去融化一块巨大的冰，并以此结束自己生命。不少“装置艺术家”，也在把生活变成“艺术”。英国艺坛著名的“坏女孩”艾敏得到特纳奖提名，并且在佳士得拍出500万英镑的“名作”《我的床》，完全是一个邋遢女人的床，以及各种各样扔下的东西（烟头、酒瓶、带血迹的月经布、避孕套等）。

从某种意义上说，任何“行为艺术”都是用实际生活实践的艺术，不仅没有如传统艺术那样，在文本与现实之间保持一个距离（所谓“高于生活”）而是把实践就当作了艺术。戈夫曼的“表演论”原来是一种比喻性的说法，讨论“人生如戏”（而不是“戏如人生”），特别强调“社会舞台”演出的社会性。我们在日常生活中，通过表演进行人际互动，达到自我“印象管理”的一种手段。个体以戏剧性的方式在与他人或他们自身的互动中建构自身（“给予某种他所寻求的人物印象”），获得身份认同。[①] 这个说法现在越来越不像是比喻，而是我们生活中占比例越来越大的实践方式。

## 八、数字艺术

而让“泛艺术化”真正成为一个迫在眉睫的大问题，迫使今日文化

① 欧文·戈夫曼：《日常生活中的自我呈现》，黄爱华等译，杭州：浙江人民出版社，1989年。

研究学界不得不正视，还源自于两个在当代快速兴起，互相推动的媒介，它们彻底地改造了当今人类的生活，这就是图像化与电子化。

现代文化的“图像转向”（Picture Turn）讨论已久，图像使大众更能接触到艺术，也更容易理解艺术。20世纪初摄影术与电影使人类文化进入了“机械复制时代”，电视则使社会传播的根本方式突变。比起诗歌、小说等语言艺术媒介，图像媒介具有直观性，极容易被把握成共同性。正如贡布里希所说：“绘画不是在画纯粹的‘所见’，而是在画‘所知’。”[①] 任何再现的文本，目的是借助并且推进大众把握世界的图像方式。[②] 就这点而言，图像化并非只是让语言艺术地位降低，而是造成人类认知方式的根本性变化。

然而使图像化摧枯拉朽改变了整个文化的，是电子传媒。20世纪80年代出现互联网，互联网数量最巨大的传播对象就是图像。从90年代中期大行其道的MTV开始，我们就明白了我们面临的不是一种新媒介，而是一种崭新的艺术。CD，网络艺术，数字艺术，3D，VR电影，动画游戏，各种技术接踵而来，人类文化进入“超接触性”时代。[③] 新世纪开始的微博、微信、微传播狂热，更是让我们见到人手一架“手持终端”会对社会文化造成如何深刻的影响。王德胜认为这是“泛艺术化”真正实现的契机：“最大程度地制造审美普泛化……实现微时代美学重构性发展”[④]，从而证明他提出的“新的美学原则”到这时候就有充分理由被认真考虑。但“数字时代泛艺术化”造成的新局面，远不止是一种“消费美学”。

可以仿造麦克卢汉造一句的名言：“媒介即艺术。”[⑤] 数字媒介艺术的最大特点是无远弗届的实时性，以及交互反馈形成的“接收者强度参

---

① 贡布里希：《艺术与幻觉》，周彦译，长沙：湖南人民出版社，1987年，第45页。

② 杨向荣：《从语言学转向到图像转向：视觉时代的话语转型之反思》，《符号与传媒》2016年第13辑，第120页。

③ 陆正兰、赵毅衡：《“超接触性”时代到来：文本主导更替与文化变迁》，《文艺研究》2017年第5期。

④ 王德胜：《微时代：生活审美化与美学的重构》，《光明日报》14版，2015年4月29日。

⑤ 唐小林：《符号媒介论》，《符号与传媒》2015年第11辑，第139页。

与”。等到网络从把花大量投资才能经营的电视非体制化，到用一部手机就能制造“网红”，此时我们才明白，本章前文所说的各种“泛艺术化”，只是一种朦胧依稀的序幕前奏：要到电子时代，我们才真正进入了无孔不入的艺术文化之中。一个全新的社会文化形态正在形成，而且我们用尽我们的想象力，也很难跟得上这个“泛艺术化”对社会的改造速度。画廊或音乐厅跟上技术发展的速度，远远不及平头百姓生活介入电子艺术的速度。网络成为无墙的按钮即可进入的画廊博物馆，微言大义让位给娱乐性，让人惊异的艺术在个人网页的设计上使人耳目一新，天才在设计耸人听闻的标题上大显身手。这是一次真正的普通人的变革，人类文化普遍性的变革，不再是一些勇敢的艺术实验者冲在前面领导的运动。可以说，艺术的“泛电子化”才造成真正的“泛艺术化”，而且这是一个不可逆的趋势，今后的人类文化只能是高度电子图像艺术化的文化。

甚至连最不愿意被技术吞没的艺术家，也在各种美术展览中铺上了多媒体互动、数字录像、3D视觉、质感触动等“电子艺术体裁”。例如2004年开始的上海“影像生存”双年展，完全颠覆了艺术展的方式。但是先锋艺术、实验艺术，至今没有产生能让人印象深刻，存留历史的佳作。

而正在艺术家对着电脑绞尽脑汁时，电脑从人类手中抢过了艺术创造的魔杖。2015年开始大量出现了“人工智能艺术”，电脑不再满足于把任何照片“风格转移”成“特纳式”“毕加索式”“凡·高式”，把任何音符组成一个曲调，加上和声与配器。谷歌的“品红”（Magenta）按规定感情定制音乐；“深梦”（Deep Dream）计划创作的“机器画”想象力之丰富，拍得8000美元；电脑甚至开始创作剧本，并转制成电影，2016年的科幻片《电脑创作小说的那一天》通过了日本国家艺术奖的首轮匿名遴选，而清华大学的电脑诗人“小冰”佳作不断。

电脑不再是在记忆分析大量数据基础上模仿人类头脑思考方式，而是反过来指导人如何进行突破性的艺术创新。到这时候，电脑不是在帮助艺术家把物（例如影像）转化成艺术，电脑这个“物”生产“物艺术”让艺术家模仿，艺术成了从物到物的意义过程，“泛艺术化”才真正“泛”到淹没人类文化。

但愿这段话只是危言耸听。

当然，远非所有的物，都有可能得到足够伴随文本的支持，只因没有机会被展示为艺术，因此它们依然是物。所以我们只是说相当多实验艺术转向物的直接呈现，并没有说日常之物现在都可以成为艺术。但这种不属于艺术的事物成为艺术，却是对当代艺术哲学的最大挑战。“当某一声称自己为艺术对象或者事件表面上看来不属于艺术范例之时，‘何为艺术’这一疑问便理所当然地出现了。”[①]

到底物与艺术之间有什么区别？很多艺术哲学家都在恐慌：“有可能有一天由于一切都是艺术，一切都不再是艺术”[②]，由此艺术就被消灭了。这实际上是杞人忧天，因为得到“展示”与“伴随文本支持”的物幻变成艺术，机会总是有限的。丹托就明言：反对“任何东西都可以是艺术品（这个看法），如果真是这样，追求自我意识的艺术史便会到了尽头”[③]。因为“使艺术成为艺术的，并不是眼睛看得见的东西……艺术的定义仍旧还是一个哲学问题”。也就是说，艺术是人类的文化的一种区别性设置，人类并没有这种使艺术遍及整个世界，从而消灭自身的冲动，因为需要艺术来展现的“自我意识”，会因为艺术边界消失而无立足之地。应当说，至今人脑还在起一个关键作用，即在机器快速生产的大量作品中作选择，但是这一环总有一天被取消，那时艺术真的会“泛”到泛滥成灾。

我们现在面临的只是艺术发展的一种趋势，这种趋势越过了传统艺术的再现环节，让自然物与日常事件可以被展示为艺术。这是否已经改变了我们的“三联体滑动”规律？我们不能在杜尚的小便池里方便，也

---

① Annette Barnes, “Definition of Art”, Michael Kelly (ed.), *Encyclopedia of Aesthetics*, Vol. 1, p. 511.

② 蒂埃里·德·迪弗：《艺术之名：为了一种现代性的考古学》，秦海鹰译，长沙：湖南美术出版社，2001年，第30页。

③ Arthur Danto, *Transfiguration of the Commonplace: A Philosophy of Art*, Cambridge, Mass.: Harvard University Press, 1983, p. 177.

不能真的要一块沃霍尔的肥皂擦子洗锅；女仆把《我的床》清理干净，是艺术界的笑话。艺术依然是物性和实用意义的否定，依然是对指称性的跨越，无论它与自然日常事物有多大的像似。

## 九、关于“泛艺术化”的辩论

关于“泛艺术化”这场辩论，早在20世纪上半期就已经肇端，那时讨论只是集中于个别艺术现象，或是个别大众艺术体裁。艺术作为一种历史现象，一直是精英主义的。著名的法国实验戏剧家阿尔多公然声称观众不是戏剧艺术的元素之一：“倒并不是怕用超越性的宇宙关怀使观众腻歪得要死，而是用深刻思想来解释戏剧表演，与一般观众无关，观众根本不关心。但是他们必须在场，仅此一点与我们有关。”[①] 西班牙艺术哲学家奥尔特加在名文《艺术的非人化》明确声称：“一切现代艺术都不可能是通俗的，这绝非偶然，而是不可避免，注定如此。”但他已经嗅到了艺术命运的转折：“现代艺术的所有特征可以概括为一个，即它宣称自己是多么的不重要。”[②] 艺术已经开始成为日常生活现象。

一百多年来的“泛艺术”理论与实践所主张的说法，与艺术植根于生活体验的反映论，或是主张艺术“日常化”的杜威式经验主义艺术论，听起来相似，实际意义相反。反映或经验论说艺术应当反映生活，拥抱生活，并没有说生活就是艺术，这似乎是一场艺术与生活的捉迷藏游戏。生活与艺术本来就是互相渗透的，但是一般认为艺术“高于生活”而且“指导生活”。上述这批先锋艺术家，却反过来说生活就是艺术，或是说生活应当变成艺术。甚至最强调经典传统的哈罗德·布鲁姆也提出“生活文学化”：“对于文学与生活所做的任何人为区分或拆分，都是误导的。对我而言，文学不仅是生活中最精彩的部分，它就是生活

① Antonin Artaud, *Theatre and Its Double*, New York: Grove, 1958, p. 93.

② 奥尔特加：《艺术的非人化》，见周宪主编：《艺术理论基本文献·西方当代卷》，北京：生活·读书·新知三联书店，2014年，第25页。

本身，除此以外无它。”[①] 他的这个立场，强调的是生活本身即是艺术，而不是说生活可以成为艺术的材料，不是艺术将生活经验转换成艺术形式。所以，主张艺术泛化，生活即艺术的人士，实际上是在用艺术代替生活。

首先看穿这个秘密，并且系统抨击艺术泛化现象的，是以阿多尔诺为代表的法兰克福学派，他们主要动机是看到好莱坞电影与流行音乐对文化的冲击。这场辩论引出了现代学术的一个重要特点，就是对文化艺术的批判，总是归结于资本主义的市场和商品经济操纵，此传统一直延续至今，而且应当说不是没有道理。问题是大骂“资产阶级”不能完全解释，更不能彻底解决我们面对的文化现象。

当今对“泛艺术化”批评，来自20世纪八九十年代鲍德里亚对后现代消费经济的批判。他批判的对象却是整个社会生活的“艺术化”：“今天政治、社会、历史、经济等全部日常现实，都吸收了超现实主义的仿真维度：我们都已经生活在现实的‘美学’幻觉中了。”[②] “艺术不再是被纳入一个超越性的理型，而是被消解在一个对日常生活的普遍审美化之中，即让位于图像的单纯循环，让位于平淡无奇的泛美学。”[③]

沿着鲍德里亚的批判路线，首先提出“日常生活艺术化”的是英国学者费瑟斯通1991年的《日常生活审美化》一文，[④] 系统提出“泛艺术化”的是德国哲学家韦尔施1996年的著作《重构美学》，[⑤] 两位的著作迅速被翻译成中文出版，得到中国学者的广泛注意，并且因为与中国占领社会的消费文化实践密切相关，引发了国内学界的争论，在新世纪形

---

① Harold Bloom, The *Anatomy of Influence*: *Literature as a Way of Life*, New Haven & New York: Yale University Press, 2011, p. 4.

② 让·鲍德里亚：《象征交换与死亡》，车槿山译，南京：译林出版社，2006年，第108页。

③ Jean Baudrillard, *The Transparency of Evil*, *Essays on Extreme Phenomena*, tr. James Benedict, London: Verso, 1993, p. 11；转引自金惠敏：《图像-审美化与美学资本主义：试论费瑟斯通“日常生活审美化”思想及其寓意》，《解放军艺术学院学报》2010年第5期，第9页。

④ Mike Featherstone, *Consumer Culture and Postmodernism*, London & New York: SAGE, 1991.

⑤ Wolfgang Welsch, *Grenzgänge der Ästhetik*, Ditzingen: Reclam, 1996. 此书英文版第二年出版（*Undoing Aesthetics*, London: SAGE, 1997）.

成了本章前面说到过的“美学讨论高潮”。

无论是这两个术语的提出者，还是继续发表意见的学者，绝大多数人对这个文化现象持批判态度，担心人类文化的未来。韦尔施称“泛艺术化”为“浅层艺术化”，指出其危害性在于“用艺术因素来装扮自己，用艺术眼光来给现实裹上一层糖衣”[①]。他指出这种肤浅的“泛艺术化”是粗滥的艺术，是配合消费目的的泛滥复制，导致日常生活美感钝化（韦尔施用了个双关语称之为“麻醉化”anaesthetization）。韦尔施还特别反对公共空间的“艺术化”，因为他认为艺术在那里应当“拙朴、断裂”，因为那里应当有“崇高”的气氛。“在今天，公共空间中的艺术的真正任务是：挺身而出反对美艳审美化，而不是去应和它。”[②]

在中国的讨论中，也是批判的声音占了绝大多数，而且至今反对批判者在论争中占多数，这是知识分子对庸俗文化的自然反应：文化市场兴起，许多现象让知识分子不满。例如电视上跟风造成同质化，例如“超女”风、“快男”风、相亲风、达人秀，大部分是国外节目的克隆。各种名著改编的电视剧粗制滥造，穿帮过多，糟蹋原著，“手撕鬼子”式的电视剧充斥市场。[③] 文化市场化也造就了一批艺术中间商，他们决定了百姓的艺术标准。费瑟斯通描写的“新型文化媒介人”，在中国以策划人、娱乐记者、导演等身份出现。周宪称之为“文化中产阶级”。尤其在新世纪初期，贫富分化还特别明显的时候，童庆炳对“日常生活审美化”的评语一针见血：“那是二环路以内的问题”，“是部分城里人的美学”。[④] 这是中国文化批评的第一场论争，应当说专家们的态度都很严肃，表明自己的立场也是认真坦率的。赵勇、姜文振、耿波等人的批判也是文辞激烈。

在批判者阵营中，鲁枢元的立场是很典型的，他认为“泛艺术化”

---

① 沃尔夫冈·韦尔施：《重构美学》，陆扬译，上海：上海译文出版社，2002年，第5页。

② 同上书，第168页。

③ 孙敏：《影视传媒的泛审美化与审美救赎》，《艺术百家》2015年第1期，第234—235页。

④ 童庆炳：《“日常生活审美化”与文艺学的“越界”》，《人文杂志》2004年第5期，第3页。

是少数人控制的话语，多数人只是受商业的操纵，中国社会被引向四个陷阱：价值陷阱、市场操控、生态危机、全球化陷阱。[①] 如果这些争议之词尚属于争论早期，潘知常则在2017年著文，认为当代中国的大众日常文化是“华丽衣服下根本无国王”。面对这个局面，中国的知识人“哪怕最后只剩下虚无，但假如因此而稍显真实，假如因此而打击了‘日常生活审美化’的虚妄，那便已经获得精神上的胜利”[②]。这个表态语气激愤，知识分子与市场化的庸俗的确很难妥协。困难在于：我们面对的现实并不因为我们的批评而消失，下面如何做文章呢？

鉴于20世纪50年代法兰克福学派的批判形成伯明翰学派的反弹，也有文化研究专家主张谨慎对待“泛艺术化”，这一派主要有朱立元、高建平、陶东风等。朱立元的立场相当典型：“在当代中国语境下，不能采取法兰克福学派批判大众文化那种态度，而应当对大众通俗文学热情地批评，规范，引导，提倡雅俗共赏之路。”[③] 这番话的基本要求，是容忍和改造。高建平也认为学界在任何情况下“应当坚持批判的立场”[④]；陶东风认为自己是阐释者而非立法者，也就是说，他无权立法取消俗文化，但是阐释也“并不包含有为之辩护的立场”[⑤]。

至今对“日常生活审美化”明确发出赞美之声的是王德胜，他提倡一种“新的美学原则”：“即非超越性的、消费性的日常生活活动的美学和理性。”[⑥] 他认为这种美学主张“感性生存的权力”是“世俗大众的梦想”。[⑦] 王德胜教授敢于力排众议，为“消费美学”服务，应当说这

---

① 鲁枢元：《评所谓“新的美学原则”的崛起：“审美日常生活化”的价值取向析疑》，《文艺争鸣》2004年第3期，第7页。

② 潘知常：《“日常生活审美化”问题的美学困局》，《中州学刊》2017年第6期，第169页。

③ 朱立元、张诚：《文学的边界就是文艺学的边界》，《学术月刊》2005年第2期，第12页。

④ 高建平：《日常生活审美化与美学的复兴》，《天津师范大学学报》2010年第6期，第43页。

⑤ 陶东风：《日常生活审美化与文化研究的兴起——兼论文艺学的学科反思》，《浙江社会科学》2002年第1期，第168页。

⑥ 王德胜：《视像的快感：我们时代日常生活的美学现实》，《文艺争鸣》2003年第6期，第8页。

⑦ 王德胜：《为“新的美学原则”辩护：答鲁枢元教授》，《文艺争鸣》2004年第5期，第10页。

是有勇气的。但他的“新的美学原则”是一种“存在即合理”式的为现状辩护，并非一个艺术理论的结论。这样的辩护，只是立场独特，而无法对当今艺术理论做出一个新的推动。

## 十、泛艺术化是人类文化的前行方向

当今“泛艺术化”的现状，并不是无需批判的。土豪式的夸富浪费，无聊的小资炫耀追求，老百姓的拜金俗习，艺术家剑走偏锋出名，豪门寡头（包括“富二代”）对社会趣味的操纵，都是当今“泛艺术化”文化中不可忽视的问题，不仅让知识分子忧心忡忡，也让有良知的百姓为文化现状忧虑。第三世界生活在赤贫线上的许多城乡居民、在欧美国家靠救助金生活的底层，以及移民大众，构成了相当大的一部分人口，他们是被排除在“泛艺术化”之外的。因此，所谓“艺术化的日常生活”，依然是一种多少有点特权的生活，远不是一种“全民艺术化”，“泛艺术化”依然包含着文化权利的分配问题。任何讨论者，不可能将这点置之脑后。

但是对整个社会文化的变迁做一个符号学的分析，就可以看到图景比这些问题宏大得多。当今艺术理论界或许应当多看全局走势，更应该寻找对当今文化有解释力的理论资源。我们可以看到，“泛艺术化”的五个方面，每一个都是人类文化自身发展的结果，不以任何个人的意志为转移的，是不可逆的历史趋势。对任何人、任何社会，这种趋势都有利有弊，既然大趋势不受控制，如果我们相信人类社会终究是要前进的，那么“泛艺术化”有利于人类社会方面会渐渐占上风。

文化的“泛艺术化”有助于社会的构造意义原则得以顺利贯穿，商品作为符号三联体，都是在表达意义的。社会文化的构成，必然以一定的伦理意义（例如民族大义、道德要求、公益素质）作为构造原则。[①]厄尔文提出，艺术能成为社会运作的润滑剂，因为“道德需要自我牺

---

① 方小莉：《形式“犯框”与伦理“越界”》，《符号与传媒》2017年第14辑，第99页。

性……但是艺术力量可以消除这种不适感，使人更倾向于做一个道德的人。"[①] 这种看法很有见解：人的本质，既是艺术的（所谓"艺术人" homo estheticus），更是伦理的（所谓"道德人" homo ethicus），人性的这两个维度总处在冲突中，而"泛艺术化"有助于它们最后得到贯通。

而从符号学艺术哲学的角度来说，"泛艺术化"就是艺术的本态，是人类文明一开始就注定的前程：既然任何物都是符号三联体，那么任何物都包含着艺术的本性。从符号学的观点来看，这是社会的大规模意义溢出，造成符号文本集合而成的社会文化向艺术表意一端倾斜，本章说的各种现象概由此而出。"泛艺术化"这个历史过程已经延续了几个世纪，可以明确地说不可逆转。对于中国艺术理论界来说，批判应当，理解更为迫切。

海德格尔讨论凡·高画的农鞋时，说了一句常被人津津乐道，却很少有人能解释得比较清晰的话："艺术的本质或许就是，存在者的真理自行设置入作品。"[②] 笔者的看法是：在绝大部分的事物中，符号的三联意义都是潜在地存在的，只是在非艺术的场合中，艺术意义被有用的"物性"所遮蔽（例如农鞋在泥泞中的跋涉），被意义的实用性所遮蔽（表示农民清苦的消费身份），而凡·高的画去除了这两层遮蔽，它不是这两种有用性的描写，而是这两种有用性的悬搁，从而让观者注意到被我们忽视的艺术意义，使我们意识到人生与世界之间的意义之网。

至于凡·高用架上画，杜尚可以到展览会上放一双现成的农鞋，沃霍尔可以印出农鞋的连续画，劳森伯格可以把农鞋画拼贴起来，张伯伦可以把农鞋与其他物用胶水黏合……它们取得的艺术效果很不同，但对不同的观者都可以成为艺术，因为他们都可能感到物性被取消、实用意义被悬置，艺术性这个"自行置入作品的真理"（das Sich-ins-Werk-

---

① Sherri Irvin, "The Pervasiveness of Aesthetic in Ordinary Experience", *British Journal of Aesthetics*, January 2008, pp. 29—44.

② 马丁·海德格尔："艺术作品的本源"，《林中路》，孙周兴译，上海：上海译文出版社，2004年，第21页。

Setzen der Wahrheit）对他们显示了出来。

上面说的是纯艺术，同样，一件商品，一只碗，制作得很悦目，这艺术化部分，哪怕只是碗的一部分，也可以搁置碗的工具性和工艺意义，显现碗这个“艺术作品”中本来植入的真理。如果我们的社会文化中有越来越多的事物，被“泛艺术化”朝本来隐而不彰的“真理”推进时，当我们的文化越来越多地揭示生活发人深省的地方，我们有什么理由不为面对挑战而兴奋起来呢？

# 第二十一章　艺术“虚而非伪”

**【本章提要】**　《管锥编》中关于艺术意义的“虚而非伪”，前后约七篇文字，合起来读，构成了中国文艺理论中第一篇关于艺术“指称”问题的详尽讨论，而且是符号学式的讨论。钱锺书在中国学界第一个引用了皮尔斯的“三方关系”，但是他立即指出从先秦到汉魏中国论者更为透彻的理解，其艺术“无实指”更有意义。他尤其借陈琳《为曹洪与魏太子书》的“欲盖弥彰”妙例，点出了艺术假戏假看中的真戏真看的复杂关系。用这种方式读，我们可以看出《管锥编》的确是中国当代符号学的开山之作。

## 一

《管锥编》的笔记写法，是特殊年代不得已而为之。必须用这种贯穿类似篇目的“合读”法，才会找到论证坚实、引证完美的长篇论著，而且，用这种方式读，我们发现《管锥编》的确是中国当代符号学的开山之作。

例如此书前后约有七篇文字，从不同角度讨论文学艺术的“虚而非伪”。钱先生也提醒我们前后参照着读：第三册《全后汉文》卷九二中，提醒我们参照第二册《太平广记》卷论、卷四五九及《老子王弼注》卷论、一章。重版的《管锥编》又对这几条作了增补。把这些文字合起来，就是一篇讨论符号学中一个最困难问题，即艺术符号“述真”（veridiction）问题的长文。

《管锥编》成书于“文化大革命”时期，写法不得不特殊一些。以上关于文学表意“虚而非伪”的各篇，是中国学界第一次推介皮尔斯符号学，“文化大革命”前语言学界只是简略批判过索绪尔，中国学界尚未注意到符号学。钱先生一如既往，对国外论家只是提取精华，三言两语引用，对准中国典籍，一击而透要害。《管锥编》引用皮尔斯，讨论艺术最本质也是最困难的问题，即“虚”与“实”的配置。

艺术以“虚”为框架，以真实“非伪”为核心，此说论者甚多。但是钱先生不满于中外古人的陈说（刘勰的“夸饰”论、维科等人的“诗歌真理”说），而是从不同侧面解说中外古今许多例子，推出艺术表意的一连串虚实悖论：不是艺术表现悖论，而是艺术悖论式地表现；艺术是一种真实的谎言，是自我否定蕴含着肯定；艺术所肯定的东西，依赖否定才成立。钱先生的这个系列文章，成为对艺术符号学的重大贡献。

这个系列的第一篇，是第一册《毛诗正义》“河广”论卷。“谁谓河广？曾不容刀”，《文心雕龙·夸饰》说到“文词所被，夸饰恒存……辞虽已甚，其义无害也”，钱先生指出《文心雕龙》此篇没有说明夸饰的原因，不能让人满意。夸张本是艺术中最常见的，最需要回答的问题，是为什么文学艺术会“语之虚实与语之诚伪，相连而不相等，一而二焉”[①]。因此，钱先生洋洋洒洒举了许多例子，说明“言之虚者，非言之伪也，叩之物而不实者，非本心之不诚者也”。因此，艺术的特点是表意过程分化：“文词有虚而非伪，诚而不实”。“虚”与“非伪”，“不实”与“诚”，构成了艺术表意的两个基本层次，互为条件，互相配合。艺术表意必然是“虚”与“非伪”的某种结合方式，两者不可能缺其一。

---

① 钱锺书：《管锥编》第一册，北京：生活·读书·新知三联书店，2007年，第166页。顺便说一句：《管锥编》对《文心雕龙》不满的地方有多处，往往是因为描述现象多，探求原因少。

然后必须讨论的是这两层如何配置。首先，从原则上说，符号表意本来就不可能完全指实，钱先生指出："形下之迹虽不足以比伦老子所谓'道'，而未尝不可借以效韩非之'喻老'"[1]，原因倒是《老子》自己点明的："夫唯不可识，故强为之容。"任何表意多少都是强不可说为说。艺术只是把表意活动固有的分裂加剧了，这种分裂不是如一般教材所说的"外虚而内实"，形式虚而内容实，而是表意本身的分化。

在谈及陆机《文赋》的论卷中，钱先生直接引皮尔斯的符号学，以及瑞恰慈的语义学，来解释其中的三角关系，指出现代符号学这个"表达意旨"（semiosis）过程，实际上墨子（《小取》《经说》）、刘勰（《文心雕龙》）、陆机（《文赋》），陆贽（《翰苑集》）等都已经提论及，只是用词稍有不同。可以把钱先生的看法画成这样一张简表：

钱锺书：符号-事物-思想或提示

皮尔斯：sign-object-interpretant

瑞恰慈：symbol-referent-thought of reference

墨子：名-实-举

刘勰：辞-事-情

陆机：文-物-意

陆贽：言-事-心

孟子：文-辞-志

钱先生说："'思想'或'提示'、'举'与'意'也。"[2] 他是在指出：墨子与陆机的用词比较准确：陆贽的"心"，与瑞恰慈一样，有强烈的心理主义（psychologism）倾向，刘勰的"情"也与瑞恰慈一样归之于情感。[3] 而"举"则贴切皮尔斯描述的符号过程特点，"以名举

---

① 钱锺书：《管锥编》第二册，北京：生活·读书·新知三联书店，2007年，第670页。

② 钱锺书：《管锥编》第三册，北京：生活·读书·新知三联书店，2007年，第1864页。

③ 瑞恰慈说"艺术与科学的不同……在于其陈述的目的是用它所指称的东西产生一种感情或态度"，I. A. Richards, *Principles of Literary Criticism*, London: Kegan Paul, Trench, Trubner: 1924, p. 267.

实"，引发或指向"符号的效果"（effect）。[①] 至于第二项，object，钱先生沿用墨子之名"实"，译为"事物"，比现在符号学界和哲学界的译法"客体"，准确多了。译成"客体"，不知是独立于思想客观存在的物理"客体"，还是指与主体相对的思想"客体"，或是认为二者本来就合一，有意无意混淆两者，造成很多混乱。"事物"，则可事可物。关于孟子的讨论，略有不同，下面有细谈。

而艺术，则颠覆了这个三角关系的平衡：艺术表意的特点是"文-物-意"三者之间的不称不逮。文在，但是文不足；意在，但是意不称。相对于第二项"事物"出现文不足与意不称的对象，正是因为"表达意旨"（semiosis）过程越过了"所指之事物"，指向"思想或提示"，这才使艺术的文特别自由，而意特别丰富。钱先生借《史记·商君列传》建议称之为"貌言"[②]。因为它们有意牺牲直指，跳过了指称指向意义，因此艺术的意义也就成了脱离指称的意义，在艺术表意中，指称的事物多少只是一个虚假姿势，一个不得不存而不论的功能。

瑞恰慈称这样的"诗歌语言"为"non-referential pseudo-statement"（钱先生译瑞恰慈此语为"羌无实指之假充陈述"），认为与茵伽顿的"quasi-urteile"，奥赫曼的"quasi-speechact"相类。[③]但是钱先生所引《关尹子》关于"无实指"的说法，比这几位更为生动："知物之伪者，不必去物，比如见土牛木马，虽情存牛马之名，而心忘牛马之实。"[④]

因此，艺术让接受者不能"尽信之"，又不能"尽不信之"。[⑤] 钱先生认为刘勰等人不明白艺术"虚言"的因由，是没有看懂《孟子》关于"志"和"辞"的讨论。我觉得钱锺书想必是指《孟子·万章》："故说诗者，不以文害辞，不以辞害志。以意逆志，是谓得之。"现在一般的

---

① C. S. Peirce, *Collected Papers*, Cambridge, Mass.: Harvard University Press, 1931—1958, Vol. 5, p. 484. Quoted in Winfried Noth (ed.), *Handbook of Semiotics*, Bloomington & Indianapolis: Indiana University Press, 1990, p. 42.

② 钱锺书：《管锥编》第一册，北京：生活·读书·新知三联书店，2007年，第166页。

③ 同上书，168页。

④ 同上书，167页。

⑤ 同上。

解释是“不要拘于文字而误解词句，也不要拘于词句而误解原意”，如此解，实际上“文”与“辞”重复，说不通。另一种说法是“文”指书面文本；“辞”从舌，原指口头言语。这样听起来孟子是在讨论西方当代哲学关注的书写与口语断裂问题，显然不是这么一回事。[①]

根据钱先生这篇文字的贯穿想法，我认为孟子说的“文”可以理解为文采，包括“夸饰”“华言”“虚”，而“辞”是实在地进行意指的语言文字，即我们说的“科学/实用”用语。《荀子·正名》有“辞也者，兼异实之名，以论一意也。”注：“说事之言辞。”“志”是意义，所以解释者“以意逆志”，以得出意义为目标，而不是回到可能不对应的“文”与“辞”。我个人觉得在钱先生心中，孟子说的“文”“辞”“志”，大致对应于他在本节反复申说的“三方联系”（tri-relative）。只有按照《毛诗正义》“河广”论卷的主旨来理解，钱先生收结这一节的话，才让人明白：“孟子含而未申之意，遂而昭然。”[②]

艺术的这个“跳过指称”本质，很多人理解，但是没有人解释得如钱锺书先生那么清楚。不少符号学家认为艺术意义的本质是没有所指的能指。巴尔特说，文学是“在比赛中击败所指，击败规律，击败父亲”；科尔迪说，艺术是“有预谋地杀害所指”。这些话很痛快，但是艺术的意义完全被取消了，就只剩下孤零零的形式？另一些人认为艺术的意义只是不得已的骗局。艾略特有妙语：诗的意义的主要用途，如小偷对付看家狗的一片好肉，用之可以潜入室内。[③] 兰色姆的比喻可能更让人解颐：诗的“构架”（structure）即“逻辑上连贯的意义”，能起的作用，只是对诗本质性的“肌质”（texture）挡路，因为诗之美就在于跳过构架意义，进行障碍赛跑。[④]

所有这些“否定所指”论者，实际上没有看到，艺术是有意义的，

---

① 景德详：《德国近代史中的断裂与延续》，《中国社会科学院院报》2004年2月17日，第6页。

② 同上书，第168页。

③ T. S. Eliot, *Selected Essays 1917—1932*, London: Faber & Faber, 1933, p. 125.

④ John Crowe Ransom, “Criticism as Pure Speculation”, in Morton D. Zabel (ed.), *Literary Opinions in America*, New York: Harper & Brothers, 1937, p. 194.

只是多少"跳过了"意义的实指部分，直接进入钱先生说的"提示"，因此在这里索绪尔的两分法很不方便，必须用皮尔斯的三分式。反过来这也就解释了为什么何文焕在《历代诗话索考》一文中说"解诗不可泥……而断无不可解之理"，艺术总是可以解释出意义的。为什么徐冰的装置艺术《天书》印出三千汉字，没有一个字有意义，但是这个艺术作品意义无穷？[①] 为什么"香稻啄余鹦鹉粒"是通顺的诗句？因为诗歌的意义压力，使其混乱的词序重构到可理解的程度。[②] 乔姆斯基在1957年造出"不可能有意义"的句子，用来挑战语法概率论模式"无色的绿思狂暴地沉睡"（Colorless green ideas sleep furiously）[③]，但赵元任在他的名文《从胡说中寻找意义》（"Making Sense out of Nonsense"）证明：在释义压力下它必须有意义。[④] 卡洛尔《爱丽丝镜中奇遇记》中爱丽丝在国王房间中发现的那首胡诌诗（"Twas brillig, and the slithy toves"）整篇音韵铿锵煞有介事，却无一有意义的词，R. P. 布莱克穆尔盛赞此诗是"艺术中成为达达主义和超现实主义的整个运动的先驱"[⑤]。托多洛夫也认为："自创语言永远是有根据的，自创词语者的新词，或是语言的，或是反语言的，但永远不会是非语言的。"[⑥] 艺术永远有意义：越是"虚"，只要解释者不"泥"，离开指称"事物"越远，就越有意义。

---

① 讨论《天书》意义的学术论文多达七十多篇。徐冰自己对《天书》的解说很有力地证明了意义的确是阐释压力的产物："当你认真地假戏真做到了一定程度时……当那书做得很漂亮，就像圣书那样，这么漂亮，这么郑重其事的书，怎么可能读不出内容？……刚一进展厅，他（参观者）会以为这些字都是错的，但时间长了，当他发现到处都是错字的时候，这时他就会有一种倒错感，他会对自己有所怀疑。"（徐冰：《让知识分子不舒服》，《南方周末》2002年11月29日）。

② 钱锺书的《管锥编》第一册第249－251页讨论了许多例子，讨论 verbal contortion and dislocation，说明诗中"不通欠顺"的句子，从《诗经》起就很多。

③ Noam Chomsky, *Syntactic Structures*, The Hague & Paris: Mouton, 1957, p. 15.

④ Yuen Ren Chao, "Making Sense out of Nonsense", *The Sesquipedalian*, Vol. VII, No. 32, June 12, 1997.

⑤ R. P. Blackmur, *Language as Gesture: Essays in Poetry*, New York: Harcourt, 1952, p. 41.

⑥ 托多洛夫：《象征理论》，北京：商务印书馆，2004年，第364页。

## 二

除了上面说的把指称事物推入“虚”境，艺术尚可有其他两种虚实配置方式。《管锥编》第二册《楚辞洪兴祖补注》“离骚”论卷洋洋万余言，用相当多篇幅讨论了一个诗学原理“事奇而理固有”。钱先生指出，《楚辞》多有“岨峿不安之处”，艺术中本来就不可能没有不合理部分。钱先生比之于三段论（syllogism），艺术的不经无稽，可以在框架中，可以“比于大前提，然离奇荒诞的情节亦须贯穿谐合，诞而成理，其而有法。如既具此大前提，即小前提与结论本之因之，循规矩以作推演”[①]。钱先生举的例子是《西游记》中二郎神与孙悟空斗法，孙悟空与牛魔王斗法，你变一兽，我变另一兽尅你：变是荒诞不经，一物降一物之却是顺条有理。《管锥编》初版后，钱先生意犹未尽，再版中对此条增补了不少例子。从格林童话，到西方民谣，到卡尔维诺，到《古今小说》，到《贤愚经》，看来各民族都喜说魔术，而斗法之道，弱强分明，如出一辙。

钱先生的结论，引自《平妖传》：“不来由客，来时由主”：想象进入艺术文本，就不得不进入一定的道理：任何艺术想象只能一部分离谱，一部分经验；一部分虚，一部分实。从虚开始，据实展开，然后结论才让人觉得有趣而信服。笔者觉得这个规律可以进一步扩展：任何艺术表意，无理之中必然包括有理部分；甚至任何幻觉梦想，超经验之中必然包含经验材料部分。荣格推进弗洛伊德关于梦的分析，认为：“梦必然抽取‘经验材料层’（layer of experiential material）来平衡自我的偏向。”任何想象，都必须包含经验材料，虚构往往是框架，而以经验材料充实之。

任何艺术，任何想象，都在符号的形象性（iconicity）中运动，文学虽然是由规约符号即语言组成，但是艺术语言文本组成了二级相似符

① 钱锺书：《管锥编》第二册，北京：生活·读书·新知三联书店，2007年，第905页。

号，即语象（verbal icon）。而所有的像似都是以经验为基础的，都是锚定在经验材料上的。因此，像似符号的基础元素是在理的，即所谓“有理据”（motivated）。

经验的“在理”，与想象的汪洋恣肆，成了优秀艺术召唤的两极。《离骚》中“为余驾飞龙兮”，隔几行说到在流沙赤水，却不得不“麾蛟龙使梁津兮”。钱先生嘲弄道：既然是乘坐有翼之飞龙，“乃竟不能飞度流沙赤水而有待于津梁耶？有翼能飞之龙讵不如无翼之蛟龙耶？”[①] 钱先生批评此类文字“文中情节不贯，犹思辨之堕自相矛盾”[②]。远不如孙悟空的自圆理由十足：为什么行者如此神通，却不能带唐僧腾云驾雾，而要一步一步走西天，是因为唐僧“凡夫难脱红尘”。

顺便说一句，钱先生对民间智慧极为尊敬，《管锥编》中引神话、童话、民歌、儿歌、民间戏曲，处处可见，全书所引难得见到的几条现代中国的材料，是胡同儿歌，是儿童牙牙学语。[③] 而他往往对名篇颇为苛刻，颇有云长“善待士卒而骄于士大夫”之风。这倒不是一种文化姿态，而是因为民间文本，似乎是无意识生成，却更能揭示人类思维的基本方式。

## 三

虚与实的第三种配置方式，落实在符号接受者身上。上面说的是虚实配置，在艺术文本的特殊表意方式中，最后却必须实现于艺术文本的接收之中：艺术是假戏假看，但是艺术的特殊的文化规则，在假戏假看中镶嵌了一个真戏真看。《管锥编》第三册有关陈琳《为曹洪与魏太子书》论卷，讨论了该信中一个非常奇特的段落，“亦欲令陈琳作报，琳顷多事，不能得为。念欲远以为懽，故自竭老夫之思”。曹洪明知道太子曹丕不会相信他这个武夫会写文辞如此漂亮的信，偏偏让陈琳写上：

---

① 钱锺书：《管锥编》第二册，北京：生活·读书·新知三联书店，2007年，第903页。

② 同上书，第905页。

③ 钱锺书：《管锥编》第一册，北京：生活·读书·新知三联书店，2007年，第196页。

"这次不让陈琳写，我自己来出丑让你开心一番吧。"钱先生认为这是"欲盖弥彰，文之俳也"[①]。

按钱先生的理解，这是一场默契的游戏：对方（魏太子曹丕）会知道他不是在弄虚作假，而是明白他说话有意思，弄巧而不成拙，曹丕也会觉得自己也够得上与陈琳比一番聪明。所以这是双方的共谋，是假话假听（曹丕不会笨到去戳穿他的"谎言"）中的真话真听（曹丕会觉得这族叔与他的"笔杆子"真能逗人）。有今日论者认为钱锺书的意思是："既然是先人未言之而著作者'代为之词'，当然也就无'诚'可言。"[②] 显然这里不涉及说修辞诚信问题，钱锺书先生对这种表意方式的分析，远远超出修辞之外，而进入了元表现层次，即文本本身指向了应该采取的解读方式。[③]

这一层虚实关系，已经够复杂了。钱先生进一步指出这是讲述虚构故事的必然框架："告人以不可信之事，而先关其口：'说来恐君不信'。"而且这个构造有更普遍的意义："此复后世小说家伎俩。"[④] 在讨论《太平广记》时，钱先生引罗马修辞家昆提兰："作者自示为明知故作，而非不知乱道（non falli iudicium），则无不理顺言宜（nihil non tuto dici potest）。"[⑤]

陈琳此信不是虚构的小说戏剧，但是这个表意方式实际上是文学艺术藉以立足的基本模式，再复杂，本章也不得不做细细推论：艺术符号表意的各方都知道是一场表演，发送者是做戏，文本摆明是戏，接收者假戏假看。发送者也知道对方没有要求他有表现"事实性"的诚信，他反而可以自由地作假。发出的符号文本是一种虚构，不必对事实性负责。接收者看到文本之假，也明白他不必当真，他在文本中欣赏发送者

---

① 钱锺书：《管锥编》第三册，北京：生活·读书·新知三联书店，2007年，第1650页。

② 高万云：《钱钟书修辞学思想演绎》，济南：山东文艺出版社，2006年。

③ 关于修辞诚信与元表现的关系的详细讨论，请参见赵毅衡：《诚信与谎言之外：符号述真的"接受原则"》，《文艺研究》2010年第1期，第27—36页。

④ 钱锺书：《管锥编》第三册，北京：生活·读书·新知三联书店，2007年，第1651页。

⑤ 钱锺书：《管锥编》第二册，北京：生活·读书·新知三联书店，2007年，第1167—1168页。

"作假"的技巧（作家的生花妙笔、演员的唱功、画家的笔法），此时"修辞"不必立其诚，而是以巧悦人，从而让读者参与这个作伪表演。

就拿戏剧来说，舞台与表演（服装、唱腔等），摆明是假戏假演，这样虚晃一枪：一方面承认为假，一方面假戏还望真做真看。钱先生引莎士比亚《第十二夜》："If this were play'd upon a stage, I could condemn it as an impossible fiction."[①] 钱先生指出这是戏中人模仿观众："一若场外旁观之论断长"，即以接受者可能的立场，先行说明戏为假，舞台上本来是虚构假戏，这样一说观众反而不能假看，不能以"假戏"为拒绝的托词，而必须真戏真看：虽然框架是一个虚构的世界，这个世界里却镶嵌着一个可信任的正解表意模式，迫使观众做一个真戏真看。

如果做不到这一点，所有这些虚而非伪的表意，就没有达到以虚引实的目的，如钱先生引李贽评《琵琶记》："太戏！不像！……戏则戏矣，倒须似真，若真者反不妨似戏也。"[②] 各种虚构文本之假中含真，是文化形成的解读规范。

把这种解读规范应用得最彻底的是小说。小说另外设立一个叙述者，让叙述者对讲的故事负责，让受述者认同叙述者的故事，这样作者和读者都可以抽身退出，站到假戏假看的框架下，不去追究故事的真假。

例如纳博科夫虚构了《洛丽塔》，但是在这个虚构世界里，有一个"说真话"的叙述者亨伯特教授，此角色按他心中的"事实"写出一本忏悔，给监狱长雷博士看。这些事实是否真的是客观事实？不是，原因倒不是因为亨伯特教授的忏悔只是主观真相，而是因为"事实"只存在于这个虚构的世界中。只有在这个虚构裹起来的世界里，亨伯特教授的忏悔才不是撒谎。"真实"到如此程度，典狱长雷博士可以给予道德判断，说"有养育下一代责任者读之有益"。因此，这是一个虚构所包含的"真相"传达。

可以说，所有的艺术都是这种表意类型。哪怕是荒唐无稽的虚构，例如《格列佛游记》，就是这样一种双层格局：关于大人国、小人国、慧马国

---

① 钱锺书：《管锥编》第二册，北京：生活·读书·新知三联书店，2007年，第1345页。

② 同上书，第1345页。钱锺书先生引自《游居柿录》卷六，认为是叶文通托名李贽评点《琵琶记》。

的无稽故事，斯威夫特是说假，格列佛是说真。读斯威夫特小说的读者不会当真，但听格列佛讲故事的“叙述接收者”，必须相信格列佛说的是真话。

这也适用于非艺术的虚构，或者用其他虚构框架标记（例如画廊、舞台、打扮、电影的屏幕片头），甚至不明言地设置必要语境。张爱玲说：“我有时候告诉别人一个故事的轮廓，人家听不出好处来，我总是辩护似地加上一句：‘这是真事。’”[①] 张爱玲说这话带着歉意，她的确是在虚构，但是她可以自辩说：在她的虚构世界里，故事是真事。张爱玲设立框架的做法，与钱锺书先生引用的鲁辛、但丁、薄伽丘、卡洛尔[②]的如出一辙，只是正说反说的不同而已。酒后茶余，说者可以声明（或是语气上声明）：“我来讲一段故事”，“我来吹一段牛”，听者如果愿意听下去，就必须搁置对虚假的挑战，因为说者已经“献疑于先”，预先说好下面说的非真实，你爱听不听：所有的艺术都必须明白或隐含地设置这个“自首”框架：

戏剧是让观众看到演出为虚，而后相信剧情之真；

影视是让观众看到方框平面印象为虚，而后相信剧情之真；

评书是让听众听到演唱为虚，而后相信故事之真；

舞蹈是让观众看到以舞代步为虚，而后相信情事之真；

诗歌是让读者看到以夸大语言为虚，而后相信情感与意义之真；

电子游戏是让玩者看到以游戏角色为虚，而后相信投入的场景之真；

体育比赛如摔跤拳击，让观众知道格斗非真，从而认真地投入输赢。

此时发送者的意思就是：我来假扮一个人格，你听着不必当真，因为你也可以分裂出一个人格。然后他怎么说都无不诚信之嫌，因为用另一重人格，与对方的另一重人格进行意义传达。

虚与实之间纠缠最为复杂，人格分裂最为倒错的，恐怕是所谓踢假球：一般观众看到的足球，是一场虚而非伪的抢斗争夺。因为这场抢斗是按大家同意的一套文化的体育规定进行的，包括足球比赛规则、联赛的地位升

① 张爱玲：“《赤地之恋》序”，转引自周建漳：《虚实与真假》，《学术研究》2009 年第 3 期，第 132 页。

② 钱锺书：《管锥编》第二册，北京：生活·读书·新知三联书店，2007 年，第 1343—1344 页。

降规则，甚至赌球的规则。既然大家接受这一套假中之真，让他们全身心地投入输赢，为之悲伤或欢庆。但是参与赌假球者（不是一般赌球者），买通了后卫与守门员的人，他们要看的是：这些球员能否在适当的时候巧妙地放水。[①]

因此，如果放水做得太笨，连观众都看出来了，大家都会很愤怒，但是愤怒原因不同：一般观众愤怒，是因为踢球争斗这假戏应当真做，他们就是来看真做的。虚必须非伪，意外之内必须顺条有理，伪就让大家觉得受骗；而参与制造假球的人也会愤怒，因为真戏应当真做。他们看的不是假中之真，他们取消了体育比赛的虚拟框架，把假中之假变成了真中之真。也可以反过来说：实赌就必须实做，此时体育不再是艺术，才成就真实性。

以上案例似乎非常特殊，此表意格局却极其常见，各种把艺术看作“现实的反映”的立场，把艺术的实际部分上升为主要成分的观念，各种“现实主义”，各种把艺术的“兴观群怨”或“多识于鸟兽草木之名”的实际用途看作主要功能的学说，要求演员“化身成角色”的斯坦尼斯拉夫斯基体系，实际上都是取消了艺术的虚拟框架前提，都是把假中假变成真中真。

这不是指责哪个学派：任何人都可能忘掉艺术的虚假框架而不小心跌进“逼真性”里面：福楼拜写《包法利夫人》，写到艾玛之死而大哭。有人劝他不如让艾玛活下去，福楼拜说：“不，她不得不死，她必须死。”这算是暂时跌进去当真一会儿又爬了出来，他作为作者重新站在故事之外。正如我们任何人看书看戏，也会一时忘记自己是读者而为戏中人垂泪。

一旦虚拟框架完全消失，会有严重后果：解放战争时演出《白毛女》，士兵开枪打死扮演黄世仁的演员；1994 年哥伦比亚参加足球世界杯，后卫埃斯科巴不幸乌龙球打进自家球门，被国内球迷杀害；2008 赛季阿森纳在欧冠半决赛次回合主场负于曼联，一位肯尼亚的阿森纳球迷在他家中身穿阿森纳球衣自缢。

如果我们把艺术活动的参与者（演员、运动员）也作为一种接收者，

---

① 这个例子是笔者在四川大学讲授“符号学”课程时魏伟博士在作业中提供的，特此致谢。

那么把艺术符号游戏“玩真”的人，数量就大得多。1997 年，泰森在同霍利菲尔德的拳王挑战赛中咬掉了对方一块右耳，是众所周知的例子；曼联队长基恩在自传中公开说出曾在 2001 年对曼城的赛事中，有意踩断对方后卫哈特兰的腿。可以说，这或许是艺术期盼出现的局面：一旦分裂出一个人格，接受者就必须当真，不然就缺乏投入的热情，也失去忘乎所以的享受。

在艺术欣赏中跟着“逼真性”走，艺术就不再是一种游戏，不再能取得陈琳信件式的迷人效果：“明知人识己语之不诚，而仍旧示以修辞立诚；己虽弄巧而人不以为愚，则适成己之拙而与形人之智”。在一个“虚”的框架内，默契的双方之间，依然可以玩实的交流游戏，就像曹丕读陈琳信。此时的关键点已经不在文本的虚实配置，而在接受态度的“虚实默契”。如果曹丕真看出陈琳的把戏，而依然能欣赏这个悖论，可以称为假戏假看内的真戏真看者。

作者与读者之间的默契达到钱锺书先生描述的“莫逆相视，同声一笑”[①] 境界，才是真正的艺术境界。陈琳此信作为信札艺术后世广为流传，有文学史家指责为“词浮于意”[②]。陈琳如果写此信有实际目的，词必须达意；陈琳在玩艺术，那就必然“词浮于意”：从艺术游戏的要求来看，陈琳作为作者，曹洪作为演员，曹丕作为观众，都领会了艺术符号表意复杂层次上的“虚而非伪”，相当合格。

---

① 钱锺书：《管锥编》第三册，北京：生活·读书·新知三联书店，2007 年，第 1650 页。

② 郭英德、过常宝等：《中国古代文学史》上册，成都：四川人民出版社，2003 年，第 89 页。